KB150520

기업과 함께하는
소비자상담 실무

기업과 함께하는
소비자상담 실무

김영신, 서정희, 유두련, 이희숙, 옥경영 지음

THE PRACTICE OF CONSUMER COUNSELING

(주)교문사

소비자상담은 소비자피해를 구제한다는 측면에서 중요성이 강조되었으나, 점차 소비자의 피해구제는 물론 소비자의 올바른 구매선택, 건강한 일상생활을 돕는 소비자정보 제공 혹은 소비자교육의 역할까지 확대되고 있다.

특히 기업에서의 소비자상담은 고객만족 경영을 위해 반드시 필요한 부분으로 강조되고 있다. 즉, 기업에서의 소비자상담은 단순히 해당 기업 고객의 불만을 해결해 주는 차원을 넘어, 고객의 의사를 물품 생산에 반영시키고 고객불만 요소를 제공한 부서의 시정을 요구하는 등 기업의 전사적 고객만족을 위한 총괄적인 부서로 그 역할이 점차 확대되고 있다.

이 책은 총 12장으로 구성되어 있다. 소비자상담을 위한 기초로 소비자상담의 필요성, 소비자상담에 필요한 소비자심리에 대한 이해, 그리고 상담의 수단인 의사소통기법을 다루고 있다. 소비자상담 주체인 민간 소비자단체, 행정기관, 기업의 소비자상담 특성을 구체적으로 살펴보았다. 또한 소비자상담의 실제로서 구매단계별로 필요한 소비자상담기법, 소비자유형에 따른 상담기법, 상담매체 특성에 따른 상담기법을 살펴보았다. 끝으로 소비자피해보상기준과 전문직인 소비자상담사의 전망에 대하여 살펴보았다.

이 책은 5인의 공저로 chapter 1, 3은 유두련 교수, chapter 2, 9는 서정희 교수, chapter 4, 5, 8은 옥경영 교수, chapter 6, 7은 김영신 교수, 그리고 chapter 10, 11, 12는 이희숙 교수가 집필하였다.

　소비자학을 전공하는 학생들의 소비자상담에 대한 이해를 높이고 소비자상담 업무를 시작하려는 사람과 현재 소비자상담 업무를 하고 있는 사람들에게 도움을 줄 수 있도록 필요한 내용을 가능한 쉽게 집필하고자 하였다. 또한 각 장마다 관련된 내용의 사례를 '알아두기'로, 실무를 위한 기능을 습득해야 할 내용은 '생각해보기'를 두어 강의실에서 현장실습을 겸하는 효과를 최대화하였다.

　소비자학을 전공하고 짧지 않은 기간 동안 연구와 교육을 하면서 소비자상담에 대한 전문성과 중요성을 인식하고 《새로 쓰는 소비자상담의 이해》를 출간한지 거의 10년이 지났다. 그동안 집필진은 모두 소비자상담에 대한 전문성과 중요성을 인식했으며 소비자상담 관련 교과목을 가르쳐오면서 어떠한 내용이 소비자상담 교과에서 꼭 다루어져야 하는지를 고민하고 최근의 변화된 소비환경 등의 내용을 보완하여 이 책에 담았다.

　소비자상담을 보다 새롭고 체계적으로 접근하기 위해서 노력하였으나 부족한 점이 있을 것으로 생각한다. 이 책이 보다 나은 책이 될 수 있도록 소비자학 분야의 선후배, 동료, 그리고 독자들의 좋은 의견이 있기를 기대한다.

　끝으로 많은 어려움에도 불구하고 이 책이 나오기까지 애써 주신 (주)교문사 류제동 사장님, 임직원 여러분께 진심으로 감사드린다.

2014년 8월
저자 일동

차례

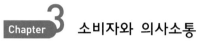

소비자와 의사소통

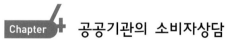

공공기관의 소비자상담

Chapter **5** 민간기관의 소비자상담

Chapter **6** 기업의 소비자상담

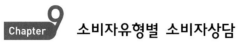

Chapter 9 소비자유형별 소비자상담

Chapter 10 매체별 소비자상담

Chapter **11**

소비자분쟁해결기준과 소비자피해구제

Chapter **12**

소비자상담사의 자격제도와 전망

Chapter

1

소비자상담의 필요성과
상담사의 역할

Consumer Counselor

소비자상담의 필요성과 상담사의 역할

급속한 시장개방과 글로벌화 현상 속에서 소비자는 일상생활을 영위하기 위하여 수많은 시장거래를 하고 있다. 그러나 시장에서 소비자는 자본주의 경제사회의 구조적 특성으로 인하여 여러 가지 불이익을 당하게 되고 많은 소비자문제에 직면하게 된다. 그럼에도 불구하고 소비자가 스스로 문제해결 방안을 찾아내는 것은 대단히 어려우며, 따라서 이를 호소하고 합리적으로 해결해 주는 전문가 또는 전문기관이 필요하게 되었고, 그 해결책의 하나로 대두된 것이 소비자상담사제도이다. 소비자상담이란 소비자가 상품이나 서비스의 구매·사용과 관련하여 도움을 받거나 구매 시 또는 구매 후에 발생되는 문제에 대해 도움을 받기 위해 자발적으로 원하는 행위이다(이기춘 외, 2011). 소비자의 요청에 따라 직접적으로 도움을 제공할 수 있는 전문가로서 소비자상담사를 두게 된다. 그리고 이러한 소비자상담사에 대한 요구는 상품이 다양화되고 거래가 복잡해지게 됨에 따라 계속적으로 증가될 전망이다.

이 장에서는 소비자상담에 대한 전반적인 이해를 돕기 위하여 우선 소비자상담의 필요성에 대하여 살펴보고, 소비자상담이 일반상담과 비교하여 어떠한 측면에서 공통점과 차이점이 있는지를 분석하며, 더 나아가 소비자상담사가 갖추어야 할 능력은 무엇인지를 알아본다. 또한 소비자상담을 유형화하고 각각의 내용에 대하여 간략하게 살펴보고자 한다.

1 소비자상담의 필요성

소비자상담은 상품 및 서비스의 구매와 사용으로 인한 소비자의 피해구제와 소비자의사결정 전 과정에 걸쳐서 소비자에게 필요한 조언 및 정보를 체계적으로 제공해 주는 활동으로 정의할 수 있다(이기춘 외, 2011). 오늘날 소비자들이 시장에서 경험하게 되는 소비자피해는 품질불량, 부당가격 등을 비롯하여 부당한 광고, 불공정한 약관, 교환 및 환불문제가 있는데, 이뿐만 아니라 서비스와 거래방법이 다양해지면서 새로운 소비자피해가 등장하고 있는 현실이다. 이러한 문제들이 개인적 피해차원을 넘어서 사회적 문제로 인식되기 시작한 것은 우리나라의 경우 경제개발 5개년 계획이 실시되고 생산과 소비가 증대되기 시작한 1960년대 이후부터이다. 이와 때를 같이 하여 소비자피해에 대한 고발 접수도 1960년대부터 여성단체를 중심으로 시작되었다고 볼 수 있다. 그러나 소비자상담 업무의 필요성에 대한 인식이 높아지고 이에 대한 본격적인 관심이 생기기 시작한 것은 1987년 한국소비자원의 개원 이후부터라고 볼 수 있다. 현대사회에서 소비자상담은 소비자피해 보상, 기업과 소비자 사이의 의사소통, 기업의 소비자욕구에 대한 반영, 소비생활 관련 다양한 정보 제공, 소비자교육 및 소비자행정의 문제점에 관한 정보 수집과 정책 수립의 반영 등에 이르기까지 광범위한 영역이 포함된다.

본 절에서는 우리 사회에서 대두된 소비자상담의 필요성에 대하여 소비자 측면과 기업 측면, 그리고 정부의 소비자정책 차원으로 구분하여 살펴보고자 한다. 소비자상담의 궁극적 목표가 소비자복지의 증진이라는 점에서는 동일하나 목표달성의 과정은 소비자, 기업, 정부 등 경제 주체에 따라 다르기 때문이다.

1) 소비자 측면의 필요성

소비자는 한정된 자원으로 최대한 만족스러운 선택을 하기 위하여 끊임없는 의사결정을 해야 하며, 그러한 의사결정과정에서 소비자가 직면하는 문제는 다양하고 복잡해졌다. 뿐만 아니라 소비자권리 실현을 위한 소비자의식의 향상으로 인하여 소비자문제 해결을 위한 새로운 역할에 대한 필요성이 대두되면서 전문가의 직접적이며 구체적인 조력이 필요하게 되었다.

(1) 소비자문제의 심화

소비자가 경험하는 소비자문제는 초기 산업자본주의 단계에서도 존재하였으나 그 발생원인은 개인적인 수준이었으며 범위도 광범위하지 않았으므로 소비자에게 심각하게 인식되지 않았다. 그러나 오늘날 소비자는 수없이 쏟아져 나오는 상품 및 서비스를 선택·사용·처분하는 과정에서 경제적인 손해뿐만 아니라 안전·건강상의 신체적인 피해와 전자상거래로 인한 피해, 정보통신 서비스 및 통신기기 등으로 인한 피해와 같은 소비자문제를 경험하고 있다(한국소비자원, 2012). 최근 몇 년간 소비자상담과 피해 현황을 살펴보면 우리나라는 물론 세계적으로도 계속 증가하고 있으며 그 피해도 심각해지고 있는 상황이므로 마침내 여러 가지 소비자문제가 사회 쟁점으로 부각되고 있다.

소비자문제를 경험하였을 때 이를 소비자가 스스로 해결하기는 쉽지 않으며, 따라서 문제 발생 시에 해결하기 위하여 합리적으로 소비자를 도와줄 수 있는 전문가 또는 기관의 새로운 역할에 대한 필요성이 강력하게 대두되었다.

(2) 소비자의식의 향상

기업으로부터 소비자권익을 지키고 자신을 보호하려는 소비자운동은 소비자 측면뿐만 아니라 기업 측면에서도 착한 포장, 정확한 표시, 진실한 광고, 공정한 가격정책, 안전 향상 등 소비자권익 향상을 위하여 노력하게 만들었다. 그 결과 소비자운동은 오늘날 세계적으로 소비자주의를 정착시키게 되었다고 볼 수 있다. 소비자들은 나쁜 품질의 상품을 구별할 수 있게 되었고 돈의 가치에 대하여 더욱 예민해졌으며, 이로 인하여 좀 더 합리적으로 선택하게 되었다. 또한 소비자는 자신의 선호가 왜곡되지 않도록 노력하는 등 소비자의식이 향상되었다.

소비자운동으로 인한 보다 중요한 것은 소비자가 스스로 법적인 권리를 알게 되었으며 그 법적인 권리를 어떻게 쓸 것인지를 알게 되었다는 점이다. 소비자는 일단 피해가 발생한 때에는 신속하고 공정한 절차에 따라 그 피해를 적절히 보상

받도록 요구하게 되었으며, 소비자요구에 도움을 줄 수 있는 새로운 역할이 필요하게 된 것이다. 그 결과 피해보상 기구에 상담을 의뢰하는 소비자는 매년 꾸준히 증가하고 있으며 내용도 다양하게 나타나고 있다.

소비자는 구매자로서 겪는 소비자문제만이 아니라 생활자로서 소비생활 전반에 걸친 어려움에 대하여 상담이나 피해구제, 분쟁조정 등을 요청하여 이를 통한 문제해결의 기회가 더 많이 생기게 되었다.

(3) 소비자선택의 어려움

현대 사회에서 소비자는 의식주 등의 소비생활은 물론 여가생활의 비중도 커지고 있으며, 단순히 구매자로서 어려움뿐만 아니라 예산 수립·정보 탐색·구매·사용·사용 후 처리의 소비생활 전반에서 어려움을 겪고 있다. 이는 소비자가 자원의 획득과 배분, 소비지출, 구매, 사용과정, 그리고 처분 등의 광범위하고 종합적인 다양한 역할을 수행하고 있음을 의미한다. 또한 소비자는 한정된 자원으로 최대한 만족스러운 선택을 하기 위하여 끊임없는 의사결정을 해야 하며, 그러한 의사결정과정에서 많은 어려움을 느끼고 있다. 소비자가 구매의사결정 시에 어려운 이유에 대하여 가먼 (Garman, 1995)은 다음과 같이 설명하고 있다.

첫째, 오늘날의 소비시장은 제품의 다양성, 기술의 진보, 제품의 복잡성, 소매 시장구조의 변화 등으로 인하여 과거보다 훨씬 거대해지고 복잡해져서 선택할 수 있는 상품이 너무 많아졌기 때문이다.

둘째, 소비자는 전문가의 도움 없이는 제품의 품질, 안전, 성능 등에 대하여 이해할 수 없을 정도로 많은 기술적 정보에 직면해 있다.

셋째, 동일한 제품에 대하여 소비자에 따라 가격을 달리하는 가격차별화가 존재하며, 따라서 소비자는 가격 대비 고품질의 제품을 찾기 위하여 상당한 시간과 노력, 에너지를 들여야 한다는 것이다.

오늘날 현대인은 쇼핑할 시간이 없을 정도로 매우 바쁘기 때문에 합리적 의사결정을 하고자 해도 시간이 제한되어 있다. 특히 자녀를 둔 맞벌이 부부가 늘어나고 시간에 대한 기회비용이 점점 더 커지면서 시간을 효과적으로 사용할 수 있는 쇼핑을 선호하고 있다.

따라서 소비생활 전반에 대하여 소비자로서 의사결정을 위한 정보를 제공해 줄 수 있는 조언자의 필요성이 점점 더 커지고 있다. 특히 자신이 구입한 상품에 대한 불만이 발생하였을 때 소비자가 스스로 해결방안을 찾아내기는 어려우므로 문제해결의 조력자로서 기능할 수 있는 새로운 역할에 대한 필요성이 대두되었다.

2) 기업 측면의 필요성

산업화 초기에 시장에서 소비자의 지위는 기업보다 열등한 수준이었다. 그러나 산업화가 진전되면서 경쟁이 치열해지고 소비자의 요구가 다양해지면서 기업은 소비자지향적인 경영마인드를 가지고 경쟁력을 높이기 위해 노력하게 되었다.

(1) 피해구제 상담 업무 실천

기업의 소비자상담부서 설치는 1995년 소비자기본법 의무조항이었으나 1998년 개정된 소비자기본법에서는 사업자에 대한 규제완화 차원에서 삭제되어 사업자의 자율에 맡기게 되었다. 2007년 소비자기본법이 대폭 개편되면서 관련 사항은 권장 사항으로 포함되어 있다[(소비자기본법 제53조(소비자상담기구의 설치·운영), 제54조(소비자상담기구의 설치 권장)]. 대부분의 기업은 자사가 제공한 제품이나 서비스로 인해 발생하는 소비자문제를 처리하는 창구로써 소비자피해구제 업무를 담당하는 소비자 전담부서를 자율적으로 설치하여 운영하고 있다.

(2) 고객중심적 기업 활동

경쟁이 치열해지는 시장 환경의 변화 속에서 기업이 생존하고 성장해 나아가기 위해서는 기존의 생산자 중심 경영방식에서 벗어나 기업 활동의 모든 의사결정이 고객을 중심으로 이루어져야 한다는 고객만족경영 방식으로 변화되었다. 고객의 입장에서 고객만족을 추구하는 경영방식으로, 제품과 서비스에 대한 고객들의 욕구를 정확히 측정하고 그 결과에 따라 제품의 기획·생산·유통·판매 및 판매 후 관리와 사내 풍토까지를 조직적으로 개혁해 나가는 것을 중심 과제로 삼는 경영 방식이다. 고객만족이 곧 기업의 성과증대에 직결된다는 것을 인식하게 되었다.

이와 같이 고객만족이 중요한 과제로 대두되면서 기업은 소비자와 기업 간의 통로로서 기능할 수 있는 새로운 역할에 대한 요구에 응하게 되었으며, 그 결과 기업 내 소비자 전담부서가 탄생하게 되었다.

기업 내 소비자 전담부서에서는 고객의 불만과 피해보상이 효과적으로 이루어지도록 처리하고 있으며, 뿐만 아니라 소비자요구를 고려하여 소비자정보와 소비자교육 프로그램을 제공해 줄 수도 있다. 더 나아가 소비자 전담부서를 통하여 새로이 대두되는 소비자문제들을 소비자 관점에서 전망할 수 있으며 소비자 견해를 최고경영자에게 전달할 수 있는 통로 역할을 하고 있고, 그 역할의 중요성을 점점 더 인정하고 있는 실정이다.

고객만족이 중요한 문제로 대두되면서 기업은 소비자들의 불만이 무엇인지를 정확히 파악하고, 이에 대한 적절한 대응이 궁극적으로 기업의 이익에 크게 기여한다는 사실을 인식하게 되었다. 윌리엄스(Williams, 1996)는 고객의 불만처리가 기업의 이익을 창출하게 되는 이유를 다음과 같이 제시하고 있다.

첫째, 고객유지율을 증가시켜 이윤을 높일 수 있다. 연구결과에 의하면 고객이 재화나 서비스에 대한 불평을 했을 때 그 불평이 만족스럽게 처리되면 약 4분의 3 정도가 상품을 재구매한다는 것이다. 더욱 중요한 것은 불평을 제기한 불만족한 고객이더라도 불만족하면서도 전혀 불평을 제기하지 않은 고객보다 반복구매를 할 경향이 훨씬 높다는 점이다.

둘째, 좋지 않은 평판을 미리 막을 수 있다. 불만족한 고객은 친구나 이웃, 동료에게 자신들이 겪은 문제를 이야기하게 되며, 이러한 구전효과는 상표충성도를 무너뜨릴 수도 있기 때문이다.

셋째, 법적 비용을 줄일 수 있다. 고객의 불평을 잘 해결한다면 법적 소송과 같은 다른 대응행동을 막을 수 있게 된다.

넷째, 시간을 절약할 수 있다. 고객이 제기한 불평을 해결하는 데는 시간과 노력이 들어간다. 그러나 시간을 들이지 않으려고 하면 결국 고객의 항의 때문에 회사 내에서 필요 이상의 긴장을 유발하고 더 많은 사람의 시간을 낭비하게 된다.

다섯째, 고객의 불평행동이 피드백 되면서 경영진이 유용한 정보를 얻을 수 있다. 불평행동을 분석하면 고객의 기대에 미치지 못하는 서비스 영역이 무엇인지를 알 수 있다.

역동적인 기업환경의 변화에 대응하여 기업 간의 격심한 경쟁에서 경쟁적 우위를 차지하기 위한 유일한 방법은 고객만족을 실천하는 것이며, 따라서 고객만족경영CSM이 기업의 새로운 경영구심점이 되었다. 고객만족을 실현하기 위하여 중요한 것은 고객, 즉 소비자에 대한 정보의 수집과 관리이다. 지금까지 소비자불만이나 피해가 있는 경우에는 소비자에게 상품의 수선, 교환, 환불처리와 같은 단순한 업무가 대부분이었다. 소비자상담 업무는 고객만족이라는 새로운 경영목표를 달성하기 위하여 소비자요구를 앞으로 어떻게 하면 충족시켜 줄 수 있는지를 염두에 두어 전문적이고 체계적으로 수행할 수 있어야 한다.

3) 정부 측면의 필요성

소비자문제가 심화됨에 따라 소비자피해구제 업무는 정부의 중요한 정책과제로 대두되었다. 현대 사회에서 소비자문제는 사업자와 소비자 사이에서 정보, 부담전가, 기술조작, 그리고 시장지배력의 비대등성 등의 구조적 소비자문제로부터 발생되고 있다. 소비자불만이나 피해는 사회불안을 조장하고 국민경제 발전의 저해요소가 되므로 정부가 해결해야 하는 소비자정책의 대상이 되는 것이다.

소비자정책의 효율적인 시행을 위하여 각 지방자치단체에 소비생활센터를 설치하여 운영하고 있다. 2004년 11월까지 소비생활센터 총 17개가 설립되었으며, 주요 업무는 소비자상담 및 피해구제, 소비자정보 제공 및 홍보, 소비자교육, 소비자분쟁조정 관련 업무, 위해정보 수집 및 결함상품 리콜 등이다. 2002년 7월 1일부터는 '제조물책임법PL'이 시행되어 그만큼 소비자들이 피해구제를 요청할 수 있는 기회가 넓어지게 되었다. 소비자피해구제 및 예방의 효율화를 도모하기 위하여 소비자단체소송제도와 집단분쟁조정제도를 도입하고 있으며, 소비자상담기관에서 소비자피해를 합의·권고하는 과정에서 지침으로 적용할 수 있도록 소비자분쟁해결기준을 두고 있다. 정부는 2010년 1월부터 소비자상담의 효율성과 소비자만족도를 높이려는 목적으로 공정거래위원회, 한국소비자원, 한국소비자단체협

자료 및 정보 제공 요청

소비자기본법에서는 소비자단체 등 소비자보호기관의 사업자에 대한 '정보요청권'을 명시하고 있으며 그 내용을 살펴보면 다음과 같다.

'소비자단체 및 한국소비자원은 그 업무를 추진함에 있어서 필요한 자료 및 정보의 제공을 사업자 또는 사업자단체에 요청할 수 있다. 이 경우 그 사업자 또는 사업자단체는 정당한 사유가 없는 한 이에 응하여야 한다.'라고 명시하고 있다(법 제78조 제1항). 또한 '사업자 또는 사업자단체로부터 소비자단체에 제공된 자료 및 정보는 미리 사업자 또는 사업자단체에 알린 사용목적이 아닌 용도 및 사용절차가 아닌 방법으로 사용하여서는 아니 된다.'라고 정하고 있다(법 제78조 제5항).

의회의 단체, 지방자치단체 등이 네트워크화된 전국 단일 대표 '1372 소비자상담센터'를 설치하여 운영하고 있다.

2 소비자상담사의 역할과 능력

1) 소비자상담사의 역할

일반적으로 소비자상담은 주로 소비자불만이나 소비자피해가 있는 소비자를 위하여 사후적 문제해결 차원에서 이루어지고 있다. 그러나 앞으로는 시장 환경 변화, 그리고 소비자의식의 변화와 함께 소비자요구에 부응하는 소비자문제의 사전적 예방 차원에서도 소비자상담이 이루어져야 한다. 정보 제공의 기능을 강화하여 소비자의 삶의 질을 향상시키고 더 나아가 소비자복지를 실현하는 데 기여할 수 있는 소비자상담 역할을 하는 것이 중요하다. 이러한 소비자상담사의 역할에 대하여 구체적으로 제시하면 다음과 같다.

첫째, 소비생활에 관한 다양한 정보 제공, 둘째, 소비자피해 예방을 위한 교육 기회의 제공, 셋째, 소비자불만이나 피해구제, 넷째, 소비자욕구를 기업의 고객만족경영에의 반영, 다섯째, 소비자행정에 관한 정보 수집과 정책 수립에의 반영이다.

소비자상담사의 역할은 소비자상담의 주체에 따라 강조되는 역할에 차이가 있다. 민간 소비자단체에서 소비자상담은 소비자가 피해보상을 받을 수 있도록 노력하는 데 주력하고 있으며, 또한 소비자들로 하여금 피해구제뿐만 아니라 소비생활 전반에서 생활의 질을 향상시킬 수 있도록 소비자정보와 소비자교육을 제공하게 된다. 기업고객 상담부서에서는 무엇보다도 소비자불만과 피해를 해결하고자 주력하게 되며, 또한 소비자욕구를 파악하여 고객만족경영을 실천하는 데 반영하게 될 것이다. 정부출연 기관으로 한국소비자원과 각 행정기관에서 실시하는 소비자상담의 주된 역할은 피해보상을 위한 상담과 함께 상품 테스트 등과 같은 소비자가 필요한 객관적인 정보를 제공하게 되며, 더 나아가 정보네트워크를 이용한 정보를 제공하고 있다. 이와 관련된 구체적인 내용은 이 책의 chapter 4~6 기관별 소비자상담에서 설명하고 있다.

2) 소비자상담사의 능력

(1) 소비자상담의 특성

① 일반심리 상담

일반심리 상담에서 상담의 의미는 내담자가 자신의 심리적 문제를 상담사와 상담해서 해결해 나가는 과정으로 볼 수 있다. 즉, 상담사가 도움이 필요한 다른 사람을 도와주는 상호작용의 인간관계이며, 여기서 상담의 초점은 내담자의 생각, 감정, 그리고 행동 측면에서 인간적 성장을 이루기 위한 노력의 과정으로 볼 수 있다. 내담자가 가진 심리적 문제의 정도에 따라 생활지도, 상담, 심리치료 등으로 구분하고 있으며 상담을 통하여 달성하고자 하는 목표와 해결하고자 하는 문제, 전문가적 능력의 측면에서 다소 차이가 있다.

과거에는 상담을 소수 전문가들의 전유물로 생각해 왔으나, 최근에는 상담에 대한 관심이 고조되고 있다. 다양한 삶의 현장에서 남을 도우려는 봉사자들이 늘어나면서 상담에 임하는 사람들의 수가 늘어나고 있다. 심각한 심리적 장애를 가진 사람에게만 상담이 필요한 것으로 여겨졌으나 이제는 건강하고 성숙하고 행복하게 살려는 모든 사람에게 필요한 것으로 여기고 있다. 상담 업무는 처음에는 직업지도에서 시작되었으나 발전을 거듭하면서 인간행동, 성격, 학업, 여가, 사회성 등은 물론이고 학교, 가정, 일반 사회에서 인간이 겪게 되는 모든 문제와 사건에 대하여 현명한 선택을 하고 해결할 수 있도록 도와주는 교육적인 노력으로 발전해 가고 있다.

② 소비자상담

소비자상담에서 내담자는 소비자로서 특정 제품을 구매한 고객 또는 구매하고자 하는 잠재고객이 된다. 소비자는 소비생활에서 발생한 여러 가지 문제에 대하여 불만을 호소하거나 피해를 보상받고자 하며, 이외에도 의사결정이나 문제해결에 필요한 정보나 조언 등을 얻고자 한다. 이에 소비자상담사는 소비자문제를 충분히 듣고 객관적인 입장에서 필요한 정보를 제공하게 된다. 소비자불만이나 피해가 있다면 그 발생 원인이 어디에 있는지를 밝혀내어 해당 기업에 대하여 문제를 해결하기 위한 중재적 역할을 하게 된다. 기업에서 고객만족경영 마인드가 중요한 경영전략으로 대두되면서 고객 불평을 처리하기 위한 고객상담부서나 콜센터를 통한 고객상담이 이루어지고 있다. 중재를 통하여 문제해결이 되지 않을 경우에는 분쟁조정을 위한 절차를 주선해 준다. 실제로 한국소비자원, 지방자치단체 소비생활센터, 그리고 민간 소비자단체 등에서 소비자상담이 이루어지고 있으며, 2010년부터는 정부와 소비자단체가 함께하는 1372 소비자상담센터를 운영하고 있다.

그림 1-1은 상담영역에 따라 주로 다루게 되는 상담 내용에 대하여 서로 비교하여 설명하고 있다. 상담사로서 소비자, 고객 또는 심리적 상담이 필요한 경우에 공통적으로 다룰 수 있는 내용은 이들의 태도와 행동의 바람직한 변화를 유도할 수 있다는 점이다. 일상생활에서 우리가 당면하게 되는 문제들은 정보 및 의사결정이 필요한 문제, 태도 및 행동양식의 변화를 요구하는 문제, 심리적 갈등의 문제, 그리고 정신기능 장애 등 다양하다. 이에 따라 문제들을 해결하기 위해 필요한 분야 역시 다양하다. 즉 상담활동은 어떤 문제를 해결하고자 하는지에 따라 그림 1-1처럼 소비자상담, 심리상담 또는 정신치료 등 여러 가지 영역으로 분류될 수 있다.

① 정보, 조언, 의사결정　　② 행동, 태도의 변화　　③ 사고, 심리적 갈등　　④ 정신장애
　중재 · 피해규제 분쟁조정

그림 1-1　상담의 영역
　자료: 김수현(1996), 고객상담총론, p.5 재구성

(2) 소비자상담에서의 감정노동

① 감정노동의 개념 및 업무적 특성

감정노동emotional labor이란 일반대중들로부터 주목받게 되는 표정이나 몸짓을 창출하는데 따르는 느낌을 관리하는 것(Hochschild, 1983) 또는 구성원이 자신의 직무의 일부분으로 조직에서 요구하는 감정을 표현하는 것(최진숙, 2008)으로 정의하고 있다. 한 국가의 경제구조에서 서비스산업 부문이 차지하는 비중이 커지면서 고객만족과 고객서비스가 기업의 경쟁력을 결정하는 수단으로 인식되기 시작하였다. 이에 따라 기업은 고객서비스 품질에 더 많은 관심을 가지게 되었고, 서비스 제공자들의 고객에 대한 감정표현 및 감정관리는 서비스 전달의 승패를 결정짓는 중요한 의미를 가지게 되면서 인간 감정의 상품화commercialization of human feeling가 전면적으로 진행되었다(이수연, 2007). 서비스노동에서는 고객과 종업원 간에 이루어지는 상호작용의 질quality이 제품의 일부분을 구성하기 때문이다.

　인간의 감정에 대한 연구는 1970년대에 이르러 사회심리학자들을 중심으로 하여 본격적으로 시작되었다. 감정의 결정요인에 관한 논의에서 심리학적 측면에서 이론가들은 감정을 인간 유기체의 타고난 특성으로 설명하고 있으며, 사회학적 측면에서 이론가들은 감정은 일시적인 자극에 대한 즉각적인 반응이라기보다는 지속되는 사회관계를 반영하는 속성을 지닌 것으로 본다(복미정, 2011). 어떤 직무 또는 직업이 감정노동으로 간주될 수 있는지에 대한 설명에서 호흐쉴드(Hochschild, 1983)는 3가지 특성을 제시하고 있다.

첫째, 고객과 얼굴을 맞대거나 목소리로 상호작용하는 직무이며, 둘째, 고객에게 정서적 표현을 하는 직무이다. 셋째, 자신이 표현하는 정서에 대해 고용주가 통제를 가할 수 있는 직무 등이다.

따라서 서비스 근로자들이 노동과정을 원활하게 진행시키려면 자신의 감정표현을 전략적으로 조작하여 서비스 수용자가 원하는 특정한 심리적 상태(예를 들면, 기쁨, 놀람, 흥거움, 실망, 슬픔 등)를 충족시켜 직무수행에 적합한 고객과의 상호작용 형태를 창출해야 한다. 대고객서비스가 기업의 경쟁력을 결정하는 주요 요인으로 부각됨에 따라 모든 산업에 종사하는 근로자들은 정도의 차이는 있으나 조직이 요구하는 감정표현규범에 따라 자신의 감정이나 느낌을 고객에게 연출하도록 강요받고 있다(윤세준 외, 2000). 기업이 감정노동의 통제에 활용하는 대표적인 수단 중의 하나가 감정에 관한 '표현규칙display rule'이다(이수연, 2007). 이 감정표현규범은 조직으로부터 기대되는 감정을 종업원들이 고객에게 일관성 있게 표출하도록 하는 기능을 말하며, 그 형태는 감정노동을 수행하는 서비스업종에 따라 다양한 형태를 보이고 있다. 즉, 긍정적인 감정의 표출, 부정적인 감정의 표출, 그리고 중립적인 것의 3가지 형태로 분류하고 있다.

긍정적인 감정표출의 예를 들면, 놀이공원, 항공사, 호텔 등에 종사하는 종업원들은 즐거움, 공손함 등과 같은 긍정적인 감정을 표출하도록 요구받고 있다(Hochschild, 1983). 기업에서는 감정표현규범을 만들고, 이를 종업원들이 준수하도록 교육을 하고 있다. 종업원들의 이러한 행위가 고객의 반복구매를 유도하고, 고객유치 가능성을 높여 결과적으로는 기업이익 향상에 기여할 것이라고 믿기 때문이다. 세븐일레븐7-Eleven 경영진은 자사의 전체 점포망에 있는 종업원 및 매장관리자를 대상으로 대고객서비스교육을 실시하였으며, 교육내용의 중요한 부분은 서비스 규칙에 관한 것으로 첫째, 인사말을 건넬 것, 둘째, 미소 지을 것, 셋째, 시선을 교환할 것, 넷째, "감사합니다."라고 말할 것 등이다(이수연, 2007, 재인용).

부정적인 감정을 표출하도록 요구받는 것은 특수한 경우로 채권 회수회사의 상담사들이라고 할 수 있다. 채권회수회사를 대상으로 이루어진 사례연구 결과를 보면(Sutton, 1991) 연체금 수금을 담당하는 상담사들에게는 '불쾌한 감정'을 전달하는 것이 요구되며, 이것이 연체금 수금에 도움이 된다고 믿고 있다.

중립적인 감정표현규범은 일반적인 기업조직에서는 찾아보기 힘들며 주로 객관적이며 공정한 정보를 전달하는 전문가들에게서 찾아볼 수 있다. 예를 들면, 의사들에게 요구되는 표현 규범은 환자와의 대화에서 '정서적 중립성'과 '초연한 관심'을 유지하도록 하는 것이다.

호흐쉴드(Hochschild, 1983)는 서비스 기업의 감정표현 방식에 대한 감정표현의 연출을 표면화 행위와 내면화 행위로 구분하여 설명하고 있다. 표면화 행위 surface acting는 고객과의 상호작용 과정에서 자신의 표현을 통제하고 기업이 바라는 감정을 표현하기 위해 자신의 실제 감정을 숨기거나 실제로 느끼지 않는 감정을 가장하여 나타내고자 노력하는 것이다. 이러한 표면화 행위는 언어적 또는 비언어적 표현을 통해 나타난다. 내면화 행위deep acting는 자신의 감정을 기업에서 원하는 감정으로 표현해 내기 위하여 적극적으로 관련된 감정을 불러일으키거나 억누르는 시도를 하는 행위이다. 서비스 현장에서 상담사들의 내면화 행위는 표면화 행위보다 더 많은 노력을 요구하고 있는 것으로 보고 있다. 실제로 콜센터 상담사들은 감정노동의 내면화 행위보다 표면화 행위를 더 많이 경험하고 있는 것으로 보고하고 있다(복미정, 2012). 상담사들의 이러한 감정표현의 연출은 기업이 원하는 감정표현을 준수하여 고객을 응대해야 한다는 것이며, 기업이 상담사의 감정을 조직적으로 관리하고자 하는 과정에서 감정부조화emotional dissonance, 감정소진 emotional exhaustion 등 다양한 심리적 반응을 야기하게 되며, 결과적으로 업무상 스트레스의 원인이 될 수 있다.

② 고객 센터 상담사의 업무적 특성

기업에서 성공적인 고객관계관리CRM 전략을 수행하는 핵심 센터로써 고객만족센터, 콜센터, 마케팅 센터, 컨택 센터, 상담 센터 등 다양한 이름으로 운영되고 있다. 고객 센터는 전통적인 전화서비스에 VRUvoice response units, 이메일, 팩스, 인터넷, 채팅과 같은 멀티미디어 채널이 강화된 센터로서 기술적인 측면에서도 정보기술, 하드웨어(통신 네트워크, CTI 등), 소프트웨어(음성인식, WFM; 업무자동관리 시스템 등), 지식웨어(CRM 등) 등의 운영기술들이 활용되는 첨단 IT산업기술의 집합체로 정의할 수 있다. 고객 센터는 산업구조의 서비스화와 정보통신기술의 발달에 따라 전화를 통한 고객관리 업무와 마케팅 업무의 급증으로 인해 지속적으로 증가하고 있고, 일자리 창출에서는 가장 효율적인 산업으로 인식되고 있으며, 따라서 미래지향적 산업으로 육성시키고자 하는 정책적 노력이 이루어지고 있다(정보통신산업진흥원, 2010. 9).

고객센터에서 업무적 특성을 호흐쉴드(Hochschild, 1983)가 설명하고 있는 감정노동의 특성 측면에서 비교해 보면 다음과 같다.

첫째, 고객 센터는 정보통신을 이용하여 고객과 목소리로 상호작용 하는 직무이므로 이는 감정노동의 특성과 같다.

둘째, 고객 센터 상담사의 능력평가 항목 중에는 친밀감 형성, 공감표현 등이 있으며, 이는 상담사들이 고객과의 상호작용 과정에서 공감형성을 해야 한다는 의미로 해석된다. 따라서 감정노동은 정서적 표현을 하는 직무특성이라는 설명과 일치한다고 볼 수 있다.

셋째, 기업은 고객 센터 상담사들에게 정형화된 업무 매뉴얼을 제공하고 있으며, 고객과의 통화내용을 모니터링하여 성과에 반영하고 있다.

이러한 것은 감정노동에서 상담사가 표현하는 정서에 대하여 기업이 통제를 가할 수 있는 직무적 특성을 설명한다. 이상의 내용들을 종합해 볼 때, 고객 센터 업무는 기계적으로 이루어지는 것이 아니고 고객과의 유대감을 형성하기 위하여 상담사들은 고객의 필요에 민감하게 반응하고 그들의 시각에서 이해하고, 그들의 감정을 느껴야 하는 것이므로 감정노동이라고 볼 수 있다.

고객 센터 업무상 감정표현규범은 텔레잡www.twlwjob.co.kr의 TM아카데미에서 소개하고 있는 전화 응대자세 십계명을 통하여 알아볼 수 있다. 그 내용을 보면, 고객과의 전화는 항상 밝고, 친절하게 이루어져야 함을 강조하는 긍정적 감정표출의 내용으로 구성되어 있다.

인바운드inbound 업무와 아웃바운드outbound 업무의 감정표현규범은 업무 내용이 다르므로 서로 차이가 있다. 인바운드 업무는 고객으로부터 걸려오는 문의사항에 상담하고 고객의 불만사항에 대하여 그들의 욕구를 충족시켜야 하는 업무이므로

전화응대 자세의 십계명

- 보이지 않는 상태에서도 전화로 이야기할 때는 '웃는 얼굴'로 한다.
- 전화로 이야기할 때는 언제나 '메모 준비'를 한다.
- 전화를 두려워하지 말고 '적극적'으로 전화를 받는다.
- 전화벨소리는 3회 이상 울리지 않게 신속히 받고 3회 이상이 될 때는 "늦게 받아 죄송합니다."라고 한다.
- 말은 '명랑하고 정확하게' 하며 생기 넘치게 이야기한다.
- '전문용어 및 업계용어'는 함부로 사용하지 않는다.
- 전화기 주변은 항상 '정리정돈'을 해 둔다.
- 요조체(~하셨어요,~하셨죠)를 쓰지 않고 '다까체(~하셨습니다, ~하셨습니까)' 사용을 습관화한다.
- 고객의 말을 끊지 말고 '경청'하며 때로는 '공감'을 표현한다.
- 이야기가 끝나면 소속과 본인의 이름을 포함한 '정확한 끝인사'를 한다.

상담의 주도권이 고객에게 있으며, 고객의 불만해소를 위하여 끝까지 최선을 다해야 한다. 이 과정에서 다양한 상황에 대한 대처능력이 요구된다. 이에 비하여 아웃바운드 업무는 상담사가 필요에 의하여 고객과 통화하게 되며, 고객이 통화를 거절하면 상담은 종료된다. 업무특성을 비교해 볼 때, 인바운드 업무는 아웃바운드 업무에 비하여 감정노동의 강도는 낮을 것이라고 추정되지만, 상담 업무로 인한 감정소진은 고객의 요구를 충족시켜야 하는 인바운드 업무에서 훨씬 높은 것으로 판단된다(이수연, 2007).

(3) 소비자상담사의 능력

① 인간적 능력

일반적으로 요구되는 상담사의 능력은 표 1-1처럼 '인간적 능력'과 '전문적 능력'으로 나누어 생각해 볼 수 있다. 인간적 능력이란 '원만한 성품에 소신이 있고 인간문제의 해결에 대한 관심'을 가지는 바람직한 성격적 특징을 들 수 있다. 이외에도 구체적인 문제해결에 필요한 인내심, 이해력, 공정하고 객관적인 판단능력 등이 포함된다. 이러한 능력은 단기간의 교육을 통하여 갖추어지기는 어렵다. 그러나 계속적인 노력으로 어느 정도의 향상은 가능하다고 할 수 있다.

② 전문적인 능력

상담사로서 갖추어야 할 전문적인 능력에는 의사소통기법, 상담의 핵심원리, 그리고 당면한 문제해결에 필요한 지식 등이 있다. 일반 심리 상담과 마찬가지로 소비자상담은 상담사와 상대방과의 대화를 통하여 이루어지기 때문에 상담사는 언어적·비언어적 의사소통기법을 잘 이해하고 있어야 한다. 무엇보다도 상담은 언어적 의사소통을 주요 수단으로 하게 되므로 자기를 표현하고 전달하는 데 왜곡 없이 이루어지고, 궁극적으로는 내담자의 태도와 행동에서 바람직한 변화가 일어날 수 있도록 해야 한다. 언어적 의사소통은 항상 비언어적 단서들과 수반되어 나타나며 비언어적 단서들은 때때로 언어적 단서들보다도 더 정확한 내용을 전달할 수 있으므로 세심한 주의를 기울일 필요가 있다.

효과적인 상담을 위하여 상담심리 전문가뿐만 아니라 소비자상담사도 상담의 핵심원리를 이해하고 있어야 한다. 상담의 핵심원리는 상담사가 갖추어야 할 공통적인 능력으로써 내담자가 가지고 있는 문제에 대한 관심 기울이기, 경청, 공감

표 1-1 상담사가 갖추어야 할 능력

구분		일반상담	소비자상담
인간적 능력	인간적 특성	• 원만한 성품, 문제해결을 위한 인내심, 이해력, 객관적 판단능력	
전문적 능력	상담의 핵심 원리	• 언어적·비언어적 의사소통기술 • 상담의 기본 원리 이해 　- 관심 : 내담자에게 주의를 기울이고 심리적·신체적으로 함께함 　- 경청 : 언어적, 비언어적 의사전달에 대하여 무비판적으로 들음 　- 공감적 이해 : 상담사가 이해한 내용을 내담자와 함께 나누는 것 　- 무조건적 존중 : 내담자의 행동, 사고, 감정을 그대로 받아들임 　- 진실함 : 내담자와의 관계에서 느끼는 내면적 경험과 그러한 경험을 표현하는 것이 일치하는 것	• 언어적·비언어적 의사소통기술 • 상담의 기본 원리 이해 　- 관심 : 소비자가 당면한 문제의 해결에 도움이 되고자 함 　- 경청 : 소비자가 경험하는 문제에 대하여 감정적인 면까지도 주의 깊게 들음 　- 공감적 이해 : 상담사가 이해한 상담의 핵심을 확인하고 그 내용을 소비자와 함께 나눔 　- 무조건적 존중 : 소비자가 겪고 있는 문제의 심각성과 문제해결에 대한 요구를 그대로 받아들임
	문제 해결에 필요한 전문적 능력	• 상담의 내용이 생활지도, 비능률적 행동습관, 성격장애 또는 정신적 장애에 이르기까지 다양하며, 내담자가 필요한 정도에 따라 전문적 능력의 정도가 요구됨	• 소비자보호제도, 소비자행동, 기업의 시장 활동, 시장 환경, 정보 관리(각종 정보의 조사 분석, 효과적 활동), 교섭능력(피해발생 시 해당 기관과의 문제해결)

적 이해, 무조건적 존중, 그리고 진실함 등이 있다. 관심은 내담자를 이해하는 데 가장 기본이 된다. 상담사가 문제해결에 도움이 되고자 하는 데 관심을 가지는 것이 무엇보다도 중요하다는 것을 의미한다. 그 다음으로는 내담자가 언어적으로나 비언어적으로 전달하는 말을 주의 깊게 경청하는 것이다. 상담사가 내담자의 문제에 대하여 이해한 내용을 전달하기 위한 기술에는 공감적 이해를 할 수 있는 능력이 필요하다. 더 나아가 상대방의 사고나 감정을 평가하지 않고 있는 그대로 받아들일 수 있어야 하며, 이를 무조건적 존중이라고 한다. 진실함은 상담사가 내담자와의 관계에서 경험한 것을 정직하게 표현한다는 의미이며, 이는 솔직한 의사소통과 감정의 교류를 가능하게 하는데 매우 중요하다.

이러한 상담의 핵심원리를 소비자상담의 진행과정에 적용시켜 보면 상담사가 소비자에게 관심을 가진다는 것은 소비자가 당면한 문제의 해결에 대하여 적극적으로 도움이 되고자 하는 것으로 생각할 수 있다. 경청한다는 의미는 소비자가 경험하고 있는 문제에 대하여 이야기하는 것을 주의 깊게 들어 준다는 것이며, 공감적 이해를 한다는 의미는 상담사가 이해한 상담의 핵심을 확인하고 그 내용을 소비자와 함께 서로 이야기해 본다는 것이다. 무조건적 존중이란 소비자가 겪고 있는 문제의 심각성과 해결에 대한 요구 정도를 그대로 받아들인다는 것이며, 진실함이란 상담진행 과정에서 소비자상담사가 상담 내용에 대하여 느낀 대로 소비자에게 표현한다는 것으로 생각할 수 있다.

문제해결을 위하여 소비자상담사에게 요구되는 전문적인 능력은 소비자보호제도, 소비자행동 및 기업 활동, 시장 환경, 그리고 정보 관리 등과 관련된 영역으로 나누어 볼 수 있다. 이 중에서 우선 소비자권익보호를 위한 법적 권리와 책임, 소비자보호의 체계와 소비자보호 관련 기관 등과 같은 소비자보호제도에 대하여 정확하게 이해하고 있어야 한다. 또한 소비자행동에 대한 이해와 지식을 갖추는 것이다. 이와 함께 소비자상담사는 기업과 시장 환경에 대한 이해를 해야 하는데, 이에 관한 것으로는 기업과 유통시스템의 구조, 판매 및 광고활동 등에 대한 것을 들수 있다. 대부분의 소비자상담 사례에서 보여주는 것처럼 소비자는 주로 상품 및 서비스의 사용 과정에서 대두되는 하자로 인하여 불만족하거나 피해를 겪게 된다.

그러므로 특히 기업 내 소비자 전담부서에서 소비자상담사는 상품의 특성과 성능을 이해해야 하며 동시에 상품 관리상 필요한 지식을 갖추어야 한다. 피해구제 절차와 분쟁조정이 요구되는 경우에 소비자상담사는 관련 기관과 교섭을 해야 하며, 또한 적합한 절차에 대해서도 알아야 한다. 그 밖에 필요한 각종 정보를 조사·분석하고 문서화하는 정보 관리 능력이 요구되며, 특히 컴퓨터 활용 능력을 갖추어서 신속하고 다양한 정보를 효과적으로 상담에 적용시킬 수 있어야 할 것이다.

소비자상담사에게 요구되는 전문적 능력은 어떤 기관에서 상담활동을 하든지 공통적으로 요구되나 특별히 요구되는 역할은 다소 차이가 있다. 예를 들면, 기업의 소비자 전담부서에서 이루어지는 상담은 기업과 소비자 사이의 의사소통을 강조하고 기업에 대하여 소비자욕구의 반영이라는 일을 수행하게 된다. 이러한 활동을 통해 궁극적으로 소비자를 만족시켜 재구매를 창조하는 등 고객만족 마케팅을 추구하는 데 기여해야 한다는 점에서 기업의 마케팅 지식, 그리고 자사 상품에 대한 충분한 이해 등이 상대적으로 더 필요하다. 반면에 소비자단체나 정부 및 지방자치단체에서 활동하는 소비자상담사에게는 소비생활 전반에 대한 다양한 정보, 최근의 새로운 상품 거래 관련 소비자피해 등에 대한 정보를 소비자에게 제공하여 피해를 예방하거나 또는 피해구제를 위한 실질적인 절차를 주선해 주는 업무가 더 큰 비중을 차지하게 된다.

③ 소비자상담의 유형

소비자상담은 대부분 제품 구매 후 사용 과정에서 대두되는 문제에 대한 A/S, 피해보상 등을 위한 업무로 생각되었으나 소비자상담의 필요성에 대한 인식이 증대되면서 그 범위가 더 넓어지고 있다. 본 절에서는 의사결정과정, 소비자상담의 주체, 상담 내용, 그리고 소비생활영역 등의 기준에 따라 소비자상담의 종류를 유형화하고 각각의 특징을 개괄적으로 살펴보고자 한다.

1) 의사결정과정에 따른 소비자상담의 유형

소비자의사결정과정에 따라 구매 전, 구매 시, 구매 후 소비자상담 등으로 구분할 수 있다.

(1) 구매 전 소비자상담

대부분의 소비자는 자신의 욕구를 충족시킬 만큼 풍부한 자원을 가지고 있지 못할 뿐만 아니라 수없이 많은 제품과 서비스에 대한 광고홍수 속에서도 자신의 욕구를 충족시켜 줄 수 있는 제품이나 서비스를 찾아내는 데 필요한 정보의 부족·획득의 어려움을 겪고 있다. 따라서 구매 전 상담에서는 소비자들의 욕구충족과 문제해결에 도움을 줄 수 있는 지식, 정보를 제공하는 것이다. 그러나 선택은 소비자의 주관적 개인적 판단에 의한 것이기 때문에 구매 전 상담에서는 정보와 조언을 하는 것이며, 무엇을 구매하라거나 구매하지 말라고 지시하는 것은 아니다. 구매 전 상담에서는 구매선택에 관련된 상담뿐만 아니라 소비생활 전반에 관련된 다양한 정보와 조언을 제공하기도 한다(이기춘 외, 2011). 예를 들면, 화장품업체의 정보를 보면 화장품의 특성뿐만 아니라 피부 관리, 자신에게 맞는 화장법, 유행 색조나 유행 화장법, 미용식 등의 정보를 제공하고 있다.

소비자들이 실제 구매를 위해서 필요한 지식이나 정보는 대체안의 존재와 특성, 가격과 판매점, 대체안 평가방법, 다양한 판매방법, 사용 및 관리방법에 관한 것이다. 이러한 내용은 소비자상담 업무를 수행하는 기관에 따라 달라질 것이다. 기업에서의 구매 전 상담은 각 기업이 생산하고 있는 제품을 중심으로 제품과 관련된 정보 제공 또는 제품 구매선택에 관해 도움을 주는 상담이 주로 이루어질 것이다. 이에 비해 소비자단체, 한국소비자보호원의 구매 전 상담은 소비자 입장에서 개별상품의 구매선택에 도움을 줄 수 있는 정보나 조언을 폭넓게 제공하고 있다.

한국소비자원에서는 상품 품질정보와 거래조건 등에 관한 정보는 이미 티-게이트T-Gate를 통해 제공하고 있으며, 신뢰 높은 가격정보를 제공하고자 '티-프라이스T-Price'를 오픈하였다.

'티-프라이스T-Price'란 'Trust Price for Consumers'의 약자로 소비자를 위하여 신뢰할 수 있는 가격정보라는 의미를 갖고 있다. 티-프라이스에서는 생활필수품 가격을 지역별, 판매점별, 기간별로 비교하여 볼 수 있으며, 특정 품목에 대해 동일수준 또는 유사 수준의 브랜드 간 가격을 비교하여 저렴한 상품(브랜드) 선택을 하는 데 도움을 제공하고 있으며, 판매점마다 취급되는 상품, 브랜드, 할인행사 등을 제공하므로 소비계획에 많은 도움이 될 수 있다.

(2) 구매 시 소비자상담

구매 시 소비자상담이란 주로 구매현장에서 이루어지는 것이므로 판매원 또는 회사직원의 역할이 크다. 구매 시 소비자는 신제품이 계속 많이 공급되고 있는 생활환경에서 기술제품에 대한 정보와 지식 부족으로 인하여 선택의 문제를 경험하게 된다. 따라서 구매 시에 합리적인 선택을 위한 소비자상담을 효과적으로 활용할 수 있다. 이때에 상담사는 소비자의 구매동기 및 목적, 요구, 선호, 예산 등을 정확하게 파악한 후 소비자에게 적합한 제품과 서비스에 대한 정보를 제공해야 한다.

다른 한편으로 구매 시 상담사는 소비자와 제일선에서 직접적으로 접촉하여 판매가 이루어지게 하여 그 결과 기업이익의 창출 여부가 결정되므로 상담사의 역할이 매우 중요하다. 그러나 판매를 목적으로 정보를 제공하는 등 상담을 제공할 때는 상담의 내용 면에서 객관성을 잃기 쉬우며, 이는 소비자이익의 증진이나 소비자주권의 실현 차원에서 문제가 제기된다. 소비자욕구에 부응하는 합리적이고 적절한 의사결정이 이루어져야 소비자이익이 증진되고, 더 나아가 소비자의 재구매가 이루어지며 기업이미지에 긍정적 영향을 미치게 될 것이다. 따라서 구매 시 상담 내용을 살펴보면 다음과 같다.

첫째, 소비자가 어떤 목표 하에서 구체적으로 어떤 구매계획을 가지고 있는지 파악하는 것이 중요하다.

둘째, 소비자가 원하는 상품의 속성을 갖춘 상품의 존재를 알리고 예산에 적합한 상품을 선택할 수 있도록 종합석인 조언을 하는 것이 필요하다. 판매원은 강요하기보다는 소비자가 스스로 결정할 수 있도록 조언하는 것이 바람직하다.

셋째, 구매대안이 결정되면 계약서를 작성하고 지불방법을 결정하게 되는데, 이러한 과정에서 의사결정에 필요한 전문적인 내용에 대해 설명할 수 있다.

(3) 구매 후 소비자상담

구매 후 상담은 소비자가 상품이나 서비스를 사용하는 과정에서 생긴 문제와 구매 후 불만족에 대한 문제해결을 위해 도움을 주는 것이다. 과거의 소비자상담은 주로 구매 후 불만족에 대한 처리였으나 점차 구매 전, 구매 시 상담의 비중도 커지고 있다. 그러나 아직까지 소비자상담의 주된 업무는 구매 후 발생한 문제에 대한 상담이라고 할 수 있다. 상담 내용은 사용에 대한 문의와 타 기관 알선, 불만 처리 및 발생된 피해에 대한 보상에 관한 내용으로 분류할 수 있으며, 이를 통하여 소비자의 기본 권익보호와 소비생활의 향상과 합리화를 도모할 수 있다.

소비자들이 구매 후 상담을 요청할 수 있는 기관은 대표적으로 기업, 소비자단체, 국가 및 지방의 행정기관, 한국소비자원을 들 수 있다. 소비자상담의 효율성과 소비자만족도를 높이고자 하는 목적으로 공정거래위원회, 한국소비자원, 한국소비자단체협의회의 단체, 지방자치단체 등이 네트워크화된 전국 단일 대표 전화번호인 1372 소비자상담센터를 설치하여 운영하고 있다. 또한 제품 및 서비스와 관련된 전문기관 및 단체 등을 통해 상담할 수도 있다. 예를 들면 금융감독원 내에서는 '금융분쟁조정위원회'를 설치·운영하고 있다.

금융분쟁조정위원회는 금융소비자와 은행, 증권, 보험 등 관련 금융회사 간에 분쟁이 발생한 경우 이를 원만히 해결할 수 있도록 도움을 요청할 수 있는 소비자보호기구이다(consumer.fss.or.kr). 또한 의료 관련 문제는 의료분쟁조정중재원을 통해 상담할 수 있다. 의료분쟁조정중재원은 의료사고가 발생했을 때 의사와 환자 사이의 이견을 조정하고 중재하는 기구로서, '의료사고 피해구제 및 의료 분쟁조정 등에 관한 법률'을 근거로 설립되었다. 한국변호사협의회 내의 분쟁조정위원회에서도 전문상담을 받을 수 있다.

2) 상담 주체에 따른 소비자상담의 유형

상담의 주체에 따라 민간 소비자단체, 기업, 그리고 행정기관에 의한 소비자상담으로 구분되며 이들 세 주체의 소비자상담은 상담의 목적, 내용, 그리고 상담의 자세 등에서 공통점과 차이점이 있다.

(1) 행정기관 및 한국소비자보호원에 의한 소비자상담

행정기관의 소비자상담은 소비자정책상 소비자 지원서비스의 일환이다. 자유 시장경제 체제의 기본 원리에 한계가 나타나게 되면서 현실에서 소비자는 사업자에 비하여 상대적으로 약자의 위치에 있다. 피해 발생 시에 소비자는 사업자와 교섭능력을 갖기 어려울 뿐만 아니라 사법적인 절차를 밟아야 할 경우에는 비용, 시간 등이 많이 들어 이용이 어렵다. 따라서 행정기관이 상담 창구를 설치하여 소비자의 입장에서 소비자문제를 해결해 줌으로써 소비자보호에 기여한다.

우리나라에서 행정기관에 의한 소비자상담은 1995년 지방자치선거 이후에 지방소비자문제가 새로운 정책과제로 대두되었고, 이에 따라 각 지방자치단체에서 소비자 업무를 전담하는 부서를 설치하면서 지방소비자행정 업무가 시작되었다 (강성진·김인숙, 1996; 백병성, 2004a). 소비자 관련 핵심부서인 공정거래위원회를 비롯하여 각 중앙행정기관에서도 소비자보호 및 국민소비생활 향상을 위한 관련 업무를 수행하고 있다. 지역 거주 소비자의 권익향상을 위해 특별시와 각 광역시, 도청에 소비자행정 전담기구로 소비생활센터를 개설하고 있다.

소비자시책을 효과적으로 추진하기 위하여 특수공익법인으로 한국소비자원을 두고 있다. 한국소비자원에서는 소비자상담 및 분쟁조정, 상품의 시험검사, 안전정보의 수집 및 평가, 거래제도 개선, 제도 및 정책연구, 출판 및 정보 제공, 소비자교육 및 연수, 소비자모니터제도 운영 등을 중심으로 다양한 활동을 펼치고 있다. 또한 생필품 가격비교정보를 제공하는 티-프라이스www.tprice.go.kr와 한국형 컨슈머 리포트인 '스마트 컨슈머www.smartconsumer.go.kr'를 통하여 상품의 개요 및 시험결과, 제품별 특징, 구매 가이드 등을 제공하고 있다.

(2) 민간 소비자단체와 소비자상담

민간 소비자단체는 소비자들이 스스로의 권익보호를 위해 자주적으로 결성된 단체이다. 소비지단체는 소비자의 대리인이 되어서 사업자와 상호교섭으로 소비자 문제해결을 위하여 적극적으로 개입한다는 점에서 행정기관이나 기업을 통한 상담과는 차이가 있다. 소비자단체는 위해상품과 불만족에 대하여 해당 기업에 시정요구를 하거나 여론을 통한 사회적 제재를 가하며, 정부에 대해서는 시정요청 및 정책적 건의를 하여 소비자피해를 구제해주며 동일한 피해의 발생을 예방하는데 기여한다.

(3) 기업에 의한 소비자상담

기업 내에서 고객만족을 위하여 노력을 기울이는 소비자 전담부서에서 상품에 대한 정보 요청, A/S 문제, 배달 문제, 신용카드를 이용한 지불 문제, 하자상품의 보수 등에 관하여 문의를 받으면 즉시 처리해 주는 역할을 한다. 고객만족에 의한 파급효과는 기업을 위해서도 생산적이고 효과적인 결과를 얻을 수 있으므로 오늘날 고객만족, 더 나아가 '고객감동'이 새로운 기업 경영철학으로 전환되면서 고객을 위한 이러한 업무는 더욱 중요하게 인식되고 있다.

(4) 1372 소비자상담센터

1372 소비자상담센터는 전국 어디서나 단일한 대표전화이다. '1372' 소비자상담센터 전화는 신속한 전화 연결로 상담 편의성을 높이고 모범상담 답변과 상담정보 관리를 통해 질 높은 상담 서비스 및 정보를 제공하여 상담효율성과 소비자 만족도를 높이기 위해 정부와 소비자단체가 함께 운영하는 서비스이다www.ccn.go.kr. 1372 소비자상담센터의 특징은 다음과 같이 3가지로 정리할 수 있다.

첫째, 신속한 소비자상담을 제공하고자 한다. 이를 위하여 소비자상담을 위한 전국 단일 대표 번호1372를 채택했으며, 전화와 인터넷을 이용한 24시간 상담접수 서비스를 제공하고 있고, 더 나아가 소비자상담 포털을 통한 다양한 소비자정보를 제공하고 있다.

둘째, 고품질의 상담 서비스를 제공하고 있다. 모범상담 DB 제공으로 고품질상담 자료를 제공하여 상담 품질 향상을 도모하고 있으며, 사업자와의 신속한 연결을 통해 상담 및 피해구제 서비스 개선을 위해 노력하고 있다. 또한 정기적인 상담원 교육 및 만족도 평가로 서비스 수준 향상을 위해 힘쓰고 있다.

셋째, 상담원과 사업자의 상담 업무 처리 시의 편의성 증대를 위해 노력하고 있다. 전국 모든 상담원이 공통으로 사용하는 상담응대 업무처리 시스템을 통해 상담기관별 분산 관리되던 소비자정보를 통합 관리하고 있으며, 전화와 인터넷 상담이력 관리를 통한 상담 처리 시의 편의성 증대를 도모하고, 상담원, 상담기관, 사업자의 원활한 상담 업무 지원을 제공하고 있다.

3) 상담 내용에 따른 소비자상담의 유형

(1) 불만호소에 대한 대응적 차원의 상담

소비자가 경제적·신체적 피해를 입었을 때 피해를 구제해 주는 일련의 활동을 말한다. 관련 사업자가 직접 소비자와의 상호교섭을 하여 이루어질 수 있으며, 소비자단체나 행정기관의 중재를 통해서도 이루어진다. 소비자단체, 기업, 행정기관 등에서 현재 제공되는 소비자상담은 주로 구매 후에 나타나는 불만족에 대한 소비자상담이나 피해구제에 관한 것이다. 구매 후 소비자피해구제는 소비자분쟁해결기준(공정거래위원회 고시)에 의거하여 피해보상을 요구할 수 있으므로 소비자상담사는 이러한 기준에 대하여 정확히 알고 있어야 한다.

(2) 정보 제공적 차원의 소비자상담

소비자에게 상품정보, 시장정보 및 생활정보들을 제공하거나 피해구제의 절차, 내용, 보상기준, 사업자의 보상기구 안내 등에 대한 각종 문의에 대하여 정보를 제공하는 것을 말한다. 이러한 상담을 통하여 소비자피해를 사전에 예방하고 또한 스스로 보상받을 수 있는 방법을 제시해 주는 것이다.

정보 제공 시에 상담사는 소비자가 문제를 스스로 해결할 수 있도록 소비자에게 유익한 정보를 수집하여 제공한다. 이 과정에서 상담사로서 유의해야 할 사항을 살펴보면 다음과 같다(오성춘, 1992).

첫째, 필요 이상의 정보 제공으로 소비자를 압도하지 않는다. 소비자에게 필요한 정보만을 제공한다는 것이다. 필요 이상의 정보를 주면 소비자에게 혼란을 가중시키며 적시에 소비자가 해야 할 조치를 취하지 못하는 경우가 발생할 수 있다.

둘째, 정보가 분명하고 소비자의 상황에 적절한 것인지 확인한다. 문제가 발생하여 찾아온 소비자에게 다시 잘못된 정보를 제공할 경우 그 회사의 제품과 회사에 대한 신뢰는 사라지게 될 것이다. 상담사는 정보를 제공할 때 정확하고 적절한 정보만을 제공하도록 유의해야 한다.

셋째, 정보 제공과 충고를 혼동하지 않는다.

넷째, 상담사의 가치관을 주입시키는 식으로 정보를 제공하지 않는다. 상담사는 정보를 제공하는 데 의의가 있으며 소비자의 판단과 결정을 강요해서는 안 된다.

(3) 교육적 차원의 소비자상담

소비생활지도라는 사회소비자교육의 영역으로까지 확대하여 폭넓게 상담을 실시하는 것이다. 즉, 사회교육의 주체로서 소비자상담은 소비자 개인 및 가정의 소비생활 전반에 걸친 소비자 가치관과 소비자능력 개발을 포함하는 역할을 수행하게 되는 것이다. 그러므로 소비자교육은 소비자의 사회인구적 특성, 라이프스타일 등을 고려하여 장기적이며 평생교육의 일환이 될 수 있다. 앞으로는 소비자피해를 사전에 예방할 수 있는 정보 제공 차원에서의 소비자상담과 더 나아가 소비생활의 장기적 목표 달성을 위한 교육의 차원에서도 상담을 확대해 나가는 것이 바람직하다.

4) 소비생활 영역별 소비자상담

소비생활 영역이란 일반적으로 식품, 의류, 주택, 가전제품, 자동차, 일반생활용품 등의 제품 관련 영역과 여행 관련 상품, 교통, 학원, 택배 등 일반 서비스뿐만 아니라 의료, 법률, 금융, 보험 등의 전문 서비스 영역 등으로 구분하고 있다. 각각의 소비생활 영역에 따라 상담을 위하여 기본적으로 갖추어야 하는 인간적 능력은 동일하다고 하겠으며, 더 나아가 문제해결을 위해서는 생활영역의 특성에 따라 서로 상이한 전문적 지식이 필요하다. 이는 앞으로 소비생활 분야별로 소비자 상담을 전문화하는 방안에 대한 연구가 필요한 이유이기도 하다. 소비자상담사는 각 소비생활 영역의 특성을 정확히 이해하고 소비자에게 필요한 정보 내용, 정보 출처, 피해 유형과 구제방법 등을 파악하고 있으면서 이를 제공해 주어야 한다.

소비생활 영역별 소비자상담을 위하여 공정거래위원회에 고시한 소비자분쟁해결기준이 있다. 소비자분쟁해결기준은 소비자와 사업자(분쟁당사자) 간에 발생한 분쟁이 원활하게 해결될 수 있도록 구체적인 합의 또는 권고의 기준을 제시하는 데 그 목적이 있다. 소비자분쟁해결기준에 명시된 대상품목은 1985년 12월 31일 제정 시 40개 업종 194개 품목이었으나 지난 2004년 11월 11일 제11차 개정된 소비자피해보상규정에는 총 119개 업종 599개 품목에 대하여 보상기준을 구체적으로 정하고 있다. 2011년 12월 28일 개정된 기준에는 145개 업종에 대하여 피해 보상 기준을 제시하고 있다. 이는 시간이 경과함에 따라 소비생활에서 비교적 빈번하게 사용되는 제품과 서비스로 구성된 것이며, 소비자상담 시에 이러한 품목별 분쟁해결기준을 참고하여 상담을 제공하고 있다.

소비자분쟁해결기준은 분쟁 당사자 사이에 분쟁해결 방법에 관한 별도의 의사표시가 없는 경우에 한해 적용하며, 다른 법령에 의한 분쟁해결기준이 소비자분쟁해결기준보다 소비자에게 유리한 경우에는 그 분쟁해결기준을 우선하여 적용한다.

생각해 보기

학번 : _____ 이름 : _____ 제출일 : _____

01 주제별 소비자상담기관을 견학해 보자. 각 기관별 소비자상담업무 담당자를 통해 그들이 다루고 있는 주요 업무에 대하여 조사해 보자. 또한 업무상 개선점에 관하여 토의해 보자.

02 기업에서는 고객만족경영 방식의 도입이 중요한 과제로 대두되고 있다. 이와 관련된 내용에 대하여 자료를 찾아보고, 이러한 변화가 실질적으로 기업 소비자상담부서에 어떠한 영향을 미치고 있는지에 대하여 알아보자.

03 소비자상담사가 전문직으로 자리매김하기 위해 어떠한 국가정책이 뒷받침되어야 한다고 생각하는가? 정책적 제언에 대하여 토의해 보자.

Chapter

2

소비자상담의
이해와 상담

Consumer Counselor

소비자상담의
이해와 상담

소비자상담의 목적은 소비생활을 하는 과정에서 필요한 정보를 획득하고, 상품과 서비스를 구매하고 사용하는 과정에서 겪게 되는 소비자불만이나 소비자의 안전과 경제적 피해를 보상해주어 소비자의 삶의 질을 향상시키는 것이다. 소비자상담사는 일반상담과 마찬가지로 소비자 또는 고객과의 인간관계를 형성하게 되며 소비자가 가능한 빠른 시간에 효율적으로 문제해결을 하도록 돕는 협력자 역할을 하게 된다.

소비자상담사는 상담을 원활하게 하기 위하여 상담사로서 인간적인 자질을 갖추어야 하며, 더 나아가 상담의 기본 원리와 효율적인 의사소통 기술을 익히고, 소비자 문제를 해결하기 위한 전문적인 지식을 습득하고 있어야 한다.

1 상담의 핵심원리

효과적인 상담은 상담사와 내담자 간의 대화를 통하여 이루어지기 때문에 상담사의 커뮤니케이션 기술은 상담과정의 모든 단계마다 매우 중요한 역할을 한다. 이러한 기술이 상담과정의 전부가 될 수는 없더라도 내담자와 좋은 관계를 만들고 긍정적인 상호작용을 가능하게 하는 본질적인 도구라고 할 수 있다(김계현, 1996; 오성춘 역, 1991).

1) 관심 기울이기

관심은 내담자를 이해하기 위해 필요한 가장 기본적인 기술이다. 관심을 기울인다는 것은 상담사가 신체적으로나 심리적으로 내담자와 함께할 수 있는 방법을 가르치는 것이다. 관심은 또한 상담사가 내담자와 함께한다는 사실을 인식하는 친밀한 관계rapport를 형성하게 하고, 내담자의 말을 주의 깊게 경청할 수 있는 자세를 갖게 해 준다. 상담사가 따뜻한 관심을 가지고 내담자와 함께할 때 내담자는 상담사를 신뢰하게 되어 마음의 문을 열고 자기가 처한 문제상황을 객관적으로 탐색할 수 있고 나아가 상담사와 공동으로 문제해결을 하려는 의지를 가지게 된다.

상담사가 내담자에게 관심을 기울일 때 사용할 수 있는 미시적 기술은 'SOLER'라고 요약할 수 있다. 상대방에게 주의를 기울이고 또 상대방의 주의에 반응하는 방법은 문화권이나 개인마다 다르므로 이러한 지침을 상황에 맞추어 적용해야 한다. 중요한 것은 상대방을 존중하고 진실하게 대하는 마음이 있어도 내담자가 상담사의 외부 행동에서 이러한 내적 태도를 보지 못하면 아무 소용이 없다는 점이다.

(1) S squarely

내담자를 바로 바라본다. 내담자에게 관여하고 있다는 자세이며 이러한 자세는 "나는 당신과 함께 있다. 당신에게 도움이 되고 싶다."라는 뜻을 전달한다.

(2) O open

개방적인 자세를 취한다. 내담자가 어떤 말을 하더라도 상담사는 마음을 열고 경청할 수 있는 준비가 되어 있다는 것을 의미한다. 이때 내담자가 "이 사람은 진심으로 내가 겪고 있는 소비자문제에 귀를 기울이고 해결해 주려고 최선을 다하고 있구나."라고 공감하고 느낄 수 있는 수준이어야 한다.

(3) L lean

상담을 할 때 가끔 상대방 쪽으로 몸을 기울인다. 중요한 것은 상체의 움직임이다. 상대방을 향해 상체를 약간 기울이는 것은 "나는 당신과 함께 있다. 당신과 당신이 하는 말에 관심이 많다."라는 의미를 전달한다. 몸을 너무 뒤로 제치면 거만하거나 귀찮아하는 것으로 보이고, 너무 앞으로 구부리면 내담자에게 부담을 주고 친밀을 강요하는 인상을 줄 수 있다.

(4) E eye contact

따듯하고 좋은 시선으로 눈을 마주쳐서 "나는 당신과 함께 당신의 소비자문제를 해결하려고 노력할 준비가 되어 있다."라는 뜻을 전달해 준다. 그러나 지나치게 눈을 응시하면 오히려 부담감을 줄 수 있기 때문에 가끔은 시선을 다른 곳으로 돌리는 것은 무방하다.

(5) R relaxed

편안하고 자연스러운 자세를 취한다. 편안한 자세는 상담이 귀찮아서 빨리 마치려고 조바심을 내거나 주의를 흩뜨리는 표정을 짓지 않는 것이다. 몸짓을 편안하고 자연스럽게 하여 내담자를 편안하게 만들 수 있다. 특히 구매 상담을 하는 경우 편안하지 못한 자세는 상담사가 권하는 정보의 내용을 불신하게 하는 중요한 원인이 될 수 있다는 점을 명심해야 한다.

2) 경청

상담사가 내담자에게 관심을 기울이면 내담자가 언어적으로나 비언어적으로 전달하는 말을 주의 깊게 경청할 수 있게 된다. 내담자의 말을 경청한다는 것은 언뜻 보면 이해하기도 쉽고 실천하기도 쉬운 것처럼 보이나 제대로 경청하기는 대단히 어렵다. 자신의 말에 주의를 기울이고 들어주기를 바라는 사람이 진정으로 원하는 것은 자기가 한 말을 기계적으로 반복하는 능력이 아니라 심리적으로, 사회적으로, 정서적으로 함께 해 주는 것이다. 완벽하게 경청을 하기 위해서는 다음과 같은 4가지 사항을 준수해야 한다(제석봉 외, 1999).

첫째, 내담자의 언어 메시지를 정확하게 듣고 이해해야 한다. 소비자가 하는 말을 그대로 받아들이지 말고 마음속에서 진심으로 원하는 말을 들을 수 있는 자세가 필요하다.

둘째, 내담자의 자세, 얼굴 표정, 목소리 등 비언어적 행동을 관찰하고 읽을 수 있어야 한다. 말은 긍정적으로 하고 있으나, 자세나 표정, 목소리의 톤이 부정적이거나 귀찮아하면 그것을 부정적인 말을 한다고 알아차릴 수 있어야 한다.

셋째, 상담을 하는 소비자가 처해 있는 사회문화적 환경이라는 상황 속에서 소비자를 볼 수 있어야 한다. 특히 우리나라도 다문화가족이 증가하고, 다양한 하위문화가 공존하고 있고, 지역 간, 계층 간, 세대 간 갈등도 매우 많으므로 특히 상황을 더 세밀하게 고려해야 한다.

넷째, 내담자가 언젠가는 깨닫고 변화시켜야 할 문제까지도 들을 수 있어야 한다. 효율적인 소비자상담을 위해서 공감적 경청과 냉철한 경청을 구분해서 이해해야 한다.

(1) 공감적 경청

공감적 경청은 내담자에게 관심을 기울이고 관찰하고 경청하며 내담자와 '함께하는 것'을 의미하는데, 내담자와 내담자의 세계를 이해하는데 필수조건이 된다. 내담자의 내부 세계로 들어가 내담자와 똑같이 경험하는 것은 형이상학적으로는 불가능한 일이지만, 여기에 근접만 하더라도 상담하는 데 매우 유용하다. 소비자불만을 상담할 때 소비자의 입장에서 문제를 바라볼 수 있어야 소비자를 완전히 이해하게 되고 그 문제를 해결해 주려고 최선을 다하게 된다. 소비자를 적당히 타일러서 돌려보내는 것이 회사에 도움이 되지 않는다는 점을 명확하게 이해하고 있어야 한다. 불만을 가진 소비자의 문제를 성심성의껏 해결해 주면 그 소비자는 평생 고객이 될 수 있고 나아가 다른 고객을 끌어오는 역할도 할 수 있다. 만약 이 소비자가 SNS에 글을 올릴 경우 그 파장효과는 계산할 수 없을 정도로 클 수 있다.

로저스(Rogers, 1980)는 '공감적 경청' 또는 '함께함'을 다음과 같이 설명하고 있다. 공감적 경청은 상대방의 지각 세계로 들어가 편안하게 자리 잡는 것이고, 순간순간 상대방의 내면에서 흐르는 변화, 상대방의 공포나 분노, 애정이나 혼란 또는 상대방이 경험한 모든 것에 민감한 것이다. 아무 판단도 하지 않고 일시적으로나마 예의 바르게 상대방의 삶에 들어갈 수 있어야 진심으로 함께하는 것이다.

내담자를 이렇게 깊이 이해하고 있다는 정황이 내담자에게 전달되지 않으면 아무 소용이 없다는 사실도 명심해야 한다. 공감적 경청은 공감적 이해를 낳고 공감적 이해는 공감적 반응을 낳는다.

(2) 냉철한 경청

숙련된 상담사는 상담하는 동안 내담자의 경험, 행동, 정서를 객관적으로 관찰하고 그들이 하는 이야기를 경청할 뿐만 아니라 내담자가 이야기하면서 내비치는 독특한 관점이나 경향까지 경청할 수 있어야 한다. 내담자가 자기 자신, 타인 및 이 세상에 관해 가지는 비전과 감정은 거짓이 아니며 이해해 줄 필요가 있더라도 자기 자신과 세상에 대한 지각이 왜곡되어 있을 수 있다. 냉철한 경청이란 내담자의 한 부분을 이루는 바로 이러한 차이, 왜곡, 부조화를 탐지하는 것이다. 그렇다고 해서 상담사가 내담자의 왜곡을 발견하자마자 즉시 바로 잡으라는 의미는 아니다. 차이와 왜곡을 새겨 두었다가 적절한 시점을 택해 자연스럽게 내담자가 이해할 수 있는 방식으로 대처해야 한다. 특히 블랙컨슈머와 같은 비윤리적인 소비자의 경우 냉정한 경청이 필요하다. 블랙컨슈머를 상대하고 있는 소비자상담사는 스트레스가 많이 쌓이기 때문에 스트레스를 줄이고 효율적으로 상담하기 위해서는 다음과 같은 노력이 필요하다(송인숙·김경자, 1999).

첫째, 끝까지 침착해야 한다. 소비자상담사가 침착하면 고객도 결국은 감정을 가라앉힐 것이다. 두 사람 중 한 사람이라도 침착함을 잃지 않으면 싸움은 성립되지 않는다.

둘째, 고객은 직원이나 소비자상담사가 아니라 회사에 대해 화를 내고 있다는 점을 명심해야 한다. 단지 직원이 거기에 있기 때문에 그 직원에게 화풀이를 하고 있을 뿐이라고 생각하면 화를 내는 고객을 보다 객관적으로 이해할 수 있고, 본인의 감정도 다스릴 수 있다.

셋째, 어려운 문제가 생기면 고객에게 문제해결방법을 함께 찾아보자고 제안한다. 소비자상담사가 미리 답을 제시하지 않고, 고객이 생각하기에 가장 바람직하고 합리적이며 회사와 고객이 모두 상생할 수 있는 방법을 찾아보자고 제안한다.

3) 공감적 이해

관심을 기울이고 경청하는 것이 상담사로 하여금 내담자의 세계와 접촉하게 하는 기술이라면 공감적 이해는 상담사가 내담자의 세계에 대해 이해한 내용을 전달하는 기술이다. 상담을 시작하는 안전한 방법은 내담자의 말을 주의 깊게 경청하고, 내담자의 관심사를 이해하려고 노력하며, 이해한 내용을 내담자와 함께 나누는 것이다.

공감은 상대방에 대한 이해를 전달하는 커뮤니케이션으로 소비자상담뿐만 아니라 일상생활에서도 매우 중요한 요소이다. 누구나 이해 받고 싶어 하는 욕구를 가지고 있기 때문에 공감적 이해가 상담에서 위력을 발휘하게 된다. 공감은 동정이나 동일시와는 다르다. 상담사가 내담자의 입장이 되어 내담자를 깊게 이해하면서도 결코 자기 본연의 자세를 버리지 않는 것이 공감적 이해이다. 문제관리적 상담이론에서는 공감적 이해를 하는 데 도움이 되는 몇 가지 원칙을 다음과 같이 제시하고 있다.

(1) 상담과정 중에 사용하는 공감적인 진술

공감적 이해는 사람들 간의 접촉양식으로 관계를 형성하게 하고 대화를 부드럽게 하는 윤활유 역할을 하기 때문에 모든 상담과정을 통해서 내담자를 지지해 주는 방법이 된다. 상담사가 내담자의 입장에서 내담자를 이해하려고 한다는 점을 내담자에게 알려주고, 내담자가 이 사실을 받아들일 때 두 사람 간의 신뢰는 더욱 돈독해지고, 상담에 적극적으로 참여해서 문제의 핵심을 찾고 해결하려는 노력을 스스로 할 수 있게 된다. 예를 들면 판매원의 부당한 상술 때문에 필요하지 않는 물건을 고가로 매입한 소비자의 억울한 심정을 들은 소비자상담사는 "얼마나 억울하십니까? 정말 마음이 아프지요."와 같이 공감적인 진술을 하면 소비자는 문제를 해결하기 위하여 더욱 노력하게 될 것이고 스스로 다음부터는 이러한 어리석은 행동을 하지 않겠다는 다짐도 하게 되어 소비자교육 효과도 누릴 수 있다.

(2) 핵심 메시지에 대해 선별적으로 반응하기

내담자가 하는 모든 말에 전적으로 공감해 줄 수는 없다. 내담자가 하는 많은 이야기 중 1~2가지 메시지에만 주의를 기울이라는 것도 아니다. 내담자의 말을 들으면서 내담자가 말하고 표현하는 것 중 가장 중요한 것이라고 여겨지는 핵심 메시지에 반응해야 한다. 내담자가 흥분해서 하는 말이 길고 복잡할수록 상담사는 핵심을 찾아서 내담자에게 확인해야 한다.

(3) 말보다는 상황에 반응하기

바람직한 공감적 이해는 내담자의 직접적인 말이나 비언어적 행동에만 토대를 두는 것이 아니라 내담자가 놓인 상황과 내담자의 말에 스며 있는 모든 것을 고려해야 한다.

(4) 부정확하게 이해한 것 수정하기

상담사라면 내담자와 자신이 나눈 말을 제대로 이해했다고 생각하지만 자신이 이해한 것을 내담자와 나누다 보면 잘못 이해한 것을 발견하게 되는 경우가 많다. 상담사의 반응이 정확하지 못하면 내담자는 언어적 또는 비언어적으로 이를 지적하게 된다. 상담사는 이러한 단서를 잘 포착하고 파악하여 정확하게 이해하도록 노력하면 내담자는 보다 상세하게 진술하여 다음 단계의 대화를 진행하게 된다.

(5) 이해한 척하지 말기

내담자가 흥분하거나 혼란스러워하거나 주의가 산만한 경우 상담사는 내담자가 무슨 말을 하고 있는지 제대로 파악하지 못할 때가 많다. 어떤 경우에서든지 상담사는 내담자의 이야기를 제대로 이해한 척 해서는 안 된다. 제대로 파악하지 못했을 때는 이를 인정하고 다시 처음으로 되돌아가서 "제가 제대로 듣지 못한 것 같네요. 다시 한 번 더 이야기를 해볼까요?"라고 말을 하는 것이 "예...", "음...", "예, 알겠어요."와 같은 상투적인 말보다 더 효과적이다.

2 소비자심리의 이해

소비자를 설득하기 위한 방법으로 가장 많이 사용되는 것이 소비자태도를 변화시키는 전략이다. 소비자태도변화는 크게 설득에 의한 태도변화와 행동에 따른 태도변화의 2가지로 구분될 수 있다(양윤, 2014).

1) 설득에 의한 태도변화

(1) 정교화가능성모형

정교화가능성모형에 의하면 설득에 따른 태도변화는 중심경로를 통한 태도형성과 주변경로를 통한 태도형성의 2가지 과정으로 이루어질 수 있다. 정보처리에 상당한 노력을 기울이는 고관여 소비자들은 주로 중심경로에 의하여 태도를 형성하며, 제품정보와 같은 중심단서가 판매원의 인상이나 광고와 같은 주변단서보다 태도형성에 더 많은 영향을 미친다. 정보처리에 큰 노력을 기울이지 않는 저관여 소비자들은 주변경로에 의하여 태도를 형성하므로 주변단서가 중심단서보다 태도형성에 더 많은 영향을 미친다(김완석, 2004). 2가지 경로처리에 따른 주의와 이해과정의 차이와 설득효과가 발생하는 과정을 정리하면 표 2-1과 같다.

구매상담을 할 때, 소비자상담사는 소비자가 고관여 상태에서 정보처리 노력을 많이 하는 경우 중심경로에 의하여 태도를 형성하므로 구매상담을 하고 있는 제품

표 2-1 정교화가능성모형에 따른 설득의 두 경로

구분	관여도	주의	이해	설득
중심경로처리	상품이나 메시지에 고관여	중심정보, 상품 관련 정보	상품속성과 결과에 대한 깊은 사고, 높은 정교화 수준	상표신념 상표태도 구매의도
주변경로처리	상품이나 메시지에 저관여	주변정보, 상품 비관련 정보	상품 비관련 정보에 대한 얕은 사고, 낮은 정교화 수준	비상표신념 광고태도 상표태도 구매의도

자료: 김완석(2004). 광고심리학, p.257

이 경쟁사 제품에 비하여 차별적인 특성이나 편익을 더 많이 가지고 있다는 점을 강조하여 호의적인 태도를 형성하도록 해야 한다. 그러나 저관여 소비자와 상담하는 경우에는 분위기나 음악 또는 매력적인 광고모델이 등장하는 분위기 있는 광고를 제시하고 소비자로 하여금 기억하게 하거나, 점포 안의 전시를 매력적으로 하거나, 제품포장을 매력적으로 하여 소비자가 호의적인 태도를 형성하도록 해야 한다.

또한 정교화가능성모형에서 다중출처효과multiple source effect는 다양한 정보의 출처를 자세하게 분석하는 과정이 수반되기 때문에 발생한다. 다중출처에 의하여 어떤 주장이 제시되면 태도변화가 일어나는 경향이 있다. 소비자단체와 같은 관련 단체에서도 동일한 메시지를 제시하고 있다고 소비자에게 말할 수 있으면 훨씬 더 효과적으로 소비자를 설득할 수 있을 것이다.

(2) 사회판단이론

셰리프(Sherif, 1967)의 사회판단이론social judgement theory에 의하면 사람들은 자신을 설득하려는 메시지에 노출되면 수용이 가능한 영역인 수용영역, 수용할 수 없는 영역인 기각영역, 중립적인 입장을 취하는 무관심영역의 3개 태도영역을 설정하고 설득 메시지가 어떠한 영역에 해당되는지를 판단한다. 설득적 태도대상에 대한 수용영역이 클수록 태도가 변할 수 있는 가능성이 증가한다.

소비자상담사가 고객을 설득하기 위하여 제공하는 정보 혹은 설득 메시지의 기각영역과 수용영역의 크기는 관여도에 의하여 결정된다. 관여도가 높을 때 소비자들은 자신의 의견이 강하므로 수용영역보다는 기각영역이 넓다. 자신의 기존 태도 및 신념과 일치하는 메시지만을 수용하며, 상반되는 메시지는 기각한다. 관여도가 높은 소비자는 메시지가 수용영역에 해당되면 실제보다 더 긍정적으로 해석하는 경향인 동화효과와 자신의 태도와 다른 기각영역에 해당되는 메시지는 더 부정적으로 해석하는 대조효과를 보인다. 그러나 관여도가 낮은 소비자는 설득 메시지에 대한 수용영역이 넓고 무관심영역도 넓기 때문에 기존의 태도와 일치하는 메시지뿐만 아니라 반대되는 메시지도 수용적인 입장을 취하거나 적어도 기각하지는 않는다.

(3) 다속성모델

다속성모델은 대상태도모델과 합리적 행위모델의 2가지로 구분될 수 있다. 대상태도모델에 의하면 제품은 여러 속성을 가지고 있고, 제품에 대한 태도는 각 속성에 대하여 소비자가 가지는 신념과 그 신념에 대한 평가에 의하여 결정된다. 소비자는 외부에서 주어지는 정보나 경험을 바탕으로 하여 제품에 관한 여러 가지 신념을 형성하지만 제품을 평가하거나 구매를 할 때에는 신념 중에서 자신이 보다 중요하게 고려하는 중요한 일부의 신념만을 가지고 태도를 형성한다. 그러므로 소비자상담사는 소비자가 중요하게 고려하고 있는 속성에 관한 신념과 신념에 대한 평가를 변화시켜서 소비자의 태도를 변화시킬 수 있다. 예를 들면 소비자가 보증기간을 중요하게 고려한다면 보증기간을 강조하여 호의적인 태도를 형성하게 할 수 있다.

합리적 행위모델은 행동태도모델에 주관적 규범과 행동의도를 첨가한 것이다. 이 모델은 태도를 변화시키기 위한 전략으로 2가지를 제안하고 있다(양윤, 2014). 첫째는 행동결과에 대한 소비자의 지각에 영향을 주는 것이다. 예를 들면 블랙컨슈머의 지나친 행동 때문에 소비자상담사와 선량한 대부분의 소비자가 피해를 보는 상황을 생생하게 보여주어 블랙컨슈머의 비윤리적 행동에 대한 부정적인 사회적 인식을 높일 수 있다. 둘째는 소비자의 행동의도에 미치는 타인의 영향력을 중요하게 생각하기 때문에 소비자에게 영향을 미칠 수 있는 가족, 동료, 유명인 등과 같은 준거집단의 영향력을 이용하는 것이다.

(4) 균형이론

균형이론은 개인의 태도 사이에 불균형이 발생한 경우 균형을 회복하기 위하여 기존의 태도를 변화시키는 것을 의미한다. 농구스타 마이클 조던이 나이키 광고에 출연한 후에 미국과 한국의 청소년들에게 나이키의 인기가 치솟았는데, 이를 균형이론으로 설명할 수 있다. 농구를 매우 좋아하는 어떤 고등학생이 마이클 조던을 영웅으로 생각하고 있었으나, 나이키를 좋아하지 않았기 때문에 마이클 조던이 출연한 나이키 광고를 보면서 심리적 불균형이 발생하게 되었다. 이 불균형이 균형 상태로 변하는 과정에서 나이키에 대한 태도가 호의적으로 변하게 되었다(이학식·안광호·하영원, 2010).

2) 행동에 따른 태도변화

인간은 자신의 행동과 태도 사이에 일관성을 유지하려는 속성을 가지고 있기 때문에 자신의 행동에 맞게 태도를 변화시킨다.

(1) 구매 후 인지부조화이론

인지란 아이디어, 태도, 신념, 의견 등을 의미하며, 인지부조화는 심리적으로 일치하지 않는 2개의 인지를 동시에 가지고 있을 때 일어나는 긴장상태를 의미한다. 인지부조화상태는 불쾌하기 때문에 인지부조화가 발생하면 인지부조화를 감소시키려는 동기가 발생한다. 인지부조화를 감소시키는 과정은 서로 모순관계이므로 양립될 수 없는 인지들 가운데 어느 하나, 둘 또는 그 이상의 인지 내용을 바꾸어서 양립될 수 있는 형태로 만들거나, 서로 모순되는 인지들을 연결시킬 수 있는 새로운 인지를 추가하여 부조화된 인지상태를 조화된 상태로 전환시키는 것이다.

소비자가 구매를 결정하는 과정에서 선택해야 하는 대안이 모두 긍정적인 특성을 가지고 있음에도 불구하고 특정 대안을 선택해야만 하는 경우 소비자는 자신이 선택하지 못한 대안에 대하여 더욱 긍정적으로 생각하게 되고, 그 결과 구매 후 인지부조화가 나타날 수 있으며, 소비자가 불만족하게 되어 상담을 신청할 수 있다. 어떤 소비자가 호의적인 태도를 가지고 있지 않았던 제품이었으나, 50% 이상 세일을 해서 구매를 하고 집에 돌아와 보니 '싼 게 비지떡'이라는 생각이 들어 구매하기 전에 반품을 하지 못한다는 설명을 들었음에도 불구하고 반품을 해달라고 우기는 경우를 예로 들어보자. 이때 소비자상담사는 반품이 불가능하다는 회사의 방침을 되풀이하는 대신에 소비자의 인지부조화를 감소시키기 위한 전략을 이용할 수 있다. "반품이 안 되지만 제가 피해를 보상하는 경우가 생기더라도 반품해드리겠습니다. 거의 신상품을 50%나 할인해주기 때문에 품절이 되었음에도 불구하고 지금도 사려는 고객이 많이 있기 때문입니다."라고 말한다. 이렇게 보상인 가격할인을 크게 생각하도록 하여 소비자의 인지부조화를 감소시킬 수 있고, 소비자는 반품하지 않기로 다시 마음먹을 수 있다.

(2) 비위맞추기전략

비위맞추기전략은 인간이 자기 자신을 다른 사람들에게 더 좋게 보이려고 수행하는 자기서비스 전략을 의미하는데, 다음과 같은 기법들이 소비자를 설득하기 위해서 사용되고 있다(Jones, 1964; 양윤, 2014)

첫째, 사람들은 일반적으로 자신과 유사한 사람을 좋아하므로 소비자상담사는 소비자와 유사하게 보이려고 노력해야 한다. 즉 소비자상담사는 소비자가 사용하는 말투와 몸짓 등을 유사하게 하여 소비자와 보다 친밀한 관계를 쉽게 형성할 수 있다.

둘째, 사람들은 자신의 욕구나 소망에 동조해주는 사람을 좋아하기 때문에 소비자상담을 할 때는 먼저 소비자가 원하는 것이 무엇인지를 정확하게 파악해서 동조해야 상담이 원활하게 진행될 수 있다.

셋째, 상담하는 과정에서 가끔 내담자를 칭찬하거나 선물을 주어 상대방을 설득할 수 있다. 칭찬은 고래도 춤추게 하고 작은 선물에도 소비자는 감동할 수 있기 때문이다.

넷째, 사람들은 자신을 좋아하는 사람을 좋아하기 때문에 상담사가 상담하는 과정에서 진심으로 내담자를 좋아한다는 인식을 심어주는 것이 중요하다.

다섯째, 소비자상담사가 소비자에게 일방적으로 정보를 주고 강요하기보다는 충고를 해달라고 한다면 소비자상담사와 소비자 사이에 일방적인 관계가 아닌 상호관계가 형성되고 더 효율적으로 상담할 수 있다. 특히 지나친 요구를 하는 소비자에게 당신이 소비자상담사라면 나에게 이 상황에서 어떤 충고를 해줄 수 있느냐고 물어본다면 자신의 지나친 행위를 인정하게 하는 결과를 가져올 수도 있다.

마지막으로 소비자상담사는 상담하는 고객의 이름을 기억하고 상담과정에서 가끔 불러주어 소비자가 자신이 귀한 대접을 받는 중요한 사람이라고 느끼게 해야 한다.

(3) FITD 기법

FITD_{foot-in-the door} 기법은 처음에는 작은 부탁을 요구한 뒤에 다음에 큰 부탁을 하는 전략으로, 사람들이 처음에 작은 부탁을 들어준다면 이러한 행동으로부터 자신의 긍정적인 태도를 추론하게 되어 이 태도에 의하여 보다 큰 요구도 수용할 것이라고 가정한다.

FITD 기법은 민간 소비자단체에서 자원봉사자를 모집하거나 회비를 내는 회원을 증대시키기 위한 전략으로 이용될 수 있다. 즉 자원봉사자의 경우 처음에는 작은 일을 부탁한 후에 다음에 조금 더 큰 부탁을 하여 자원봉사자들로 하여금 자원봉사 요구를 수용하도록 할 수 있다. 우리나라의 경우 민간 소비자단체의 가장 중요한 문제는 회원들의 회비를 통하여 재정을 확보하는 것이다. 그런데 처음부터 회원들에게 회비를 요구할 경우 거절할 가능성이 높으므로 처음에는 작은 요구를 하고, 점차 큰 요구를 하는 전략을 사용할 수 있다.

보험설계사가 구매상담을 할 때 처음부터 보험을 계약하도록 하면 거의 대부분의 소비자는 상담하는 것을 꺼린다. 처음에는 구매하지 말고 생애설계만 받아보라고 하면 쉽게 소비자에게 다가갈 수 있고, 그 다음에는 아주 작은 금액의 상품을 팔고, 그 상품에 대하여 소비자가 만족을 하게 되면 나중에는 진짜 설계사가 팔려고 했던 상품을 판매할 가능성도 커지게 된다.

(4) 저관여 하이어라키

학습이론을 바탕으로 한 다속성태도모델은 인지 → 태도 → 행동의 인과관계를 전제하나, 크루그먼(Krugman, 1965)이 제기하고, 레이 등(Ray etc, 1973)이 이론적으로 체계화한 저관여 하이어라키low involvement hierarchy는 인지 → 행동 → 태도의 순서로 인과관계를 설정한다. 소비자들은 일상생활에서 사용하는 저관여 제품인 경우 제품속성에 관하여 구체적인 신념을 형성하지 않은 상황에서 광고 등에 의하여 특정 제품을 구매하여 사용해 본 후에 그 제품을 평가한다. 그러므로 이 이론에 의하면 저관여 제품에 관한 소비자구매상담의 경우 샘플이나 특별할인 등을 이용하여 일단 사용해 보게 하여 그 상품에 대하여 긍정적인 태도를 가지게 하는 것이 중요하다.

3 소비자설득 전략

소비자상담을 효율적으로 진행시키기 위해서 소비자상담사는 소비자를 효율적으로 설득할 수 있어야 한다. 설득은 다음과 같은 특성을 가지고 있다.

첫째, 설득은 상대방이 긍정하도록 만드는 것이다. 설득자가 아무리 좋은 말을 해도 상대방이 "알겠습니다."라는 말을 해야만 설득이 이루어진다.

둘째, 설득이란 상대방이 행동하도록 만드는 것이다. 사람은 누구나 이해했다고 즉시 행동하는 것은 아니다. 행동할 만한 동기가 있어야 설득이 성공할 수 있다. 그러므로 이해와 행동 사이에 있는 벽을 없애고 행동을 촉진하기 위한 방법이 필요하다.

마지막으로 설득은 상대방의 자발적인 의욕을 불러일으키는 것이다. 자발적으로 행동하는 것과 억지로 행동하는 것은 그 결과가 엄청나게 다르기 때문이다(서기원, 2003).

소비자를 설득하는데 기초가 되는 법칙에는 사회적 증거의 법칙, 상호성의 법칙, 일관성의 법칙, 호감의 법칙, 권위의 법칙, 희귀성의 법칙 등이 있다. 소비자상담사는 소비자를 일방적으로 설득하는 것이 아니라 소비자도 소비자상담사를 설득할 수 있다. 이렇게 상호 설득하는 과정에서 소비자상담사가 주도적으로 상담에 임하기 위해서는 각각의 설득법칙에 방어할 수 있는 전략도 파악해야 하고(로버트 치알디니 저, 이현우 역, 2001), 설득 법칙에 바탕을 둔 다양한 기법도 알아야 한다(노아 골드스타인·스티브 마틴 저, 윤미나 역, 2008).

1) 사회적 증거의 법칙

사회적 증거의 법칙에 의하면 특별하게 주어진 상황에서 우리 행동의 옳고 그름은 다른 사람들이 우리와 같은 행동을 하는지에 의하여 결정된다. 다른 사람들이 하는 대로, 즉 사회적 증거에 따라 행동하면 실수할 확률이 줄어들기 때문이다. 다수의 행동은 올바르다고 인정되는 경우가 많기 때문이다.

(1) 사회적 증거의 법칙에 대항하는 자기방어전략

① 조작된 사회적 증거에 대해 반격하기

조직된 사회적 증거를 사용하고 있는 사람들은 공공연하게 드러내는 경우가 많다. 그러므로 조금만 주의를 기울인다면 조작된 사회적 증거를 알아차릴 수 있다. 이 때는 당장 반격을 가해야 한다.

② 과정상의 오류 점검하기

자연적인 작은 실수가 사회적 증거 법칙에 의하여 눈덩이처럼 커져버리는 경우가 있다. 1980년대 싱가포르의 한 지방 은행에서 고객들이 미친 듯이 예금을 인출하는 사건이 발생했다. 이러한 일이 발생했던 이유는 한참 후에 일부 고객들과의 인터뷰를 통해서 알려졌다. 그날 갑작스럽게 버스가 파업하는 바람에 많은 군중들이 그 은행 앞에 있는 버스정류장에서 기다려야 하는 소동이 벌어졌다. 그러나 그렇게 많은 사람들이 모인 이유를 은행이 도산하기 때문이라고 착각한 행인들은 너 나 할 것 없이 예금을 인출하기 위해서 은행에 줄을 서기 시작했다. 그러자 더 많은 행인들이 가던 길을 멈추고 똑같이 줄을 서기 시작했고, 은행은 파산하지 않기 위하여 문을 닫아야만 했다. 만약 이러한 사건이 오늘날 일어난다면 은행에서 줄을 서지도 않고 인터넷뱅킹으로 순식간에 거의 모든 예금이 인출될 것이다.

(2) 사회적 증거의 법칙을 활용한 설득기법

① 다수의 행동으로 설득하기

판매 1위 제품을 광고할 때 수십억 명이 먹는다는 것을 강조하는 맥도날드의 광고를 예로 들 수 있다. 잠재고객이 나중에 전화를 하겠다고 하면, "저희 회사 전화통은 제품문의로 시도 때도 없이 불이 나서 언제 연결될지 모르는데요."라고 말한다.

② 편승효과

사람들은 일반적으로 자신과 같은 처지와 상황에 있는 사람의 행동규범을 따른다. 예를 들면 동네 미용실 주인에게 고객관리 프로그램을 팔려고 하는 경우, 미용실 주인은 대기업의 사장들이 이 프로그램을 좋게 생각하는지에 대해 관심이 없고, 다른 미용실 주인들이 이 제품에 만족했는지가 더 중요한 의미를 갖는다.

③ 관행을 파괴하는 메시지의 설득효과

새로운 고객서비스 지침을 직원들한테 고지할 때 이 지침을 이미 일상 업무에 적용한 부서나 직원이 얼마나 되는지를 언급하는 것이 더 효과적이다. 아직 동참하지 않은 사람들을 비난해서 생기는 역효과를 없애고 사회적 증거의 힘을 확실하게 이용할 수 있다.

④ 평균의 자석 피하기

평균의 자석은 평균에서 벗어난 사람들이 평균에 맞추려는 경향을 의미한다. 바람직한 행동을 하던 사람들이 덜 바람직한 표준에 맞추려는 역효과가 발생하는 것을 막기 위해서는 그들의 바람직한 행동을 사회가 인정하고 있다는 점을 상징적으로 표현해야 한다.

⑤ 옵션의 두 얼굴

옵션이 너무 많으면 부담만 주고 의욕을 꺾을 수 있다.

⑥ 공짜일수록 포장을 더 많이 하기

소비자들은 공짜로 주는 물건은 가치가 떨어지는 것이라고 생각하는 경향이 있다. 그러므로 신규고객을 유치하기 위하여 보안프로그램을 무료로 제공할 때는 반드시 이 제품을 실제로 구입하려고 할 때 지불해야 하는 가격을 알려야 한다.

⑦ 항상 타협안을 찾는 소비자

소비자들은 어떤 선택을 하려고 할 때 항상 타협안을 선호하는 경향이 있다. 예를 들면 고가 제품과 저가 제품 중에서 선택하는 경우 저가 제품을 선택하는 소비자가 많다. 그러나 고가와 저가의 중간에 해당되는 제3의 제품이 나오면 소비자는 저가 제품 대신에 그 제품을 선택한다.

⑧ 구체적이고 명확하게 전달하기

비만환자에게 살을 빼라고 설득하려는 의사는 비만의 위험에 대한 경고와 함께 환자가 실천할 수 있는 구체적인 대책을 함께 전달해야 한다.

2) 상호성의 법칙

상호성의 법칙은 남의 호의, 선물, 초대 등이 결코 공짜가 아니라 분명히 미래에 갚아야 할 빚이라는 사실을 의미한다. 이 법칙을 이용하여 상대방을 일종의 빚진 상태로 만들어 놓으면 정상적인 상태에서는 도저히 불가능한 일도 상대방에게 "그렇게 하시지요."라는 승낙을 얻어 낼 수 있다. 상호성의 법칙에 입각한 보은의 정신은 인간 문화의 독특한 특성이고, 그 규칙을 하나의 의식으로 형식화시킨 사회도 있다. 나의 양보는 곧 상대방의 상호양보로 보답되리라는 기대가 있기 때문에 우리는 안심하고 먼저 양보를 할 수 있다.

(1) 상호성의 법칙에 대항하는 자기방어전략
① 호의와 술책 구분하기

다른 사람이 나에게 호의를 베풀면 감사하게 받아들이고, 지금 빚진 만큼 언젠가는 빚을 갚을 때가 있을 거라고 마음의 준비를 한다. 그러나 이 호의가 상호성의 법칙을 이용한 계산된 행동이었다면 술책에 불과하다고 인식하여 상호성의 법칙에 대한 의무감에서 해방되어야 한다.

② 눈에는 눈, 이에는 이로 대응하기

소비자상담사가 고객에게 어떤 요구를 할 때 처음에는 원하는 것보다 무리한 부탁을 한다. 그러면 고객은 그 요구를 거절할 것이다. 바로 그 때 처음보다는 작으면서 원래 원했던 부탁을 한다. 이 때 소비자상담사가 크게 양보한 것처럼 고객이 느끼게 만들 수 있다면 고객은 상호성의 법칙에 빠져서 두 번째 요구를 들어주지 않을 수 없게 된다. 1보 후퇴, 2보 전진 전략은 상호성의 법칙과 인식의 대조효과의 영향력을 동시에 활용할 수 있다. 그러나 최초의 요구가 너무 비현실적인 경우 진정한 양보로 받아들여지지 않기 때문에 효과가 없게 된다.

(2) 상호성의 법칙을 활용한 설득기법
① 타인의 마음으로 들어가는 문 열기

작은 호의를 먼저 베풀면 나중에는 부탁을 수락할 가능성이 높아진다.

② 정성을 다하는 사람을 도와주기

다른 사람에게 부탁할 때 개인적인 정성이 들어간 표현을 많이 할수록 그 사람이 부탁을 들어줄 확률이 높아진다.

③ 작은 것이라도 의미 부여하기

음식점에서 종업원들이 손님들에게 사탕이나 껌 1개를 얹어 계산서를 내밀면 팁이 늘어단다고 한다(Lynn & McCall, 1998). 일반적으로 선물을 받고 나면 그 사람은 선물을 받기 전에는 거절했을 만한 서비스나 상품도 기꺼이 구입하려는 자세를 보인다고 한다(Gruner, 1996). 다단계 판매업체인 암웨이는 '버그'라고 불리는 공짜 샘플을 잠재고객에게 2~3일 간 무료로 사용하도록 권유한 결과 수년 만에 연간 15억 달러의 매출을 달성하였다.

④ 조건 없이 순수하게 돕기

고객이 도움을 청할 때 순수하고 완전하게 무조건 도와주면 신뢰와 상호이해를 바탕으로 한 굳건한 토대 위에서 협력관계를 구축할 수 있다.

⑤ 호의가 호의인지 알게 하기

도움을 준 경우는 시간이 지날수록 가치가 커지나 받은 경우는 가치가 줄어들기 때문에 각각의 입장에서 심리를 헤아리는 지혜가 필요하다.

⑥ 비교대상을 제시하는 똑똑한 설득

영국의 한 주택 리모델링 회사는 최고급 욕조를 설치하라고 직접 말하는 대신에 먼저 이 욕조를 설치한 수많은 고객들이 뒷마당에 방이 하나 더 있는 것 같다고 했다는 사실을 알렸다. 그 후에 방 하나를 증축하려면 얼마나 비용이 많이 들겠는지 생각해 보라고 하였다. 잠재고객들은 7,000파운드짜리 욕조는 적어도 두 배 이상의 돈이 들어갈 증축공사에 비하면 훨씬 저렴하게 생각하여 구매했고, 회사는 500% 이상 성장할 수 있었다.

⑦ 유리한 조건임을 밝히기

무료세차를 받기 위한 스탬프카드를 나누어 줄 때 도장을 8번 찍어야 하는 데 카드에 도장이 1개도 찍혀 있지 않은 것보다는 10번을 찍어야 하는데 그 중에서 2

개의 도장이 찍혀 있는 카드의 참여율이 더 높았고, 도장을 완성하는 데 걸리는 시간은 더 짧았다. 소비자들은 어떤 프로그램을 완수하기 위하여 이미 달리기 시작했다고 생각하면 더 속도를 내기 때문이다.

⑧ 무한한 협력의 결과

협동작업을 하는 집단의 성과가 혼자 작업하는 팀원들의 평균성과보다 더 나았고, 집단에서 가장 뛰어난 능력을 가진 사람이 혼자 작업한 성과보다도 나았다는 연구결과가 있다.

3) 일관성의 법칙

일관성은 논리, 이성, 안정성 및 정직성의 핵심으로 인정받고 있다. 일관성은 또한 자동화된 반응 유형과 마찬가지로 복잡한 세상을 쉽게 살아가게 하는 지름길을 부여한다. 사람들은 새로운 해결책을 찾기 위하여 방황하는 데 지쳐 있기 때문이다.

(1) 일관성의 법칙에 대항하는 자기방어전략

유익한 일관성과 어리석은 일관성을 구별하기 위한 전략은 다음과 같다.

① 본능적인 거부감에 따라 행동하기

일관성의 덫에 걸려서 원하지 않는 행동을 하게 되면 배가 아프기 때문에 이 신호에 충실하게 반응하면 된다. 이 때 나를 함정에 빠뜨린 상대방에게 유익한 일관성과 어리석은 일관성의 차이를 설명해주면 당황해 하면서 그들은 허둥지둥 사라질 것이다.

② 처음 자신의 의도를 되돌아보기

우리가 스스로 한 합리화나 정당화의 울타리를 뚫고 전해오는 핵심부로부터 왜곡되지 않은 신호를 감지하여 그대로 행동한다. 자신이 만들어낸 허상을 깨야 한다.

(2) 일관성의 법칙을 활용한 설득기법

① 미끼기법의 효과

자동차판매업자들은 미끼기법을 통하여 막대한 이익을 취하고 있다. 먼저 그들은 어떤 경쟁사보다 400달러나 싼 가격으로 새 차를 팔겠다고 제의한다. 그리고 고객에게 한 묶음의 계약서를 작성하게 하고 복잡한 할부계약을 체결하게 하는 등 다양한 개입을 하게 한다. 심지어는 하루나 이틀 정도 시험 삼아 그 차를 운전해 보고 주위사람들에게 보여주라고 권고한다. 그러나 최종 계약을 체결하기 전에 갑자기 예상 못한 문제가 생겼다고 말한다. 즉 계산상 오류가 발생하여 에어컨의 가격을 포함시키지 못했다고 하면서 에어컨을 옵션으로 추가하고 싶으면 400달러를 더 내야 한다고 말한다. 소비자는 다음과 같이 자기 자신을 합리화하면서 계약서에 도장을 찍는다고 한다. '지금 몇 만 달러짜리 흥정을 하고 있는데 400달러가 대수인가? 게다가 400달러를 더해도 경쟁사의 가격과 동일하지 않은가? 무엇보다도 이 차는 내가 선택한 차가 아닌가?'라고 말이다. 미끼기법은 사람들로 하여금 잘못된 결정에 대해서도 기뻐하게 만드는 능력을 가지고 있다.

② 내 뜻대로 움직이게 하는 라벨링 전략

라벨링 전략은 한 사람에게 어떤 특색, 태도, 신념 등과 같은 라벨을 붙인 다음 그 라벨에 어울리는 요구를 하는 것이다. 항공사들이 이 기법을 많이 사용하고 있다. 비행을 마치면서 승무원은 이렇게 방송한다. "여러분께서는 선택할 수 있는 항공사가 많은 것을 알고 있습니다. 그럼에도 저희를 선택해 주셔서 감사합니다." 라고 말이다.

③ 말대로 행동하게 하기

대부분의 사람들은 자신이 바람직한 행동을 할 거라고 공개적으로 말한 후에는 말대로 행동해야 한다는 부담감을 가진다. 비영리단체를 위한 모금운동을 할 때 대상자들에게 기부할 생각이 있는지를 먼저 물어보고 모금활동을 하면 실제로 기부할 가능성이 훨씬 높아진다.

④ 약속을 지키게 하는 기록의 힘

미국에서 장난감회사들은 크리스마스 이전에 특정 장난감을 집중적으로 광고한다. 그러면 아이들은 그 장난감을 크리스마스 선물로 받고 싶어서 부모들과 약속한다. 장난감회사들은 의도적으로 그 제품을 시중에 적게 유통시켜 품절이 되게 만들고 다른 대체품을 충분하게 미리 유통시킨다. 아이들은 크리스마스 선물로 대체품을 사게 되므로 시즌 중의 판매목표는 무난하게 달성된다. 그리고 크리스마스가 지나가면 집중적으로 광고했던 상품을 한 번 더 광고한다. 그러면 아이들은 그 장난감을 더 갖고 싶어서 부모들을 조르게 된다. 아이들이 "아빠, 저 장난감 사주기로 약속했잖아요."라고 말하면 부모는 약속은 지켜야 한다는 함정에 빠져서 어쩔 수 없이 그 장난감을 사주게 된다.

⑤ 일관성을 이기려면 일관성으로 대응하기

사람들은 일반적으로 기존의 태도, 말, 가치, 행동과 일관성을 유지하는 것을 좋아한다. 일관성을 선호하는 경향은 나이가 들수록 강해진다. 노인 소비자를 대상으로 새로운 제품을 판매하기 위한 상담할 때는 신제품이 어떻게 기존의 가치와 부합하는지를 설명하는 것이 가장 중요하다.

⑥ 거듭된 친절

벤저민 프랭클린은 정적으로 하여금 자신에게 먼저 친절을 베풀게 해서 존경을 얻어내는 방법을 고안했다. 그는 정적의 서재에 매우 진귀하고 희귀한 책이 있다는 정보를 들은 후에 정적에게 그 책을 꼭 읽고 싶으니 며칠 동안만 빌려달라고 편지를 썼다. 정적은 즉시 책을 보내주었고, 며칠 후에 구구절절 감사하다는 편지와 함께 책을 돌려주었다. 이 일이 있은 후 그들의 우정은 평생 계속되었다.

⑦ 개입하게 하고, 자발적 개입을 증명할 기록 남기기

자선단체에서 실시하는 인터뷰에 응하는 정도의 간단한 개입이라도 일단 승낙하게 되면 나중에는 점차 개입의 정도가 강해져서 결국에는 자신의 전 재산을 다 헌금하게 되는 경우까지 갈 수 있다는 연구결과도 있다(Schwarts, 1970). 미국에서는 청약철회권 인정 제도에 대응하기 위한 전략의 하나로 소비자로 하여금 직접 계약서를 쓰게 만드는 수법을 이용하였다. 소비자가 직접 계약서를 작성하는 것은 사소한 것처럼 보이나, 자신이 쓴 대로 행동하려는 일관성의 압력을 받아서 계약을 파기하지 않는다는 것이다.

4) 호감의 법칙을 활용한 설득전략

(1) 비슷할수록 끌리는 유사성의 법칙

소비자들은 매우 작은 유사성에 대해서도 긍정적으로 반응하며, 유사성은 매우 간단하게 조작될 수 있다. 설득전문가들은 '당신처럼'이라는 수식어를 많이 사용한다. 영업전략을 가르치는 강사들은 고객의 신체적 자세, 분위기, 말하는 스타일과 비슷하게 혹은 거울을 보듯 똑같이 따라하라고 가르친다.

(2) 이름을 알면 보이는 소비자

사람들은 자신의 이름 첫 글자와 같은 글자로 시작하는 제품을 선호하는 경향이 있다. 책 읽는 것을 싫어하는 아이에게는 아이의 이름과 유사한 제목의 책을 권하는 것이 효과적이다.

(3) 모방은 설득의 어머니

미국에서 서빙직원들은 손님이 주문한 내용을 그대로 반복해서 말했더니 평소보다 70% 팁을 더 많이 받았다는 조사결과가 있다. 즉 상대의 행동을 따라서 하면 쌍방을 위하여 더 좋은 결과를 낳는다.

(4) 진심으로 웃기

꾸민 미소를 지으면 그것을 본 사람은 찡그린 얼굴로 화답한다.

(5) 작은 약점과 큰 장점을 지닌 완벽한 사람으로 보이기

작은 단점을 먼저 말하고 난 후에 자신 있게 말할 수 있는 장점을 말하면 설득하기가 훨씬 더 쉬워진다.

(6) 거절하기 힘든 친구의 부탁

미국적 설득의 진수라고 불리는 타파웨어 파티는 다음과 같이 진행된다. 파티가 시작되기 전에 주최 측은 간단한 게임을 통하여 참가자들에게 상품을 준다. 상품을 받지 못한 사람들은 타파웨어 레이디라고 불리는 판매원으로부터 간단한 선물을 받는다. 이렇게 파티에 참석한 모든 사람들이 어떠한 형태로든지 무료로 선물을 받은 것이 확인된 후에야 비로써 물건을 파는 파티가 시작된다(상호성의 법칙).

이전에 타파웨어 제품을 사용해본 경험이 있는 사람들은 공개적으로 타파웨어의 우수성에 대하여 설명하도록 요청을 받는다(일관성의 법칙).

일단 타파웨어의 구매가 시작되면 자기와 비슷한 다른 주부들이 그 제품을 구입하고 있다는 사실은 사회적 증거가 되어 그 제품이 틀림없이 우수할 것이라는 생각을 하게 만든다(사회적 증거의 법칙).

타파웨어 회사는 파티 제공자에게 총 매출금 중 일부를 돌려주고 파티에 참석한 주부들이 자신의 친구에게서 다른 친구를 위하여 제품을 사도록 만든다. 친구에 대한 따뜻한 애정과 대접, 제품구입, 안정성에 대한 믿음, 우정에 대한 의무감 등을 상품 판매로 연결시키는 방법을 사용하여 성공하였다.

(7) 즉시 잘못 인정하기

실수했다는 것을 깨닫는 즉시 인정하고 상황을 통제하고 바로잡을 수 있는 능력이 있다는 것을 보여줄 수 있는 후속조치를 취해야 한다. 이렇게 하는 사람들은 능력 있고 정직한 사람으로 평가받을 수 있기 때문이다.

(8) 칭찬해 주는 사람에 대한 선호

우리는 칭찬에 굶주려 있기 때문에 칭찬하는 말을 진실이라고 믿는 경향이 있고, 명백하게 사탕발림이라고 할지라도 그러한 말을 하는 사람들을 좋아한다. 실험에 의하면 진실에 바탕을 둔 칭찬만큼 아부하기 위해 의도적으로 꾸며진 칭찬도 호의적인 반응을 도출하였다.

(9) 긍정적인 연상과 연결시키기

"내가 그 친구하고 초등학교 동창인데."라는 말처럼 이미 성공한 사람과 자신을 연결시키거나, 광고에서 제품을 유명한 사람들과 연결시키는 방법 등을 예로 들 수 있다.

5) 희귀성의 법칙을 활용한 설득기법

(1) 독특한 점 어필하기

나 혼자만 알고 있는 정보를 누군가에게 전달한다면 반드시 그 정보의 독점성을 언급해야 효과적이고 도전적인 방법으로 그 사람의 마음을 움직일 수 있는 기회를 얻을 수 있다.

(2) 가질 수 없다고 느끼게 하기

사람들은 이미 얻은 것을 잃고 싶어 하지 않는다.

(3) 왜냐하면 전략

누군가에게 부탁할 경우 반드시 부탁 뒤에 숨은 합리적인 이유를 언급해야 한다. 고객들에게 왜 우리 회사와 거래할 때 더 좋은지를 설명해달라고 요청하는 것이 더 효과적이다. 고객과 회사의 관계가 단지 습관적으로 지속되는 것이 아니라 고객의 입장에서 합리적인 이유를 바탕으로 한다는 점을 상기시켜서 고객의 헌신을 강화하는 효과가 있다.

(4) 10가지 이상의 장점은 단점

고객에게 경쟁사 제품을 지지하는 이유를 10개 이상 제시하라고 하면, 고객은 그 이유에 대해 생각해 보고 우리 회사의 제품을 선택할 가능성이 커진다.

(5) 단순한 매력

사람들은 읽기 쉽고 발음하기 쉬운 회사 이름과 주식 종목 기호를 더 선호하고 더 가치가 있는 것으로 보는 경향에 대한 연구결과도 있다.

(6) 말에 리듬감 주기

"매일 수많은 주부들이 구운 콩 통조림을 따지요Beanz Meanz Heinz."라는 30년 넘게 사용된 하인즈 광고를 예로 들 수 있다.

6) 권위의 법칙

(1) 권위의 법칙에 대항하는 자기방어전략

① 전문가가 맞는지 확인하기

"이 사람이 정말로 전문가인가?"라는 질문을 하면 상징과 연상의 늪을 빠져나와 현실적인 권위의 증거를 찾게 된다. 또한 현안 문제와 관련 있는 권위와 없는 권위를 구별할 수 있게 된다.

② 전문성과 트릭 구별하기

현안 문제와 관련된 가장 많은 지식을 가지고 있는 전문가라도 그 지식을 공정하게 사용하지 않을 수 있기 때문에 그들의 신뢰성을 검증해야 한다.

(2) 권위의 법칙을 활용한 설득기법

① 잘난 척해서 돈으로 만들기

부동산 매매에 대하여 더 많은 정보를 원하는 소비자에게는 "매매담당자 OOO씨에게 연결시켜 드릴게요. 그는 부동산 매매 경력이 20년입니다. 최근에도 고객님이 소유하신 것과 아주 비슷한 부동산을 팔았거든요."라고 말한다.

② 쉽게 순응하지 말기

사람들은 권위자들의 명령에 맹목적으로 복종하여 그들이 시키는 어떠한 명령도 충실하게 수행하려는 경향이 있다.

③ 권위를 대변해주는 직함

존경 받는 직함들은 크기의 인식을 왜곡시키는 경향이 있다.

④ 옷차림에 따라 달라지는 대우

다양한 종류의 제복과 사업가의 정장차림은 낯선 사람으로 하여금 복종하게 하는
데 효과적이다.

⑤ 고급자동차에 대해 관대해지는 경향

고급자동차는 사회적 지위와 권위를 대변하고 있다.

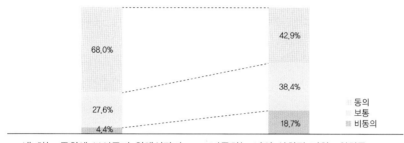

그림 2-1 자동차에 관한 소비자인식
자료: 엠브레인트렌드모니터

시장조사기관 엠브레인트렌드모니터가 2013년에 운전 경험이 있는 만 30세~
59세 성인 900명을 대상으로 실시한 인식조사결과(그림 2-1)에 의하면 전체 응
답자의 68%는 자신이 소유한 자동차는 주변에 보여주기 위해서가 아니라 실용적
인 목적으로 구입한 차량이라고 생각하는 것으로 나타났다.

그러나 자동차가 자신의 사회적 지위 및 위치를 표현하는 수단이라고 바라보는
인식(42.9%)도 여전히 적지 않았고, 30대의 경우에는 절반 가량(50.3%)이 자동차
를 자신의 사회적 지위와 연관시켜 생각하는 것으로 나타났다.

생각해 보기

학번 : _____ 이름 : _____ 제출일 : _____

01 상담의 핵심원리를 소비자상담에 활용하기 위한 구체적인 방안을 상담상황에 맞게 생각해 보자.

02 소비자상담의 과정별로 소비자심리이론을 적용한 상담기법을 만들어 보자.

03 소비자상담사례를 선정해서 소비자를 설득하기 위한 다양한 전략을 활용하여 보다 효과적으로 소비자상담을 하기 위한 시나리오를 짜 보자.

Chapter

3

소비자와
의사소통

Consumer Counselor

소비자와
의사소통

의사소통은 번역되지 않고 커뮤니케이션으로 많이 쓰이고 있다. 커뮤니케이션 communication은 원래 '공통 또는 공유'라는 뜻의 라틴어 'communis'가 그 어원이다. 따라서 의사소통communication이라는 말은 하나 또는 그 이상의 유기체가 다른 유기체(들)와 지식, 정보, 의견, 감정 등을 공유하는 행동이라고 할 수 있다(김후자, 1994). 그러므로 상담사와 내담자 간에 의사소통을 통하여 상담이 이루어지는 상황에서 효율적인 상담을 위해서는 무엇보다도 의사소통이 제대로 이루어져야 한다. 소비자상담에서도 상담사와 소비자 간의 의사소통을 통하여 효과적인 상담결과를 기대할 수 있다. 대인의사소통에는 단지 언어적인 것만으로 이루어지는 것이 아니고 비언어적 행동들도 포함되어 있다. 그러므로 말이나 행동 그 자체만이 아니라 말과 행동이 어떻게 행해졌는지에 따라 여러 가지로 해석될 수 있다.

　소비자상담사로서 효과적으로 상담 업무를 수행하기 위하여 자신이 한 말과 모순되지 않게 하려면 몸자세는 어떠해야 하고 목소리는 어떠해야 하는지를 알고 상담에 임하는 것은 상담사가 기본적으로 갖추어야 할 자세이다. 상담사의 적절한 태도는 소비자에게 문제로부터 벗어나 발전할 수 있는 도움을 주게 된다. 이와는 반대로 상담사의 적절하지 못한 태도는 소비자를 무능력하게 만들고 부정적인 자아존중감을 재확인시켜 주게 되는 결과를 낳을 수도 있다. 그러므로 상담사는 항상 긍정적인 태도와 기대감을 보여주어야 하며, 그렇게 하여 소비자가 스스로 자신을 위해 행동할 수 있도록 동기를 부여해 줄 수 있다.

　본 장에서는 일반적으로 널리 인용되고 있는 언어적·비언어적 의사소통의 내용과 방법, 효과적인 의사소통을 하는 데 도움이 되는 몇 가지 지침들을 알아보고자 한다. 또한 상담을 진행하는 데 도움이 될 수 있는 상담사의 이미지 메이킹에 대하여 알아본다. 더 나아가 상담의 원리와 진행과정을 이해하는 데 도움이 되는 교류분석적 상담에 대하여 살펴보고자 한다.

1 언어적 의사소통

상담활동이 전개되는 최초에는 상담사와 소비자가 개인 대 개인으로 만나서 언어를 매개로 한 대면상담을 하게 되며, 기본적으로 언어적 의사소통이 주요 수단이 된다. 소비자상담사로서 효과적으로 상담 업무를 수행하기 위해서는 양방향 의사소통의 중요성을 알고 있어야 한다. 양방향의사소통에는 기본적으로 첫째, 의사소통을 일으키는 발신자가 있어야 하며, 둘째, 발신된 메시지를 받아들이는 수신자가 있어야 하며, 셋째, 송신자와 수신자 사이에 의사소통이 일어나는 통로channel, 예를 들면, 개인 간, 전화, 팩스, 컴퓨터 통신 등이 있어야 한다. 넷째, 의사소통이 일어나는 상황(환경)이 있으며, 이러한 환경은 메시지의 효율성에 영향을 준다. 여기서 의사소통의 양방향이란 말하기와 듣기를 의미한다. 말하기란 나의 생각을 조직적으로 정리해서 상대방이 이해하고 반응할 수 있도록 전달하는 것이며, 듣기란 상대방의 메시지를 의도대로 파악하는 것이다. 본 절에서는 말하기와 듣기를 중심으로 살펴보고자 한다.

1) 말하기

(1) 효과적으로 표현하기

의사소통의 내용을 효과적으로 표현하기 위해서 지켜야 할 몇 가지 규칙이 있다 (임철일·최정임 역, 2008).

① 직접적인 메시지

자신이 무엇을 생각하고 무엇을 원하는지를 다른 사람들이 알고 있다고 가정을 해서는 안 된다는 의미이다. 무엇을 언제 말할 필요가 있는지를 알고 있어야 하며, 동시에 간접적인 의사소통은 비싼 대가를 치를 수 있음을 명심해야 한다.

② 즉각적인 메시지

즉각적인 의사소통을 할 때 기대할 수 있는 긍정적인 효과는 상대의 반응을 즉각 공유하기 때문에 친밀감을 증대시키며 관계를 강화시켜 줄 수 있다.

③ 명확한 메시지

명확한 메시지는 자신의 사고와 감정, 요구를 정확하게 반영하는 것이며, 애매하거나 추상적인 말로 표현하지 않는다.

④ 솔직한 메시지

솔직한 메시지는 진술된 목적이 의사소통의 진짜 목적과 같은 것을 의미하며, 가장된 의도나 자기가치의 비하와 같은 숨겨진 메시지는 상호간의 친밀한 관계를 해칠 우려가 있다.

⑤ 고무적인 메시지

고무적으로 의사소통한다는 것은 서로 공유하고 이해한다는 것이지 어느 한 사람이 이기거나 또는 옳은지를 판단하는 것이 아니다. 그러므로 다른 사람이 상처를 받지 않고도 이야기를 들을 수 있도록 하는 것을 의미한다.

(2) 효과적인 소비자상담을 위한 말하기

소비자상담을 얼마나 성공적으로 이끌 수 있는지는 상담사가 얼마나 상담 기법을 숙지하고 실행에 옮기는지에 달려 있다고 해도 과언이 아니다. 소비자가 하는 이야기를 듣고 상담사로서 의사소통을 효과적으로 하기 위해서는 다음과 같은 내용을 지켜야 한다.

① 너무 장황하게 응답하지 않기

소비자와 공감을 갖기 위해 초임 상담사는 때때로 이야기를 장황하게 하기 쉽다. 소비자에게 적절한 응답을 하려고 공들이다가 소비자보다 더 길게 이야기할 수도 있다. 이러한 점에 주의하기 위한 하나의 기법으로는 '소비자가 한 말의 핵심은 무엇인가?'라는 질문을 상담사가 스스로 해가면서 상담하게 되면 정확하고 짧으며 구체적으로 응답할 수 있다.

② 억양으로 소비자와 공감한다는 태도 보이기

소비자가 곤란한 문제에 대해 이야기를 할 때 상담사가 즐겁고 쾌활한 목소리로 대답한다면 아무리 소비자의 경험, 행동, 감정을 이해하고 정확한 공감을 했더라도 상담사의 공감은 성실한 공감이라고 할 수 없다. 공감한다는 것은 소비자와 완전히 함께한다는 것을 의미하며, 소비자의 감정과 기분에 합당하고 진지한 방법으로 동참하는 것이기 때문이다.

③ 소비자가 사용하는 언어 사용하기

소비자가 사용하는 언어를 사용하라는 것은 함부로 전문용어 혹은 외국어를 사용하지 말라는 의미이기도 하다. 상담사가 사용하는 단어는 소비자로 하여금 상담사가 하는 말의 뜻을 정확히 이해하는 데 영향을 끼칠 뿐만 아니라 심리적으로 공감하는 데도 영향을 끼칠 수 있다. 할머니, 할아버지를 대상으로 상담할 때 사용하는 언어와 청소년을 대상으로 상담할 때 사용하는 언어는 분명히 달라야 할 것이다.

④ 부정적인 단어 사용 삼가기

부정적인 단어의 사용은 소비자로 하여금 소비자문제 해결을 위한 심리적인 어려움을 더 크게 만든다. 소비자문제의 해결이 어려울 경우라도 "절대 안 됩니다." 혹은 "안되겠습니다."라고 응답하는 것보다는 "노력했지만 원하시는 대로 해결이 안돼서 저도 유감스럽습니다!"라고 하든지 "이보다 더 큰 문제로 고민하는 사람도 많이 있습니다."라고 응대하여 소비자를 위로하는 말과 함께 부정적인 내용을 전한다.

⑤ 경어 사용하기

경어를 사용하는 것은 상대방을 존중한다는 의미로 해석할 수 있다. 따라서 아무리 나이가 어린 소비자라도 존중해야 할 귀중한 고객이라는 측면에서 반드시 경어를 사용하는 것이 바람직하다. 예를 들면, "네, 어린이 손님, 무엇을 도와드릴까요?"라고 말하는 것 등을 들 수 있다.

⑥ 상담의 진행을 위하여 유도성 질문 이용하기

상담사는 상담이 매끄럽게 해결점을 향하여 진행될 수 있도록 유도성 질문을 통하여 리드하는 형태를 취하되, 대화의 약 70%는 소비자가 할 수 있도록 한다. 이러한 기법은 소비자로부터 문제해결에 필요한 정보를 충분히 얻을 수 있다는 점에서 매우 바람직하며, 소비자가 소비자문제로부터 받은 정신적 스트레스를 풀수 있는 수단이 될 수 있기 때문에 중요하다.

⑦ 소비자와 말하는 속도 맞추기

상담사의 말하는 속도가 빠를 경우 대부분의 소비자는 상담사의 말을 이해하는데 어려움이 있을 것이다. 특히 소비자의 말하는 속도가 느릴 경우, 상담사는 말의 속도를 소비자가 말하는 속도에 맞추도록 노력해야 한다. 이는 말을 느리게하는 사람은 상대방도 본인과 같으리라고 기대하기 때문에 상대방이 빠르게 이야기하면 이해하는 데 어려울 수 있기 때문이다.

⑧ 사투리, 방언 등을 사용하지 않고 표준말 사용하기

표준말을 사용한다는 것은 어느 지역 사람과 대화를 해도 의사소통에 지장이 전혀 없기 때문에 표준말을 사용하는 습관을 갖도록 한다.

⑨ 정확한 발음과 표현하기

상담사는 명확하게 발음하고 정확하게 표현하도록 노력한다.

⑩ 적당한 크기의 음성과 음의 고저에 주의하기

상담사의 목소리가 지나치게 크면 상대방으로 하여금 방어적인 태도를 갖게 하는반면, 작으면 상대방으로 하여금 답답한 느낌을 갖게 하여 상담진행에 어려움을가져올 수 있다. 또한 말소리에 높고 낮음이 없이 밋밋하게 이야기하면 소비자로하여금 흥미와 관심을 끌기 어렵다. 특히 우리나라 말 자체가 높낮이가 거의 없으므로 상담사는 의식적으로라도 강조해야 할 부분은 음성을 약간 크게, 그리고 음을 높게 하여 말하면 효과적일 것이다.

2) 듣기

(1) 효율적인 듣기를 위한 소비자상담사의 전략

듣기란 정보를 수집하는 중요한 과정이다. 그러므로 성공적으로 듣는 것은 상담 서비스를 제대로 제공하기 위해서 필수적인 과정이다. 효율적인 듣기를 위하여 상담사가 할 수 있는 여러 가지 방법들은 다음과 같다(임철일·최정임, 2008; 이승신 외 4인, 1998).

① 적극적 경청

자신의 판단이나 충고를 가지고 대화에 끼어들기 없이 소비자의 말뿐만 아니라 비언어적인 메시지와 감정 등 완전한 메시지에 주의를 기울이는 것이다. 또한 상담사는 이해했다는 사실을 소비자에게 알릴 수 있도록 하는 것을 의미한다. 적극적인 경청은 다음의 표 3-1에 제시된 방법을 통하여 효과적으로 이루어질 수 있다.

② 반영적 경청

반영적 경청이란 상대방의 이야기를 듣고 혹은 상대방의 표정이나 행동을 보고 그 사람의 심정이 어떠한지를 파악한 후 상대방에게 이를 확인해 보는 과정이다. 그림 3-1의 설명처럼 상담사는 고객의 심정을 파악하고 이를 해결해 줄 수 있을 것이다.

표 3-1 상담사의 적극적 경청방법

방법	사례
경청 반응을 행동으로 표시하라	상대방의 눈을 응시한다거나 고개를 끄덕이면서 적극적으로 듣고 있다는 반응을 보내며 상대방을 편안하게 해 준다.
부연 설명하라	'제가 이해하기로는……, 요약하자면…….' 등으로 소비자가 말한 것을 정확하게 이해했다는 것을 드러내 주는 방법이다.
의견을 구하라	소비자의 욕구를 파악하고 정보를 명확하게 하기 위하여 자신의 생각을 말할 수 있도록 도움을 준다. 또한 상담사가 개방적 자세로 소비자의 말을 듣고 있다는 의미를 전달하는 것이기도 하다. "예를 하나 들어 줄 수 있습니까?"라는 식으로 질문할 수 있다.
피드백으로 생각과 느낌을 공유하기	피드백은 상대방을 비난하거나 확인하기 위한 것이 아니고, 판단을 내리지 않으면서 자신의 생각이나 느낌 등을 공유하는 것이다. 또한 오해를 수정할 수 있는 기회가 되며, 의사소통의 효과를 이해하도록 도와준다.

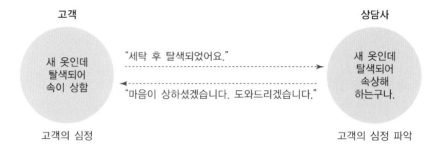

고객 　　　　　　　　　　　　　　　　　　　 상담사

새 옷인데
탈색되어
속이 상함

"세탁 후 탈색되었어요."

"마음이 상하셨겠습니다. 도와드리겠습니다."

새 옷인데
탈색되어
속상해
하는구나.

고객의 심정 　　　　　　　　　　　　　　　　 고객의 심정 파악

그림 3-1 반영적 경청

자료: 김영신 외(2005). 새로 쓰는 소비자상담의 이해, p.68

③ 인식하면서 경청하기

인식하면서 상대방의 말을 듣는다는 것은 2가지 의미로 설명할 수 있다. 우선, 상대방이 하는 말과 지식의 내용이 내가 알고 있는 것과 비교해서 일치하는지에 대하여 주의 깊게 듣는 것이다. 다른 하나는 상대방이 말하는 내용과 얼굴표정, 몸짓, 목소리의 고저 등이 일치하는지를 확인하면서 듣는다는 것이다. 만약 일관성이 없다면 그러한 불일치를 명료화하고 피드백을 주는 것이다.

(2) 효율적 경청의 방해요인

상담사가 소비자의 이야기를 효율적으로 듣는 것을 방해하는 요인으로는 다음과 같이 상담사의 개인적 요인과 상담의 외부환경 요인으로 구분할 수 있으며(임철일·최정임, 2008; 이승신 외, 1998) 상담사의 효과적인 경청을 위해서는 당연히 이러한 방해요인을 제거해야 할 것이다.

① 상담사의 개인적 요인

● 편견

특정인이나 집단, 상황, 문제에 대한 상담사의 편견이나 신념이 객관적으로 듣는 능력을 방해할 수 있다. 우리들은 사회화 과정을 통하여 개인적·가족적·사회적 및 문화적 여과장치들을 발달시켜 왔다. 따라서 우리가 경청하고 행동하는데 우리도 모르게 작용하는 다양한 형태의 편견을 주입시키기도 한다. 문화적 여과장치가 강하면 강할수록 편견이 심해진다. 예를 들면, '시골 사람이니 이러한 면은

잘 모르겠네, 노인이니까 이렇게 대해도 되겠네'라는 등의 편견은 상담사로 하여금 상담 내용을 미리 짐작하거나 그릇된 결론을 내리게 할 수 있기 때문이다.

●심리적 혼란

상담사의 심리적 상태에 따라 듣기의 효율성을 떨어뜨릴 수 있다. 상담사가 화가 나 있거나 흥분해 있다면, 또는 상담사가 단순히 특정인이나 특정 문제 다루기를 원치 않는다면, 상담사 경청능력에 부정적으로 영향을 끼칠 수가 있다.

●신체 상태

효율적인 듣기를 방해할 수 있는 또 다른 내적 요소는 건강 상태이다. 상담사가 아프거나 피곤하거나 몸의 상태가 좋지 않을 때, 또는 단순히 기분이 좋지 않을 때라도 상담사의 경청능력에 부정적인 영향을 끼칠 수 있다.

●잡념

상담사의 마음속에 개인적인 문제(개인경제, 결혼, 가족 등에 관련된 문제)를 생각하고 있을 때 상담사가 소비자의 욕구와 기대에 집중하여 문제해결을 하고자 하는 것을 어렵게 만든다.

●청각능력 감소

많은 사람들이 생리적(신체적) 문제나 또는 시끄러운 소음에 지나치게 노출되어 청각능력이 감소하는 것을 인식하지 못하고 있을 수 있다. 상담사는 가끔 청각검진을 받아서 소비자와 상담 시 메시지를 놓치거나 부적절한 반응을 하지 않도록 유의한다.

●사고 속도

보통 성인의 두뇌는 전달된 메시지를 분당 600단어까지 이해할 수 있으며 말하는 속도는 이보다 떨어져서 분당 125~150단어를 말할 수 있다. 이 두 속도 간의 차이를 '지체시간lag time'이라고 하는데 그동안 정신은 사실 쉬고 있는 셈이다. 그 결과 두뇌는 지체시간에 다른 일을 하는 것으로 채운다(예: 공상을 함). 이러한 방해요소를 막거나 줄이기 위해서 의식적으로 소비자의 메시지에 집중하고 핵심을 발견하려고 노력해야 하며 동시에 적당한 질문을 하면서 적절하게 반응해야 한다.

● 잘못된 추측

상담사가 자신이 과거에 겪은 다른 사람과의 경험은 자칫 객관적인 상담을 방해할 수 있다. 왜냐하면 상담사는 자신의 경험에 기초하여 소비자의 메시지를 해석하고 추측하기 쉽기 때문이다.

② 상담의 외부환경 요인

효율적 경청에 방해가 되는 외부환경 요인은 상담사로서는 통제하기 어려운 요인도 있을 수 있다. 소비자상담 시에 이러한 방해 요인들을 줄이거나 없애도록 노력해야 한다. 전형적인 외부환경 방해요인의 사례는 다음과 같다.

● 다른 소비자가 상담을 요청할 때

기본적으로 소비자는 서로 다른 문제를 갖고 있으므로 집단상담을 하기는 어렵다. 따라서 효과적인 상담 서비스를 제공하기 위해서는 한 번에 한 사람만을 대상으로 상담을 계속적으로 해야 하며 다른 소비자가 상담을 요청할 때에는 "잠시 후에 도와드리겠습니다!"라는 말로 양해를 구한 후 한 사람에게만 집중하여 상담하는 것이 원칙이다.

● 전화벨이 울릴 때

전화벨이 울리면 진행 중인 상담에 부정적인 영향을 미칠 수 있다. 전화상담 서비스 받기를 바라는 소비자들이 많기 때문에 전화를 받지 않을 수도 없다. 이 경우 동료로 하여금 전화를 대신 받게 하고 나중에 전화 걸기 위한 메시지와 전화번호를 남기게 하는 방법이 효과적이다.

● 상담실 내 집기들

개인용 컴퓨터, 복사기, 프린터 등의 집기에서 나는 소리가 상담사의 경청을 방해할 수 있다. 상담이 진행될 때는 상담실 내에서 소음을 내는 집기들의 사용을 최소화해야 한다.

3) 효율적인 대화법

효율적인 대화를 가능하게 해주는 대화기법으로 I-Message가 있다. 이 기법은 자신으로 하여금 구체적인 책임감을 느끼게 하는 방법으로서 I-Message를 통하여 문제행동, 행동 영향, 느낀 감정 등의 상황을 효과적으로 표현하게 된다. 그러나 이들을 표현할 때에 유의해야 할 사항은 다음과 같다.

I-Message = 문제행동 + 행동의 영향 + 느낀 감정

---

(1) 문제행동

문제가 되는 상대방의 문제행동과 상황을 구체적으로 말한다. 이때 어떤 평가, 비판, 비난의 의미를 담지 말고 객관적인 사실만을 말하는 것이 좋다. 예를 들면 "자네가 나에게 건방지게 말대꾸를 할 때……." 대신에 "자네가 나에게 말대꾸를 할 때……."라고 말해야 한다.

(2) 행동 영향

상대방의 행동이 자신에게 끼친 영향을 구체적으로 말한다. 예를 들면 "자네가 자주 자리를 비우니까 내가 힘들어." 대신에 "자네가 말도 없이 자주 자리를 비우니까, 나는 자네가 해야 할 일을 다른 사람에게 시키거나 기다리고 있어야 하네."라고 말해야 한다.

(3) 느낀 감정

그러한 문제행동의 영향 때문에 생겨난 감정을 솔직하게 말한다. 예를 들면 "자네가 지난 번 업무 보고를 하지 않은 건 도대체 무엇 때문인가?" 대신에 "자네가 지난 번 업무 보고를 하지 않아 무슨 일이 생겼는지 궁금하네."라고 말해야 한다.

이상의 대화방식, 표현원리, 그리고 그 효과에 대하여 You-Message와 비교하여 살펴보면 다음 표 3-2와 같다.

표 3-2 I-Message와 You-Message의 비교

구분	I-Message	You-Message
대화방식	'나'를 주어로 하여 상대방에 대한 자신의 감정이나 생각을 솔직하게 표현함	'너'를 주어로 하여 상대방의 행동에 대한 평가나 비평을 함
표현원리	"네가 ○○(행동)하니까, 나는 ○○(감정)하게 느낀다."	"너는 ○○하다."
예시	"자네들 일 처리가 늦어지니 내가 걱정이 되는 구먼."	"자네들 일처리가 왜 이렇게 늦나."
효과	• 상대방에게 개방적이고 솔직하다는 인상을 준다. • 상대방에게 나의 생각과 감정을 전달하여 상호이해를 증진시킨다. • 상대방은 나의 느낌을 저항 없이 수용하고 스스로 문제를 해결하려는 의도를 갖게 되어 저항 대신 협력을 구할 수 있다.	• 상대방의 마음에 상처를 주어 상호관계를 파괴한다. • 상대방에게 일방적으로 강요하거나 공격하는 느낌을 준다. • 상대방은 방어적으로 대처하거나 반감을 갖거나 저항을 하게 된다.

자료: 김애순(1996). 고객상담 기법. 보험연수원

2 비언어적 의사소통

상담과정에서 상담사의 비언어적 반응양식은 효과적인 상담운영에 매우 중요한 요소이다. 알버트 메라비언Albert Mehrabian에 의하면 메시지의 전체적인 영향은 다음과 같다(임철일·최정임 역, 1999).

첫째, 7% 언어적(단어나 말 등), 둘째, 38% 음성적(성량, 고조, 리듬 등), 셋째, 55% 신체적 움직임(표정 35%, 태도 20%)이다.

메시지의 50% 이상의 효과가 신체의 움직임에서 나오기 때문에 신체적 언어를 이해하는 것은 필수적이라고 한다. 신체적 언어에 세심한 주의를 기울여야 하는 또 다른 이유는 가끔 그것이 언어적 의사소통보다 더 믿을 만하다는 것이다. 예를 들면, 어머니에게 "무슨 문제가 있어요?"라고 물었을 때 어머니가 어깨를 으쓱하고 시무룩한 표정을 한 채 얼굴을 돌리고는 "아무것도 아니야, 난 괜찮아."라고 말한다면, 어머니의 그 말을 믿지 않을 것이며, 이는 어머니의 신체적 언어로부터 알 수 있는 것이다. 일반적으로 비언어적 단서들은 일련의 일관성 있는 형태로 나타난다. 그러나 비언어적 단서들이 겉으로 표현하는 말과 서로 일관성이 없을 때에는 이러한 불일치되는 부분에 대해 다시 질문하고 더 깊이 알아봐야 한다는 신호가 된다.

1) 비언어적 의사소통의 방법

비언어적으로 의사소통하는 방법에는 신체 각 부위, 음성, 환경, 시간 등 4가지의 비언어적 의사소통으로 나누어 고찰해 볼 수 있다.

(1) 신체 각 부위를 통한 비언어적 의사소통의 종류

신체 각 부위를 통한 비언어적 의사소통에는 눈, 얼굴표정, 손과 팔 등의 움직임을 비롯하여 자세, 반복적 행위, 접촉 등 다양한 방법들을 찾아볼 수 있다.

(2) 음성을 통한 비언어적 의사소통의 종류

음성과 관련된 비언어적 의사소통 방법은 음조와 음색, 말의 속도, 음성의 강도, 말씨 등을 들 수 있다.

표 3-3 신체 각 부위와 관련된 비언어적 의사소통

구분	비언어적 의사소통
눈 마주침	시선의 방향과 응시하는 시간 및 그 빈도
눈	깜빡거림, 눈물, 눈뜨는 크기
피부	창백한 정도, 땀나는 정도, 안색과 홍조의 정도
자세	앞으로 수그리게 됨, 피곤해 보임, 의기소침, 팔짱 낌, 다리 꼬기, 먼 곳 응시하기, 머리 떨어뜨림, 바닥응시, 천장응시
얼굴표정	무표정, 이마의 주름선 잡기, 입술 깨물기, 입 모양들, 미소 짓기
손과 팔	팔 동작, 상징적인 손 모양, 여러 가지 손동작
자아 징벌적 행위	손톱 깨물기, 몸 긁기, 손가락의 관절 꺾는 소리, 머리카락 잡아 뽑기, 때리거나 찌르기
반복적 행위	발 구르기, 안절부절 못하는 조바심, 단추·머리·옷·핀 등을 만지작거림
신호나 명령	머리 끄덕이기, 지시하기, 어깨 으쓱하기, 부정 표시로 휘젓기, 손가락 입에 대고 침묵 요구하기
접촉	어깨를 탁탁 두드려줌, 포옹
성적표현	손가락으로 가슴 찌르기, 등을 찰싹 침

표 3-4 음성과 관련된 비언어적 의사소통

구분	비언어적 의사소통
음조와 음색	무감정, 밋밋함, 단조로움, 맑고 생기 있음, 확신에 차 있음, 머뭇거리며 떨리는 음성, 목멘 소리, 더듬거리는 소리
말의 속도	빠르거나 느림, 중간 속도, 잠시 쉬기, 침묵
음성의 강도	크거나 부드러움, 중간 정도의 음량
말씨	정확한 정도, 부주의한 정도, 지방색과 사투리, 말씨의 일관성

(3) 환경을 통한 비언어적 의사소통의 종류

환경과 관련한 비언어적 의사소통방법에는 상대방과의 거리, 물리적 환경, 복장 등을 들 수 있다.

표 3-5 환경과 관련된 비언어적 의사소통

구분	비언어적 의사소통
거리	상대방이 다가올 때 멀리 비껴가기, 상대방이 피할 때도 계속 다가가기, 먼저 다가서거나 물러나기
물리적 환경구성	말끔하고 정돈된 분위기, 부주의한 분위기, 공식적인지 또는 평상적인지, 사치스러운지, 검소한지를 살펴봄
의복	평범한지, 우아한지, 유행하는 것인지, 격에 맞는지, 대담한지, 보수적인지, 액세서리를 착용하고 있는지를 살펴봄
실내에서의 위치	방안을 이리저리 배회함, 테이블이나 책상으로 간격을 둠, 의자에 나란히 앉음, 상대방이 앉아 있을 때 일어서서 보다 높은 위치를 유지함

(4) 시간을 통한 비언어적 의사소통의 종류

시간을 통한 비언어적 의사소통방법에는 지속 시간, 시간의 양 등이 있다.

표 3-6 시간과 관련된 비언어적 의사소통

구분	비언어적 의사소통
지속 시간	알아차리거나 반응을 보일 때까지의 지속 시간
시간의 양	그 사람에 대해 혹은 그 문제에 대해 사용하는 시간의 양

2) 비언어적 의사소통의 의미

신체 각 부위, 음성, 환경, 시간 등을 통한 비언어적 의사소통들 중에서 앨런 피스 Allan Peace의 보디랭귀지body language 내용들을 참고하여 그 의미를 구체적으로 살펴보고자 한다(앨런 피스 저, 정현숙 역, 1992).

(1) 팔과 손

의사소통하기 위해 손을 많이 사용한다. 알쏭달쏭할 때 머리를 긁고 의심을 품었을 때 코를 만지며, 화가 나거나 당황할 때 목을 문지르고, 대화에 끼어들고자 할 때 귀를 끌어당기고, 슬플 때 손을 비틀고 무엇인가를 기대할 때 손을 문지른다.

또한 참을성이 없음을 나타내기 위해 입술 위에 손을 올려놓거나 자아통제의 신호로써 등 뒤로 깍지를 끼며, 뜻을 감추기 위해 주머니 안에 손을 찔러 넣기도 한다. 분노와 긴장의 표시로 주먹을 움켜쥔다. 손바닥을 위로 향하게 하고 팔을 앞으로 펴며 어깨를 으쓱하는 것은 '내가 어떻게 알아?' 또는 '어쩔 수가 없었어!'라고 말하는 것과 같다. 다른 한편으로 방어를 나타내거나 공개적인 의사소통을 하고 싶지 않을 때는 앞으로 팔짱을 낀다.

일상적인 만남에서 사람들은 손바닥 제스처를 사용하기도 한다. 손바닥을 위로 향하게 하는 것인데, 이는 무엇인가를 요청하는 의미이거나 또는 상대방의 뜻에 따르겠다는 표시이다. 반대로 손바닥을 아래로 향해서 상대에 대해 무언의 통제력과 권위를 과시할 수도 있다.

(2) 악수

어떤 사람을 처음 만나서 관습적으로 악수를 할 때 갖는 3가지의 기본적인 태도가 있다.

첫째, '이 사람은 나를 지배하려고 하는 구나!'와 같은 지배적인 태도, 둘째, '상대방은 내가 뜻하는 대로 움직일 것이다'라는 복종의 태도, 셋째, '우리는 잘 지낼 수 있을 것이다'라는 등의 태도가 있다. 이 태도들은 무의식적으로 전달된다. 양손을 다 써서 하는 악수의 의도는 상대편에 대한 성실이나 신뢰 혹은 감정의 깊이를 나타내는 것이다. 또한 양손 악수는 팔꿈치를 잡는 것보다 감정을 더 잘 전달하고 악수를 권하는 사람의 왼손이 악수를 받는 사람의 친밀 영역이나 그보다 더 가까이 침범하는 것을 상징한다.

(3) 손으로 얼굴을 만지는 표현

뺨과 턱을 만지작거리거나 혹은 괴는 동작 등은 상대방의 이야기를 듣고 있는 사람이 지루하다는 표시일 경우가 많다. 때로는 흥미를 갖고 상대방의 이야기를 평가하고 있다는 것을 나타내는 것이기도 하다.

(4) 팔과 다리

다리를 꼬지 않고 약간 떨어뜨려서 앉아 있을 때는 개방성을 나타내며 두 다리를 크게 벌리고 앉아 있는 것은 지배성을 나타낸다. 또한 의자의 한쪽 팔걸이에 한 다리를 올려놓으면 무관심을 나타낸다. 한쪽 발목을 다른 무릎에 올리거나 발목을 교차하고 앉아 있을 때는 저항을 표시한다. 한쪽 다리를 다른 다리 위에 꼬아서 올려놓거나 다리를 앞뒤로 흔드는 것은 종종 지루함을 나타낸다. 팔과 다리 모두가 꼬여 있지 않을 때는 동의를 나타낸다. 팔을 엇갈리게 포개는 것과 마찬가지로 다리를 꼬는 것도 부정적이거나 방어적인 태도를 나타내는 신호이다. 다리를 떠는 행동은 조바심이나 절박성, 흥미 결여 등을 의미한다.

(5) 머리 움직임

머리 동작에서 가장 보편적인 2가지는 고개를 끄덕이는 것과 고개를 좌우로 흔드는 것이다. 고개를 끄덕이는 것은 '예' 혹은 '그렇다'는 뜻을 지닌 긍정을 의미하는 정적인 동작이며 대부분의 문화권에서 사용된다. 만약 상대방이 당신의 말에 동의한다고 하면서 고개를 젓는 동작을 취한다면, 이는 부정적인 생각이 숨어 있다는 암시이며 그가 들은 말의 내용이나 더 이상의 질문에 대해 거부할 생각이라는 것을 암시한다.

(6) 눈신호

사교적인 만남에서 응시하는 사람의 눈은 상대방의 얼굴 위의 눈과 입 사이에 만들어지는 삼각형을 바라보는 것으로 나타난다. 친근감을 나타내는 시선은 상대방

표 3-7 눈신호의 의미

구분	의미
눈을 치켜뜨는 행동	의혹, 관심, 의문 제기, 놀람
먼 곳을 쳐다보는 행동	주의 분산, 조바심, 흥미 결여
눈길을 돌리는 행동	불만, 불신, 이해 부족

의 두 눈과 턱 아래를 지나서 신체의 다른 부분까지도 바라본다.

곁눈질은 관심 혹은 적대감을 전달할 때 사용된다. 곁눈질이 약간 추켜올려진 눈썹과 미소와 함께 나타날 때는 관심을 나타내는 것이다. 만약 곁눈질이 아래로 내려진 눈썹, 찡그린 이마 혹은 끝을 내린 입과 함께 나타난다면 그것은 의심하거나 적대감을 가진 비판적인 태도를 나타내는 것이다. 눈감기 동작은 '얕잡아' 보는 태도로써 머리를 뒤로 제치는 동작과 함께 나타난다. 이 외에도 눈신호는 다음과 같은 다양한 의미를 뜻하기도 한다.

(7) 시선 마주치기

시선 마주치기는 보디랭귀지 가운데 가장 효과적이다. 상대방이 말하는 것에 관심을 기울이고, 받아들일 자세가 되어 있으며, 주의 깊게 듣고 있다는 것을 상대방이 깨닫게 해준다. 시선 마주치기를 하면 상대방이 말하는 내용뿐만 아니라 느낌까지 감지할 수 있다. 시선 마주치기를 효과적으로 하려면, 상대방의 얼굴에 부드럽게 초점을 맞추면 된다. 그러나 대화를 계속해 나갈 때 뚫어지게 쳐다본다는 인상을 주지 않도록 가끔씩 시선을 딴 곳으로 두는 것도 잊지 말아야 한다. 대화를 하면서 상대의 양쪽 눈에 동시에 시선을 맞추려고 한다면 소비자는 상담사 눈의 초점이 불안정하다고 느낄 것이다. 따라서 소비자의 한쪽 눈에 시선을 고정하거나 눈 사이의 미간에 시선을 고정하면 좋다.

(8) 신체의 움직임

신체의 움직임(몸가짐)은 상대방이 내뱉는 내용에 대하여 얼마만큼 관심을 가지고 있는지를 보여 줄 수도 있으며, 반면에 대화를 그만두고 싶어 할 때에는 신체의 움직임으로 자신의 의사를 표현할 수 있다.

표 3-8 신체 움직임의 의미

구분	의미
앞으로 몸을 기울이는 행동	흥미, 집중, 관심
안절부절 못하는 행동	흥미 결여, 말이 길다는 표시, 불쾌함

(9) 공간적 관계

이야기하는 상대에게서 얼마나 멀리 떨어져 있는지에 대한 것은 비언어적 의사소통을 의미한다. 인류학자인 에드워드 홀Edward T. Hall은 사람들이 무의식적으로 다른 사람들과 상호작용할 때 사용하는 영역을 다음의 4가지로 설명하였다.

① 친밀한 거리의 영역(0~45cm)

이 거리의 영역은 연인이나 가까운 친구, 부모에게 안겨 있는 어린아이 사이에서 볼 수 있다. 만약 가깝지 않은 사람들에게 그들을 보호하는 아무런 장벽 없이 이 공간을 공유하도록 강요한다면 그들은 당황하거나 위협감을 느낀다.

② 개인적인 거리(45cm~2m)

이 거리의 근접영역은 45cm~1m로 파티에서 편안하게 이야기할 수 있고 파트너와 쉽게 접촉할 수 있는 거리이다. 반면에 원접영역인 1~2m 거리에서는 접촉이 없이 비교적 사적인 이야기들을 주고받을 수 있다.

③ 사회적 거리(2~6m)

이 거리의 근접영역은 2~3.5m이며 고객이나 서비스맨에게 이야기할 때와 같이 주로 대인업무를 수행할 때 사용된다. 원접영역은 4.5~6m 정도로 공식적인 사업이나 사회적 상호작용에 자주 사용된다. 또한 이 거리는 동료들 간에 일상적인 이야기를 나눌 때, 개방적인 사무실 환경에서 작업을 할 때 유용하다. 그리고 가정에서 일상적인 이야기를 나눌 때 이 거리를 유지하며 앉아 있을 수 있다.

④ 대중적 거리(6~10m)

이 거리의 근접영역인 6m는 상대적으로 비공식적인 모임에 사용되며(교실에서의 수업시간), 원접영역인 10m는 정치나 명사들의 연설에 사용된다.

표 3-9 공간적 거리에 따른 의미

구분	의미
친밀한 거리(intimate distance)	0~45cm
개인적인 거리(personal distance)	45cm~2m
사회적 거리(social distance)	2~6m
대중적 거리(public distance)	6~10m

　4가지의 영역은 문화마다 매우 다르기 때문에 가끔 다른 문화를 이해하지 못하여 오해가 생기는 수가 있다.

3 효과적 의사소통의 지침

　의사소통의 과정은 메시지를 받아 이해하고 기억하고 반응하는 단계로 이루어진다. 효과적으로 의사소통하기 위해서는 어떤 특별한 기법이 필요한 것이 아니다. 다만 적극적인 경청방법을 알고 이를 적절히 이용하면서 상대방의 비언어적 의사소통에 주목하고 의사소통 과정을 효과적으로 사용하며, 의사소통 환경을 잘 인식할 필요가 있는 것이다.

　상담사가 소비자와 효과적인 의사소통을 하는 데 도움이 되는 일반적인 지침은 다음과 같으며, 이들 각각에 대하여 효과적인 상담사와 비효과적인 상담사의 태도와 행동에 대한 예를 표 3-10에서 살펴본다.

　실제로 고객상담과정에서 긍정적인 이미지를 만든다는 것은 고객자신을 위해서뿐만 아니라 장기적으로 기업의 이익이 되므로 중요하다. 다음 알아두기 3-1의 의사소통 전략은 긍정적으로 의사소통하는 데 도움을 줄 수 있다(Lucas, 1996).

표 3-10 효과적인 의사소통을 위한 지침

구분	효과적인 상담사	비효과적인 상담사
관심 영역을 찾기	기회를 포착함 "내게 어떤 이익이 있는가?"라고 물음	재미없는 주제에 계속 매달림
전달 방법이 아니라 전달 내용을 판단하기	전달하는 과정에서 일어나는 오류에 대해서는 신경 쓰지 않고 내용을 판단함	전달 방법이 좋지 않으면 귀를 닫아 버림
중간에 끼어들지 않기	완전히 이해할 때까지 판단을 유보함	중간에 끼어들거나 논쟁하는 경향이 있음
경청하기	적극적인 경청자세를 취하며 열심히 들음	주의 깊게 듣는 시늉만 하며 열의를 보이지 않음
주의가 분산되지 않도록 하기	집중하는 방법을 알고 있음	쉽게 주의가 분산됨
정신을 단련하기	정신을 단련할 기회로 무거운 주제를 이용함	어려운 주제를 피하고, 쉽고 가벼운 주제만 찾음
마음을 열기	감정적인 말들을 판단하고 그것에 얽매이지 않음	감정적인 말에 쉽게 반응함
생각하는 것이 더 빠른 상황	말에 나타난 것 이외의 내용을 이해함	상대방이 느리게 말할 경우 딴 생각에 빠져 들게 됨

자료: www.goossy.pe.kr/html/2mehtod, 검색일자 2005년 2월

대부분 사람들은 다른 사람이 자신을 알아주는 것을 좋아한다. 고객과 인사하면서, 대화 도중, 그리고 헤어질 때 고객의 이름을 사용하는 것이 바람직하다. 정직하라는 것은 만약 어떤 것을 할 수 없거나 제품이나 서비스를 가지고 있지 않다

알아두기 3-1

의사소통 전략
• 고객의 이름을 사용하라
• 긍정적인 '나' 또는 '우리'라는 메시지를 사용하라
• 정직하라
• 책임감 있게 받아들여라
• 쉽게 설명하라
• 간단한 언어를 사용하라
• 사실에 입각한 정보를 제공하라
• 고객에게 피드백과 참여를 권유하라
• 도움을 제공하라
• 고객에게 감사하라

면 그것을 인정하고 대안을 제공하도록 해야 한다. 또한 행동이나 말한 것에 대한 책임을 지고 문제에 대해 보상을 하거나 해결하도록 해 주어야 한다. 만약 상담사에게 필요한 권한이 없다면, 고객에게 책임질 수 있는 다른 사람을 데리고 와야 한다.

그리고 고객을 대할 때 쉽게 이해되는 용어를 사용하여 설명하는 것이 바람직하다. 대화를 할 때 고객의 비언어적인 신체 언어를 관찰하여 피드백을 정확히 이해해야 한다. 대화진행을 통해 신뢰감을 형성하여 고객이 참여하도록 하는 것이 좋다. 상담사의 책임영역 밖에 있는 일이라도 고객이 조언을 얻고자 하면 도움을 제공하도록 힘써야 한다. 무엇보다도 항상 고객의 거래에 대해 고맙게 여기고 있음을 고객이 알 수 있도록 하며, 고객의 권위와 자존심을 증대시킬 수 있도록 해야 한다는 것 등이다. 어떤 기관이든지 소비자불만을 잘 처리하기 위해서 가장 중요한 것은 소비자가 자유롭게 불만을 털어놓을 수 있는 환경을 만들어 주는 것이며, 이때에 상담사는 가능하면 부정적인 언어적·비언어적인 의사소통은 하지 않는 것이 좋다.

다음의 알아두기 3-2는 바람직한 것과 바람직하지 않은 언어적 표현을 잘 나타내고 있다(송인숙·김경자 역, 1999).

알아두기 3-2

바람직한 질문 예시
- 이 제품에서 1가지를 고칠 수 있다면 어떤 점을 고치고 싶으십니까?
- 어떻게 하면 저희가 더 편안하게 모실 수 있을까요?
- 서비스 개선을 위해 제안하고 싶으신 것이 있습니까?

바람직하지 않은 질문 예시
- 무슨 불만이 있으십니까?
- 잘못된 것이 있으십니까?
- 모든 것에 만족하십니까?
- 음식이 맛있었습니까?

4 소비자상담사의 이미지 메이킹

1) 이미지의 의의 및 형성요소

한 기업에서 직원 개개인의 이미지가 기업의 이미지가 되고 결국 총체적 경쟁력을 결정짓는 요소가 된다. 그러므로 직원 개개인의 바람직한 이미지 구축은 매우 중요하다. 고객과의 접점에서 고객만족 서비스를 제공하고 있는 상담사들은 소비자가 가장 먼저 만나게 되는 사람으로서 기업이미지를 결정짓는 데 중요한 영향을 미치게 된다. 그러므로 상담사가 어떠한 이미지를 가지고 소비자를 대하는지에 대한 것은 아주 중요하다.

이미지의 어원은 라틴어의 'imago'인데, 흉내 내다라는 뜻의 'imitari'와 흉내 낸 것이라는 뜻의 'ago'의 합성어로서 사전적인 의미로는 형태나 모양, 느낌, 영상, 관념 등을 나타낸다. 즉 어떤 대상이나 또는 어떤 사람으로부터의 외적인 모습, 심상 등에서 받은 느낌을 감각에 의하여 마음속에 얻은 형상이라고 할 수 있으며, 외부로부터의 이러한 형상, 즉 느낌이 사람의 뇌 속 이미지들과 결합하여 새로운 의미를 가지게 되는 지각화 과정을 통하여 나타난 형상을 이미지image라고 한다. 이렇게 만들어지는 이미지는 그 사람의 첫인상으로 결정된다(남혜원 등, 2012).

이와 같이 이미지는 한 대상의 내적·외적 특성에 대하여 가지게 되는 고유한 느낌으로 타인이 느끼는 자신의 모습이며, 상대방이 보는 관점에 따라 긍정적 또는 부정적인 모습이 될 수도 있다. 또한 이미지는 오랜 기간에 걸쳐서 자신도 모르게 만들어지는 것인 반면에 타인에게 인식되는 이미지는 매우 짧은 시간에 형성되어 고정되는 것이다. 그러므로 자신의 가치를 타인에게 높게 평가받기 위해서는 좋은 이미지로 보이는 것이 중요하다(이미지 메이킹 & 코디네이션 편찬위원회, 2009).

이미지 형성요소는 학자들마다 다소 차이가 있으며, 그 내용을 종합해 보면 다음 표 3-11과 같다. 내적 이미지에는 심성, 생각, 감정, 욕구, 습관 등과 외적 이미지에는 외모, 표정, 자세, 행동, 말투 등이 있으며, 이와 더불어 음성과 언어를 중심으로 하는 표현적 이미지와 리더십 등 대인관계를 중심으로 하는 사회적 이

표 3-11 이미지 형성요소

이미지 유형	형성요소
내적 이미지	신념, 생각, 성격, 감정, 동기, 욕구, 인성, 심성, 비전 및 목표설정, 개인 심리, 열등감, 만족감, 가치관, 자신감, 자기 효능감, 자아존중감, 자아정체감
외적 이미지	피부, 컬러, 메이크업, 헤어, 패션, 액세서리, 네일, 다리, 얼굴, 인상, 표정, 체형, 건강, 신체 등
음성·언어 표현적 이미지	음성, 호흡, 발성, 발음, 톤, 장·단음, 억양, 포즈, 어투, 표현력, 스피치, 프레젠테이션 등
사회적 이미지	리더십, 이미지 리더십, 컬러 리더십, 행동, 태도, 자세, 신뢰 형성, 커리어, 바람직한 인간관계, 에티켓, 매너 등

자료: 김혜리·이정원(2011). 이미지 경영론, p.17

미지 등으로 구분된다. 내적 이미지는 외적 이미지의 형성에 영향을 주고, 외적 이미지는 대인관계의 형성에 미치게 된다.

2) 이미지 메이킹

이미지 메이킹image making이란 자신의 이미지를 다른 사람들에게 좋은 이미지로 전달할 수 있도록 자신의 모습을 최상으로 만들어가는 노력 또는 의도적인 변화과정이라고 할 수 있다(남혜원 등, 2012). 이미지 메이킹은 자신의 외적 이미지를 강화하여 긍정적인 내적 이미지를 끌어내는 시너지 효과를 얻는 것으로 자신의 이미지가 타인에게 어떻게 표현되는지에 따라 자신감이 있는 사람 또는 호감이 가는 사람 등 긍정적인 이미지나 이와 반대로 부정적 이미지로 표현될 수 있다. 한 개인의 모습과 말, 행동에 의해 그 사람에게 주어지는 가치척도가 결정되므로 좋은 이미지를 갖기 위해서는 자신이 원하는 이미지로 자신을 만들어가는 이미지 메이킹이 필요하다.

현재 우리나라에서 주로 적용되고 있는 이미지 메이킹 프로그램의 내용을 살펴보면 다음과 같다(이미지 메이킹 & 코디네이션 편찬위원회, 2009). 내적 이미지를 관리한다는 의미는 개인의 내면적인 의식, 정서와 관련된 것으로 적극적이고 긍정적인 생각을 하도록 노력하고 자신의 감정과 기분을 좋은 방향으로 이끌어가고자 하는 것이며, 자신의 성격이나 습관을 바람직하게 개선해 나가는 것이다.

뿐만 아니라 열등감을 극복하고, 불안감을 해소하며 자신감을 높여주고 더 나아가 비전을 설정하도록 만들어나가는 것이다. 외적 이미지는 내적인 요소들이 외부로 표현되는 상태를 의미하는 것으로 얼굴표정 관리, 외모와 용모 관리를 기본으로 하며, 이에 더하여 패션전략과 코디네이션, 컬러 이미지 진단과 적용, 메이크업과 헤어 연출 등에 대하여 자신이 원하는 이미지로 변화시켜 나가는 것이다. 표현적 이미지로써 음성, 발성에 대한 컨설팅과 워킹 진단과 훈련 등을 통한 변화를 도모하는 것이다. 관계지향적 이미지로써 사회적 이미지는 개인의 내적인 면과 외적인 면이 대인관계 시에 표현되고 형성되는 것을 의미한다. 그러므로 사회적 이미지 메이킹을 위해서는 자기 이미지 분석과 대인관계 유형분석을 통하여 자기 표현력을 개선해 나가며, CScustomer satisfaction 전략과 비즈니스 매너, 에티켓, 이미지 프레젠테이션, 이미지 리더십을 발전시켜 나가도록 하는 것이다.

자기 이미지는 긍정적일수도 있고 부정적일 수도 있다. 긍정적인 이미지는 바람직한 대인관계를 형성하고 자기발전을 도모하는 데 기여할 수 있을 것이나, 부정적인 자기 이미지는 부적절한 대인관계의 원인이 되고, 결과적으로 고립과 실패를 가져오게 될 것이다. 이미지 메이킹을 통하여 자기 이미지를 정확하게 인식하고, 이를 바람직한 방향으로 발전시켜 나간다면 다음과 같은 효과를 얻을 수 있다.

첫째, 자아존중감이 향상될 수 있다. 둘째, 열등감을 극복하여 자신감이 생긴다. 셋째, 대인관계 능력이 향상될 수 있을 것이다.

즉, 개인의 잠재능력을 밖으로 표출시켜 활동력 있고 자신감 있는 사람, 호감을 주는 이미지를 가진 사람으로 보일 수 있게 될 것이다.

3) 소비자상담사로서의 이미지 메이킹

소비자상담을 시작하기에 앞서 소비자는 먼저 상담사와 만나게 되고, 처음 만났을 때 짧은 시간 안에 이루어지는 상담사에 대한 첫 인상은 그 사람의 이미지를 결정하게 되고, 좋은 인상은 긍정적인 이미지를 심어주게 되며, 결과적으로는 상대방에 대한 신뢰감 형성에 영향을 줄 뿐만 아니라 상대방과의 의사소통을 효과

기업과 함께하는 소비자상담 실무

적으로 진행하는 데 도움을 줄 수 있을 것이다. 그러므로 전문직 소비자상담사로서의 이미지 메이킹은 상담을 원만하게 이끌어 나가는데 매우 중요한 요소가 될 수 있다. 본 절에서는 상담사가 고객을 만났을 때 첫인상에 영향을 주게 되는 표정, 옷차림, 태도 등을 중심으로 살펴보고자 한다.

(1) 첫인상과 표정 관리

첫인상은 처음 대면 후 3~5초 이내의 순간에 결정되지만 오랫동안 상대방에게 영향을 미치고 지속적인 인간관계를 형성해 나가는 데 영향을 미치게 되므로 매우 중요하다. 첫인상을 결정짓는 요소는 표정, 체형, 옷차림, 태도 등의 외모가 80% 이상을 차지하고, 말의 고저, 억양, 속도 등 목소리가 13%, 그 외에 인격이 7% 정도이다(김재영 외, 2012). 이처럼 첫인상을 결정짓는데 가장 많은 부분을 차지하는 외모를 표현하는 데는 좋은 표정, 매너, 커뮤니케이션, 스피치, 퍼스널 컬러, 패션, 헤어 및 메이크업 등이 있다.

얼굴은 부모로부터 물려받게 되지만, 얼굴표정은 자기 노력에 의하여 이미지를 형성할 수 있다. 좋은 표정을 갖기 위한 자세에는 다음의 내용을 염두에 두고 의식적인 노력을 할 수 있다(남혜원 등, 2012).

첫째, 의식적인 노력이 필요하다. 보다 호감이 가는 인상이나 밝은 이미지를 만들기 위해 스스로 노력해야 한다. 매일 거울을 보면서 밝은 얼굴표정을 연습하는 것이 좋다.

둘째, 미소로 상대방을 맞이한다. 친절에서 가장 중요한 것은 환한 미소로 상대방을 맞이하는 것이다. "안녕하십니까?", "어서 오십시오."라는 인사를 미소 없이 형식적으로 하지 않아야 한다. 미소에서 중요한 것은 응대하는 사람의 성의가 담겨 있어야 한다는 것이다.

셋째, 미소는 상대방이 분명히 느낄 수 있도록 해야 한다. 말이 생각을 전달하는 것이라면 미소는 느낌을 상대방에게 전달하는 수단이다. 이런 점에서 볼 때 미소는 상대방이 느낄 수 있도록 해야 한다.

넷째, 긍정적으로 생각하는 삶의 자세가 필요하다. 웃음을 짓기 위해서는 마음속에 기쁨이 있어야 한다. 이러한 기쁨이 있기 위해서는 긍정적인 삶의 자세가 필요하다.

다섯째, 밝고 환한 미소를 습관화해야 한다. 사람을 만날 때, 이야기를 나눌 때, 전화를 받을 때 등 일상적인 생활 속에서 밝고 환한 미소를 습관화한다면 인상이 좋아지게 될 것이다.

반면에 좋은 얼굴표정을 만드는 데에 주의해야 할 내용은 알아두기 3-3과 같다. 이러한 표정이 자신에게 있다면 잘못된 표정이며, 고쳐나가는 노력을 해야 한다(김재영 외, 2012).

대면상담에서 중요한 것은 상담사의 밝은 표정이다. 이는 소비자를 환영한다는 의미이며, 진심으로 도와드리겠다는 의사표시이기도 한다. 소비자는 낯선 환경에서 낯선 상담사를 대상으로 때로는 사적인 이야기까지 해야만 문제가 해결되는 경우도 있기 때문에 될 수 있는 대로 소비자로 하여금 심리적 안정을 빨리 찾을 수 있도록 따뜻하게 대해야 한다. 상담사가 밝은 표정으로 소비자를 대할 때, 상담사와 소비자는 쉽게 라포rapport를 형성할 수 있게 될 것이다. 밝은 표정의 얼굴은 미소 띤 얼굴을 생각하면 된다. 자연스럽고 진심 어린 반가움을 표현하는 미소는 밝은 얼굴표정을 연출해 줄 것이며, 이러한 밝은 표정을 통해 소비자의 방문을 받았을 때에도 자연스럽게 웃는 얼굴로 대할 수 있게 될 것이다.

(2) 상담사의 용모와 복장

상담사의 단정한 용모와 복장은 첫인상을 결정하는 데 영향을 미치는 것뿐만 아니라 일을 하는 자신의 마음가짐에도 영향을 미치게 된다. 상담사의 용모와 복장은 대체로 다음과 같은 기준을 지키는 것이 좋다(이기춘 외, 2011).

첫째, 보편타당한 것으로 자신의 개성을 나타낸다.

둘째, 항상 단정하고 청결하게 한다.

셋째, 업무관리에 효율적인 용모와 복장이 되도록 한다.

넷째, 자신의 인격과 근무하는 기관의 이미지를 고려한다.

다섯째, 지나치게 화려하거나 유행하는 것은 지양한다.

여섯째, 여성의 경우에는 단정하고 산뜻한 머리모양을 하되 긴 시간의 근무에도 흐트러지지 않는 스타일이 좋다. 앞머리가 흘러내리거나 눈을 가리지 않도록 한다. 최신유행을 따르거나 염색한 머리는 소비자로 하여금 상담 자체보다는 상담사의 모습에 신경이 쓰일 수도 있기 때문이다.

일곱째, 화장은 자신의 얼굴이 밝고 건강하게 보이도록 자연스럽게 하는 것이 좋다. 입술은 생기 있는 색을 선택한다. 평소에 손을 사용하여 의사전달을 많이 하므로 손과 손톱도 늘 청결히 하고 매니큐어를 바를 때는 투명하거나 연한 핑크 또는 연한 갈색을 택한다. 장신구는 움직일 때 소리가 나거나 번쩍이는 화려한 것은 피하고 1~2가지로 제한한다.

여덟째, 복장은 너무 몸에 꼭 끼지 않는 것으로 택하며 일반적으로 사무적인 외모를 유지하기 위해서는 긴 소매가 바람직하다.

아홉째, 외모의 치장은 깔끔하고 단정한 느낌이 들게 해서 상대방으로 하여금 신뢰감을 갖도록 하며, 너무 눈에 띄는 용모와 복장으로 인하여 소비자가 상담을 받는 데 지장을 초래하지 않도록 한다.

(3) 상담사의 태도

상담사는 문제를 해결하고자 하는 소비자를 응대 시에 적극적으로 돕고자 하는 태도로 상담에 임하는 것이 바람직하다. 소비자에게 상담이 필요한 때에는 스스로 해결하기 어려운 일에 대하여 도움을 청하는 것이므로 적극적으로 문제해결할 수 있게 돕고자 하는 것이 기본적인 소비자상담사의 태도라고 할 수 있다. 소비자상담 전문가로서 바람직한 태도는 무엇보다도 먼저 자신이 하는 일에 대한 열정, 잘 해결할 수 있을 것이라는 긍정적인 태도, 공감능력, 가지고 있는 정보와 지식의 공유, 그리고 상담과정에서 어려움이 발생하더라도 끝까지 해결해 나가고자 하는 인내심 있는 마음자세 등이라고 하겠다(이기춘 외, 2011).

① 일에 대한 열정
소비자상담사로서 자신이 하는 일에 대한 중요성을 이해하고, 열정을 가지는 것이 바람직하다. 소비자상담은 소비자문제를 해결하여 결과적으로는 시장에서 소비자와 사업자 사이의 힘의 대등성을 꾀할 수 있는 길이 되기도 하고, 궁극적으로는 경제사회의 발전에 기여하게 되는 것이라는 의식을 가질 필요가 있다.

② 긍정적인 태도
소비자상담은 소비자가 자신이 처한 문제를 해결하기 위하여 상담사에게 도움을 청하는 것이다. 그러므로 상담사는 소비자에게 문제해결을 할 수 있다는 자신감과 신뢰를 줄 수 있어야 하며, 스스로 문제해결에 대한 긍정적인 태도로 임하는 것이 중요하다.

③ 공감적 이해
소비자가 겪는 어려움이나 곤란한 상황에 대하여 소비자의 말을 주의 깊게 경청하고 소비자의 입장에서 이해하려고 노력하며, 이러한 내용을 소비자와 함께 커뮤니케이션할 수 있는 공감능력을 가지도록 해야 한다.

④ 인내심
소비자상담은 제품의 구매나 사용 중에 어려움을 겪고 있는 소비자를 대상으로 하므로 대부분의 경우 소비자는 화가 나 있거나 짜증이 나 있으므로 상담사를 대상으로 화를 내게 된다. 이는 기업이나 제품에 대하여 화가 나 있는 것이므로 상담사는 이러한 상황을 구분할 수 있어야 한다. 그러므로 상담사는 소비자문제를 해결하기 위하여 기업과의 합의를 유도해 나가는 과정에서 감정이 상하여 중도에서 포기하는 일이 없이 끝까지 상담을 진행해 나가는 인내심이 필요하다.

⑤ 공유의식

상담사는 자신이 가지고 있는 정보와 지식을 소비자와 함께 나누고자 하는 공유의식을 가지고, 상담사의 역량을 발휘하여 문제해결을 위하여 소비자를 기꺼이 도와주고자 하는 태도를 가져야 한다.

5 교류분석

상담은 인간관계를 통하여 내담자가 문제에 대하여 현명한 선택을 할 수 있도록 도와주는 노력이며, 그동안 그 노력은 심리상담사와 심리치료자에 의해 다양한 접근들을 통하여 시도되었다. 코리(Corey, 1998)는 이러한 노력들에 대하여 전체적으로 3가지 범주로 구분하고 있다. 정신분석적 치료, 내담자 자신의 경험이나 감정을 중시하는 관계지향적 치료(인간중심적 접근, 형태 치료 등), 인지지향적이거나 행동지향적인 치료[교류분석, 애들러(Adler) 치료 등] 등이다. 이외에도 이건(Egan, 1994)은 일상적인 문제관리과정을 이해하고 이를 참고하여 상담을 진행·수정·촉진하는 데 적용시키고자 하는 의미에서 문제관리적 상담모델을 제시하고 있다.

현실적으로 인간생활의 모든 측면을 설명해 줄 수 있는 포괄적인 단일모델은 없다. 본 절에서는 상담의 원리와 진행과정을 이해하는 데 도움이 되는 교류분석적 상담에 대하여 살펴보고자 한다. 교류분석TA; transactional analysis은 에릭 번Eric Berne에 의해 1950년대 중반부터 개발되기 시작하여 1960년대 후반에 거의 완성되었으며, 인지적·행동적 측면을 강조하는 모델이다. 교류분석에서는 심리적인 문제의 원인과 증상이 개인 간의 상호작용 속에 있다고 보기 때문에 특히 개인 간의 상호작용 관계에서 개인의 성격구조와 의사소통을 검토하는 방법의 하나로 소개되었다. 소비자상담은 일상생활을 영위하는 가운데 소비자로서 필요한 정보의 획득, 상품과 서비스의 사용과정에서 겪게 되는 소비자불만을 덜어주고 신체적·경제적 피해보상을 받을 수 있도록 도와주는 것이며, 이 과정에서 소비자상담사로서 조정적인 역할을 성공적으로 수행하기 위하여 효과적인 의사소통기법을 이해하는 것은 매우 중요하다. 에릭 번에 의하면 개인의 성격구조 속에는 부모parents, 성인adult, 그리고 아동child 등 3가지의 독특한 자아상태가 있다. 우리는 일상생활 중 어떤 시점에서 각각의 자아상태를 경험하게 되며 각 상태에 따라 의사소통 방식은 크게 달라진다(송희자, 2010).

1) 부모, 성인, 아동의 자아상태

사람은 누구든지 어느 특정한 시간을 기준으로 볼 때, 3가지의 자아상태 중 어느 1가지 자아가 특별히 강하게 반응한다. 어느 순간에 어떤 자아상태를 갖고 있는지에 대한 것은 그 사람의 언어, 표정, 손짓, 몸짓 등의 언어적·비언어적인 시각적 특징, 청각적 특징들을 관찰하면 알 수 있다. 3가지 자아상태 혹은 행동양식은 다음과 같다.

(1) 부모 자아상태

자신의 내부에 있는 '부모 자아상태P; parent'는 부모가 자신에게 부여했던 규율, 도덕적인 금언, 행동에 대한 지시 등이 모두 모여 이루어진 것이다. 베른(Bern, 1964)에 의하면 부모 자아상태는 주로 부모를 모방학습modeling하여 형성된 태도 및 기타 지각 내용과 그 행동들로 구성되고 가르침을 받아 형성된다(송희자, 2010). 다시 말하면 부모나 부모와 같은 역할을 하는 사람들이 말하고 행동하는 것을 듣고, 관찰한 내용들이 부모 자아상태라고 하는 자신의 내부에 있는 녹음테이프에 기록되어 내면화된 것으로서 부모를 대리하는 성격 부분으로 이해할 수 있다. 부모가 했던 것과 같이 행동하고, 생각하고, 느낄 때 부모 자아상태에 있다고 할 수 있다(임철일·최정임, 2008). 부모로부터 온 메시지들은 '~해서는 안 된다', '마땅히 ~하지 않으면 안 된다'와 같은 의미가 내포되어 있으며 이러한 메시지들은 의무, 책임 등과 관련된 것이며, 인정을 받기 위해서 어떻게 행동해야 되는지에 관한 정보를 제공한다.

　부모 자아상태에 있을 때 일어나는 그러한 행동은 긍정적인 자아상태(교육적인 부모, 양육적인 부모) 혹은 부정적인 자아상태(비판적인 부모)로 구분할 수 있다. 양육적인 부모는 편안하게 해주고 칭찬하고 안정감을 주고 강요나 공격 없이 행동하는 데에 바른길을 제시해준다. 비판적인 부모는 훈계하거나 처벌하고 거부하고 인정해주지 않아서 통제되고 있다고 느끼게 하며 불편하고 불안한 감정을 불러일으킨다.

(2) 아동 자아상태

3가지 자아상태 중에서 가장 먼저 발달되는 것은 아동 자아이다. '아동 자아상태C; child'는 유아에게 자연적으로 생기는 모든 충동을 통한 인생 초기의 경험first experiences 이나 그 경험에 대한 반응 감정과 반응 양식들로 이루어진다. 만족스럽고 유쾌한 경험과 불만족스럽고 불쾌한 경험에 감각적인 반응을 보이면서 아동자아상태가 발달된다. 이 상태는 아동에게서 자연스럽게 일어나는 모든 충동을 포함하며 유치한 것이 아니라 어린아이의 솔직하고 천진난만한 것을 말한다. 이러한 유아기의 긍정적 또는 부정적 감정의 경험이 어린이로 하여금 자기 긍정적I'm OK 또는 자기 부정적 자아I'm not OK를 형성하도록 하기 때문이다(송희자, 2010).

아동 자아 기능에는 독특한 2개의 유형이 있다. 즉 자연스러운 아동 자아natural child와 적응된 아동 자아adaptive child가 그것이다. 자연스러운 아동 자아는 그가 원하는 것은 무엇이든지 하려고 애를 쓴다. 여기에는 사랑, 애착, 창조성, 공격성, 자발성과 같은 본능적인 충동들이 포함되어 있다. 그러나 적응된 아동 자아는 부모의 질책을 피하기 위한 순종이나 주의를 끌기 위한 방도로 감정을 처리한다. 그 결과 적응된 아동 자아는 어린 시절 부모를 향해 가졌던 원래의 반응들, 즉 두려움, 분노, 욕구불만과 같은 감정들을 되풀이한다.

따라서 아이의 위치에서 의사소통할 때에는 '무엇을 하고 싶다'는 건강한 욕구가 나타나면서 동시에 '왜 그것을 해야 하는가, 나는 ~를 증오한다' 등의 거절과 분노의 감정이 나타난다. 아동 자아 속에 출연한 어른 자아를 '꼬마교수little professor'라고 부르는데, 이 자아는 자연스러운 아동 자아와 적응된 아동 자아 사이의 협상자 역할을 한다.

(3) 성인 자아상태

'성인 자아상태A: adult'는 아이로서의 느낌이나 욕구와 부모의 규율이나 명령 사이의 긴장을 조절하는 부분이 있는데, 이것이 성인이다. 성인은 외부와 내부에서 일어나고 있는 일을 인식하고 결단을 내려야 하므로 정보처리장치로써 기능한다(임철일·최정임, 2008). 즉 성인 자아상태는 외부자극들을 평가하고, 정보들을 모아서 미래의 행동 수행에서 참고자료로 사용할 수 있도록 저장한다. 이러한 자료들을 근거로 하여 어떤 결정을 하며, 독립적으로 살아가고, 선택적으로 행동할 수 있도록 만든다(송희자, 2010). 더 나아가 A 자아상태는 P 자아상태와 C 자아상태의 자료들을 점검하여 P 자아상태에 의한 편견이나 독선, C 자아상태의 유치한 부적응 행동을 방지하려고 하면서 상황에 맞게 적절하게 조정하는 중재자이다. 그러므로 A 자아상태는 자신을 보다 현실적으로 점검할 수 있도록 하고, 객관성의 척도를 제공해 주는 것이라고 할 수 있다(송희자, 2010).

이러한 A 자아상태는 적극적으로 경청하는 자세, 여러 가지 가능성을 탐색하는 자세 등에서 찾아볼 수 있다. 또한 '비교적 ~하다.', '생각건대', '내가 알기로는' 등과 같은 언어적 표현 등을 통하여 발견할 수 있다. 성인의 입장에서 하는 대화는 직접적으로 질문하고, 설명하고, 알려진 것과 알려지지 않은 것을 모두 검토하면서 자신의 의견을 중심으로 의사소통하게 된다.

의사교류분석에서 초점은 성인을 강화시키는 데 있다. 건전한 성인은 아이의 필요를 알고 부모의 규칙을 인지하지만 이를 차단하지도 않고, 또한 그에 대하여 통제하지도 않으면서 의사소통을 하고 의사결정을 할 수 있다. 반면에 성인은 아이나 부모에 의해 '오염'될 수 있다. 자신 안에 있는 부모에 의해 지배를 받으면 편견들을 가지게 되고, 비논리적인 믿음을 가지게 되며, 다른 사람의 평가를 허용하지 않고 공격적이고 비난적인 어조로 대화를 하게 된다. 또한 아동 자아에 의해 지배를 받으면 느낌과 충동만으로 불평하거나 짜증을 내면서 그러한 느낌을 표현하고 행동하게 된다(임철일·최정임, 2008).

2) 교류 분석의 유형

번Berne은 사회적 교제의 단위를 교류transaction, 즉 대화라고 하였다. 교류는 두 사람 사이에 교환되는 교류적 자극과 교류적 반응으로 이루어진다. 교류분석에서는 대화의 교환 시 무슨 일이 일어나고 있는지에 대해 설명하기 위하여 자아상태를 사용한다. P, C, A의 이해를 기반으로 하여 일상생활 속에서 주고받는 말, 태도, 행동 등의 의사소통을 분석한다. 분석을 해 보면서 대인관계에서 자신이 어떤 교류, 즉 대화방법을 취하고 있는지를 학습하고 상황에 따른 적절한 자아상태와 교류를 의식적으로 통제할 수 있도록 하는 것이다(송희자, 2010).

교류분석 테스트

1 다음의 진술들이 부모(P), 아동(C), 성인(A) 중 어떤 자아의 입장에서 진술된 것인지 구별해 보시오.

① 난 안 갈 거야. 절대 안 가.
② 너는 너무 게을러 달리 할 말이 없구나.
③ 서둘러. 우린 늦었어.
④ 네가 한가할 때 짐 꾸리는 것 좀 도와주면 고맙겠다.
⑤ 왜 내가 항상 가게에 가야 하지?
⑥ 제발, 오늘은 외식을 해요.
⑦ 넌 그걸 화장이라고 했니?
⑧ 우리 중 한 명이 푸딩소스를 더 많이 가질 수 있어.

정답 아이, 부모, 부모, 성인, 아이, 아이, 부모, 성인

2 아래에 제시된 아동 자아의 진술을 성인 자아의 진술로 변경해 보시오.

① 나를 혼자 내버려 둬요.
② 우리가 10시까지 집에 도착할 수 있을 것 같아요?
③ 난 요리하기 싫어.
④ 왜 내가 모든 걸 다 해야 하지?
⑤ 당신이 왜 먼저 첫 장부터 읽으려 하죠?

정답 다음의 문장과 비교해 보시오.
① 지금은 혼자 있고 싶어요.   ② 전 10시까지 집에 도착해야 하는데요.
③ 난 요리를 안 하는 게 더 좋아요.   ④ 난 너무 일을 많이 해서 피곤해.
⑤ 오늘은 내가 먼저 첫 장을 읽고 싶어요.

교류분석에서 상호간의 의사교류는 상보적 의사교류complementary transaction, 교차적 의사교류crossed transaction, 이면적 의사교류ulterior transaction의 3가지 유형으로 분류하고 있다.

(1) 상보적 의사교류

상보적 의사교류란 의사교류의 자극과 반응(의사소통의 통로)이 평행을 이룰 때이다. 교류자극의 발신자가 기대하는 대로 수신자의 자아상태로부터 응답을 받는 교류이다. 반응이 적절하고 기대된 것이며 건강한 인간관계가 형성되고, 따라서 의사소통은 일상적으로 자연스럽게 주고받는 교류이다.

예1	S: 어디 가세요?	R: 남대문 갑니다.
예2	S(C-P): 어머니, 장난감이 부러졌어요.	R(P-C): 그래, 내가 고쳐줄게.

그림 3-2에서 상보적 의사교류의 I는 성인과 성인의 같은 자아상태가 서로 의사소통을 한다. II에서는 각각의 사람은 다른 자아상태에 있으며 각각은 상대편의 현재 상태에 메시지를 전달한다.

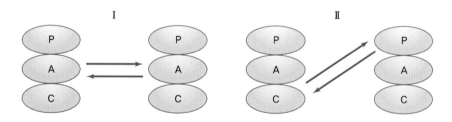

■ 그림 3-2 상보적 의사교류

자료: 송희자(2010). 교류분석개론, pp.76-77

(2) 교차적 의사교류

교차적 의사교류란 수신자의 응답이 발신자가 기대하는 자아상태로부터 오지 않고 다른 자아상태로부터 오는 의사소통을 말한다. 성인이 성인의 반응을 기대하

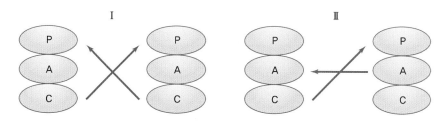

그림 3-3 교차적 의사교류

자료: 임철일·최정임(2008). 효과적인 의사소통을 위한 기술, pp.148-150

고 말하는 데 마치 부모가 아동에게 한 것처럼 반응하거나 또는 아동이 부모에게 한 것처럼 반응할 때에 일어난다. 이러한 교차교류는 분쟁을 일으키기도 하고, 분쟁을 해결하기도 한다.

그림 3-3에서 I는 교차교류가 어떻게 분쟁을 일으키는지를 보여주고 있다. 즉 아이가 부모에게 불평하는 것을 보여준다.

> S(C-P): 나는 프랑스 영화를 싫어하는데, 왜 우린 매번 프랑스 영화만 보러 가야 하는 거지?
> R(C-P): 만약 그런 영화를 좋아하지 않는다면, 나는 너와 함께 영화를 보러 갈 이유가 없어.

그림 3-3에서 II는 아이가 부모에게 투덜거리지만, 성인 대 성인의 대화를 사용하고 반응하여 분쟁을 일으키지 않는 예를 보여준다.

> S(C-P): 왜 내가 매번 쓰레기를 치워야 하지? 왜 당신은 안 하는 거야?
> R(A-A): 우리는 모두 각자의 할 일이 있는 거예요. 가능한 한 빨리 쓰레기를 치워주면 좋겠어요.

(3) 이면적 의사교류

이면적 의사교류란 2개 이상의 자아상태가 동시에 작용할 때 일어나는 것으로 바깥으로 나타나 보이는 자아상태와 실제로 기능하고 있는 자아가 다르다. 한 메시지는 사회적 수준에 의하여 공개적으로 전달되며, 또 다른 메시지는 심리적 수준의 은밀하게 숨겨진 의도를 포함하여 전달된다.

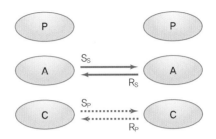

그림 3-4 이면적 의사교류

자료: 송희자(2010). 교류분석개론, pp.79-81

그림 3-4처럼 표출되는 메시지는 사회적 수준의 성인 자아상태(A)로 보내지나 실제로 기능하고 있는 자아는 심리적 수준의 아동 자아상태(C)임을 알 수 있다.

예1 판매원 (A → A: S_S): 이 물건을 오늘만 팝니다.
　　　　 (C → C: S_P): (오늘 사지 않으면 기회를 놓쳐요.)
　　　 소비자 (A → A: R_S): 지금 사겠어요.
　　　　 (C → C: R_P): (기회 놓치면 큰일이다.)

예2 판매원(A → A: S_S): 물론, 이것이 좋지만 가격이 부담되실 거예요.
　　　　 (C → C: S_P): 좋지만, 비싼 값을 지불할 능력이 있어요?
　　　 소비자(A → A: R_S): 이것으로 주세요.
　　　　 (C → C: R_P): (이 건방진 녀석에게 만만한 고객이 아니라는 것을 보여주어야지.)

---

3) 효과적인 의사소통을 위한 교류분석의 지침

의사소통을 효과적으로 유지하기 위한 기본적인 교류분석의 규칙은 다음과 같다 (임철일·최정임, 2008).

첫째, 자신이 어떤 자아상태에서 의사소통을 하고 있는지 인식해야 한다.

둘째, 자신이 메시지를 보내고 있는 대상의 자아상태를 인식해야 한다.

셋째, 다른 사람의 아동 자아상태에 민감하고, 아동 자아를 보호하고, 그 자아상태가 전달하는 옳지 않은 메시지를 인식해야 한다.

넷째, 자신의 아동 자아를 보호해야 한다. 다른 사람이 화가 났거나 공격을 가하면 안전하게 감추어야 한다.

다섯째, 대화 중에 벌을 잘 주는 부모 자아를 사용하지 말아야 한다. 아무도 그것을 듣기 좋아하지 않으며, 사람들은 옳지 않다는 공격을 가해 당신의 아동 자아를 자극할 것이다. 적당할 때 지지적인 부모 자아를 사용하거나 또는 성인의 자아 상태를 유지해야 한다.

여섯째, 성인 자아를 통해서만 문제나 분쟁을 해결하도록 해야 한다. 자신의 부모와 아동 자아에 귀를 기울이되 문제를 풀 때는 성인 자아를 사용해 의사소통해야 한다.

일곱째, 자료를 처리하는데 성인 자아의 시간을 할애해야 한다. 대화를 분석하기 위해 필요하다면 숫자 열을 세는 것이 좋다. 자신의 부모나 아동 자아가 무대에 나서서 이야기하려고 소용돌이칠 것이다. 부모와 아동 자아가 자신에게 말하도록 요구하는 충동적인 진술 중에서 무엇을 정말로 말해야 하는지를 가려내는 것이 중요하다.

생각해 보기

학번 : _____ 이름 : _____ 제출일 : _____

다음의 사례를 읽고 롤 플레이에 의한 모의상담 실습을 해 보자.

> 구입한 맥주를 마시는 중에 담배꽁초가 혼입된 것을 발견하고 소비자는 구역질을 심하게 하고 토하는 등 속병을 앓았고 기분도 많이 상했다. 업체에 이 사실을 알렸으며 이를 처리해 주겠다고 약속을 받았다. 그러나 며칠이 지나도록 연락이 없었으며 화가 난 소비자는 업체를 직접 항의 방문하여 손해배상을 요구하였다.

01 롤 플레이 시에 상담사와 소비자가 성인의 자아상태에서 대화로 대응하는 시나리오를 작성하여 실습해 보자.

02 롤 플레이 시에 소비자가 아동의 자아상태에서 대화로 대응하는 시나리오를 작성하여 실습해 보자.

03 롤 플레이 하는 중에 상대방의 언어적·비언어적 의사소통 기법을 관찰하고 이에 관하여 평가해 보자.

Chapter

4

공공기관의
소비자상담

Consumer Counselor

공공기관의
소비자상담

소비자들은 소비생활에서 많은 문제나 피해를 경험하게 된다. 또한 합리적인 의사결정을 내리기 위해 많은 정보 속에서 유용한 정보를 선택해야 한다. 소비자들이 피해를 보상받고 해결하고, 다양한 정보 속에서 소비생활에 필요한 정보를 찾아내도록 도와주기 위해서는 소비자상담을 해줄 수 있는 기관이 필요하다.

소비자는 공공기관, 민간기관, 기업 등을 통해 소비자상담 서비스를 받을 수 있다. 기본적으로 소비자들이 소비생활에서 겪는 문제나 피해를 보상받고 해결하기 위해서 기업을 통해 상담하기도 하지만 소비자와 기업 간의 불평등한 관계로 인하여 공정거래위원회나 한국소비자원과 같은 공공기관이나 소비자단체와 같은 민간기관의 도움이 필요한 경우가 많다. 미래에는 소비자상담의 필요성이 점점 증가할 것으로 전망되며, 소비자상담기관들이 서로 유기적인 협조관계를 통해 소비자상담을 더욱 효율적으로 이루어지도록 해야 할 것이다.

이 장에서는 소비자상담이 이루어지고 있는 공공기관인 중앙행정기관과 지방자치단체의 소비자상담에 관해 살펴보고자 한다.

1 중앙행정기관의 소비자상담

세계화, 정보화에 따라 공공기관이 적극적으로 소비자상담 등 소비자정책에 관여해야 할 필요가 있다. 소비자상담에서 공공기관이 개입할 필요성에 관해서는 다양한 논의가 있지만, 다음과 같은 측면에서 생각해 볼 수 있다.

첫째, 세계화에 대비한 전략으로써 소비자주의를 실현하기 위해서는 공공기관이 적극적으로 소비자상담 등 소비자정책에 관여해야 한다. 세계화에 대한 대응전략으로써 기업과 정부가 모두 소비자지향적인 경영 및 정책을 실시할 필요가 있으며, 이를 위해 공공기관의 소비자상담이 요구된다.

둘째, 정보화사회의 소비자문제에 체계적으로 대처하기 위해 공공기관의 관심과 역할이 요구된다. 최근 전자상거래 및 통신판매, 다단계 판매업 등 새로운 판매방식을 통한 거래와 판매업체가 날로 늘어나는 추세에 있으며, 이에 따라 소비자의 피해도 더욱 증가하고 있다. 이렇게 소비자피해가 급증하고 있는 상황에서 소비자 중심사회로의 전환을 위해서는 공공기관의 적극적인 관심과 참여가 요구되므로 이를 위해 공공기관의 소비자상담이 필요하다.

셋째, 소비자상담이 체계적으로 이루어지기 위해서는 국가 차원의 정보 관리 시스템 도입이 필요하다. 소비자정보 제공을 위해서는 소비자정보의 수집, 분석 및 관리를 위한 국가 차원의 소비자정보 관리 시스템이 구축되어야 한다. 민간 소비자단체나 기업, 한국소비자원의 소비자상담을 통해 얻는 정보나 공공기관이 직접 소비자정보를 수집하여 총괄적으로 정보를 분석하고 정보네트워크를 관리하는 것이 국가적 차원에서 요구된다. 이를 위해서는 공공기관이 소비자상담에 적극적으로 관여해야 한다.

넷째, 공공기관을 통해 소비자상담이 이루어지는 경우 이러한 실태를 토대로 하여 소비자피해의 근본적인 예방을 위한 각종 법률의 제정과 개정, 제도 개선 등이 쉽게 이루어질 수 있다. 소비자상담이 예방 위주 프로그램을 요구하는 국가의 정책적 문제라는 점과 정부의 관여에 의해 소비자문제의 예방이나 해결에 드는 사회적 비용을 절감할 수 있다는 점에서 공공기관의 소비자상담이 요구된다.

우리나라 공공기관은 소비자기본법 제6조 '국가 및 지방자치단체는 소비자의 기본적 권리가 실현되도록 하기 위하여 필요한 행정조직의 정비 및 운영 개선을 할 수 있다(제2호)'와 제16조인 '국가 및 지방자치단체는 소비자의 불만이나 피해가 신속·공정하게 처리될 수 있도록 관련기구의 설치 등 필요한 조치를 강구하여야 한다'에 의해 소비자보호를 위한 기구를 설치하고 소비자상담과 피해를 처리하고 있다. 주로 공정거래위원회와 한국소비자원을 중심으로 하는 중앙행정기관과

16개 지방자치단체들이 소비자상담과 피해구제에 관련된 업무를 처리하고 있다. 여기서는 먼저 중앙행정기관의 소비자상담을 살펴보기로 한다.

중앙행정기관에서 다루고 있는 소비자행정업무를 바탕으로 한 소비자상담 관련 내용은 표 4-1과 같다. 공정거래위원회를 비롯하여 기획재정부, 안전행정부, 금융위원회, 방송통신위원회 등에서 각 기관의 주 업무와 관련하여 소비자상담 관련 업무를 수행하고 있다.

1) 공정거래위원회

공정거래위원회는 소비자정책국을 통해 소비자정책을 수립하고 총괄하며 조정하는 업무를 하고 있다. 소비자정책국에서 시행하고 있는 업무들은 다음과 같다.

첫째, 소비자피해구제에 관한 시책의 수립·조정 및 제도의 운영 업무, 둘째, 소비자정책 분야 국제협력 업무, 셋째, 소비자기본법의 운용 업무, 넷째, 소비자정책위원회·실무위원회 및 전문위원회 운영 업무, 다섯째, 소비자정책 기본 계획과 시행계획의 수립 업무가 있다. 또 여섯째, 한국소비자원의 지도·감독 업무, 일곱째, 소비자단체의 등록·지원 업무, 여덟째, 지역소비자시책에 관한 기본 계획 수립·시행 업무, 아홉째, 소비자생활협동조합법의 운용 업무가 있다.

공정거래위원회는 소비자의 권익증진 및 소비생활의 향상에 관한 기본적인 정책을 심의·의결하기 위하여 소비자정책위원회를 두고 소비자 권익증진에 관한 기본 계획 및 종합시행계획, 소비자정책의 종합적 추진에 관한 사항, 소비자정책의 평가 및 제도 개선에 관한 사항 등을 심의·의결한다. 소비자정책위원회는 업무를 효율적으로 수행하기 위하여 정책위원회에 실무위원회와 분야별 전문위원회를 둘 수 있으며, 소비자의 권익증진 및 소비생활의 향상에 관한 기본적인 정책을 심의하기 위해 필요한 경우 소비자문제에 관하여 전문지식이 있는 자, 소비자 또는 관계사업자의 의견을 들을 수 있다.

공정거래위원회는 소비자의 권익증진, 소비자정책위원회의 운영 등을 위하여 필요한 경우 중앙행정기관의 장 및 지방자치단체의 장 등 관계 행정기관에 의견 제시 및 자료 제출을 요청할 수 있다.

표 4-1 중앙행정기관의 소비자상담

기관명	소비자상담 관련 내용	소비자상담기관 및 사이트
공정거래위원회	거래 관련 및 소비생활 전반	1372 소비자상담센터
	소비자피해구제 및 소비자분쟁조정	한국소비자원(www.kca.go.kr)
금융위원회	금융 관련 및 금융분쟁조정위원회	금융감독원(www.fss.or.kr) → 금융민원센터(www.fcsc.kr) 　금융감독원 금융소비자보호처 → 민원/상담(consumer.fss.or.kr/fss/consumer/counsel/main.jsp)
	금융기관 파산 시의 예금자 보호	예금보험공사(www.kdic.or.kr)
방송통신위원회	통신 및 개인정보분쟁조정위원회	한국인터넷진흥원(www.kisa.or.kr) → 개인정보침해신고센터(privacy.kisa.or.kr/kor/center/center01_new.jsp) 또는 118
안전행정부[1]	지방소비자행정 총괄	
농림축산식품부	농·축·수산물 관련	농식품정보누리(www.foodnuri.go.kr)
국토교통부	자동차 리콜 및 안전	자동차결함신고센터(www.car.go.kr)[2]
기획재정부[1]	공산품 안전 및 표시 등	국가기술표준원(www.kats.go.kr)[1]
	제조물책임 관련	유관 행정기관에서 담당하지 않고, 각 산업계에서 자율적으로 PL 상담센터를 운영
	전자거래상담 및 분쟁조정위원회	정보통신산업진흥원(www.nipa.kr) → 전자문서·전자거래분쟁조정위원회(www.ecmc.or.kr) → 자동상담시스템(lex.ecmc.or.kr)
환경부[1]	분리수거 및 환경문제	
문화체육관광부[1]	여행상품, 영화 및 비디오문제	
보건복지부	의료문제 및 의료피해	
	식품의약품 안전	식품의약품안전처(www.kfda.go.kr) → 식약처상담센터(call.kfda.go.kr) → 식품안전소비자신고센터(www.mfds.go.kr/cfscr/index.do)[2]
법무부	소비생활 관련 법	대한법률구조공단(www.klac.or.kr)

1) 소비자상담을 따로 구분하지 않고 민원실에서 접수를 받아 관련 기관으로 이첩함
2) 신고만 가능하며 상담은 이루어지지 않음

자료: 박명희·최경숙(2010). 인터넷 소비자상담 사이트의 소비자상담접수체계분석

2) 1372 소비자상담센터

공정거래위원회는 2010년 1월 4일 1372 소비자상담센터를 설립하여 그동안 공공기관이나 민간기관에서 각각 이루어졌던 소비자상담을 통합 운영하게 되었다. 1372 소비자상담센터는 전국 단일 상담망으로, 소비자가 대표 전화번호인 1372번으로 전화를 걸거나 인터넷으로 1372 소비자상담센터 사이트에 접속하여 상담을 신청하면 소비자와 가장 가까운 한국소비자원, 지방자치단체, 민간 소비자단체로 연결되어 신속한 소비자상담이 이루어지게 된다.

1372 소비자상담센터는 한국소비자원, 16개의 지방자치단체, 그리고 10개의 민간 소비자단체가 참여하고 있다. 전화상담, 인터넷상담, 방문상담은 모든 기관에서 가능하며, 전문 전화상담은 한국소비자원에서만 가능하다. 2012년 현재 1372 소비자상담센터의 전화회선 설치 현황은 한국소비자원이 27개(11%), 지방자치단체가 30개(12.2%), 민간 소비자단체가 188개(76.7%) 등이다. 1372 소비자상담센터에 접수된 소비자의 상담은 단순 상담 및 정보 제공, 피해처리, 한국소비자원으로 피해구제 이관, 조정신청 등으로 처리한다.

한국소비자원의 2012년 지방소비자행정 현황조사에 의하면 2010년부터 2012년 6월말까지 1372 소비자상담센터에서 접수 처리된 소비자상담 건수는 총 1,919,038건이며, 이 가운데 소비자단체가 70.2%로 가장 많았고, 한국소비자원이 24.4%, 지방자치단체의 소비생활센터가 5.3%를 처리하였다(표 4-2 참조).

그림 4-1 1372 소비자상담센터의 소비자상담 절차도
자료: 1372 소비자상담센터(www.ccn.go.kr)

표 4-2 1372 소비자상담센터의 기관별 소비자상담 처리 현황   (단위: 건, %, 괄호 안은 구성비)

구분	2010년 1~6월	2010년 7~12월	2011년 1~6월	2011년 7~12월	2012년 1~6월	합계
소비자단체	221,780 (68.0)	295,144 (72.5)	271,615 (71.6)	277,454 (69.5)	282,045 (69.0)	1,348,038 (70.2)
한국소비자원	88,758 (27.2)	91,711 (22.5)	87,702 (23.1)	97,723 (24.5)	102,725 (25.1)	468,619 (24.4)
지방자치단체	15,404 (4.7)	19,756 (4.8)	19,959 (5.2)	23,597 (5.9)	23,665 (5.7)	102,381 (5.3)
합계	325,942 (100.0)	406,611 (100.0)	379,276 (100.0)	398,774 (100.0)	408,435 (100.0)	1,919,038 (100.0)

자료: 한국소비자원(2012). 2012년 지방소비자행정현황조사

또한 2013년 12월 1372 소비자상담센터에 신청된 상담들의 처리건수는 75,043건이며 처리결과별로 살펴보면 상담·정보 제공은 63,832건, 피해처리는 8,590건, 한국소비자원로의 피해구제 이관은 2,374건, 소비자분쟁 조정신청은 7건이다(표 4-3 참조).

표 4-3 1372 소비자상담센터의 처리방법별 소비자상담 현황   (단위: 건, %)

처리결과	2013년 12월	대비 상담건수			
		전년 동기	증감률	전월	증감률
상담·정보 제공	63,832	54,152	17.9	63,268	0.9
소비자단체, 지방자치 단체의 피해처리	8,590	6,924	24.1	8,493	1.1
한국소비자원 피해구제로의 이관	2,374	2,327	2.0	2,492	−4.7
조정신청	7	15	−53.3	7	0.0
미입력	240	16	1,400.0	58	313.8
합계	75,043	63,434	18.3	74,318	1.0

자료: 1372 소비자상담센터(www.ccn.go.kr)

2 지방자치단체의 소비자상담

지방자치단체의 소비자상담은 소비자기본법 제16조 제1항인 '국가 및 지방자치단체는 소비자의 불만이나 피해가 신속·공정하게 처리될 수 있도록 관련기구의 설치 등 필요한 조치를 강구하여야 한다'와 동법 시행령 제7조인 '특별시장·광역시장 또는 도지사는 소비자의 불만이나 피해를 신속·공정하게 처리하기 위하여 전담기구의 설치 등 필요한 행정조직을 정비하여야 한다' 등에 근거하여 이루어지고 있다.

지방자치단체의 소비자상담은 시·도 본청의 소비자행정기구와 소비생활센터에서 이루어지고 있다(표 4-4, 4-5 참조). 시·도 본청의 소비자행정기구는 지방

표 4-4 지방자치단체의 소비자행정기관 현황(2012년 9월 30일 기준)

지자체명	본부·실·국	과	담당
서울특별시	경제진흥실	민생경제과	민생정책 담당
부산광역시	경제산업본부	경제정책과	소비자물가 담당
대구광역시	경제통상국	경제정책과	물가관리 담당
인천광역시	경제수도추진본부	생활경제과	협조조합 담당
광주광역시	경제산업국	경제산업정책과	소비자보호 담당
대전광역시	경제산업국	경제정책과	물가관리 담당
울산광역시	경제통상실	경제정책과	유통소비 담당
경기도	경제투자실	경제정책과	물가관리팀
강원도	경제진흥국	경제정책과	물가소비 담당
충청북도	경제통상국	생활경제과	물가관리 담당
충청남도	경제통상실	일자리경제정책과	생활경제 담당
전라북도	민생일자리본부	민생경제과	소상공인 담당
전라남도	경제산업국	경제통상과	물가관리 담당
경상북도	일자리경제본부	민생경제교통과	경제진흥 담당
경상남도	경제통상국	민생경제과	물가관리 담당
제주도	지식경제국	경제정책과	물가관리 담당

자료: 한국소비자원(2012). 2012년 지방소비자행정현황조사

소비자보호시책 수립·시행, 지방소비자정책심의위원회 운영, 소비자 관련 비영리 법인 설립 인가 및 감독, 소비자법령 관련 행정처분(단속, 과태료 부과, 리콜권고 및 명령), 민간 소비자단체 육성 지원 및 등록 관리, 지방물가감시(가격표시제 위반사업자 단속, 정기적인 가격조사 및 담합·부당 인상 감시) 등의 기획 및 권력적 업무를 수행하고 있다.

또한 소비생활센터는 소비자상담 및 피해구제, 소비자정보 수집 및 제공, 소비자·소비자단체·사업자에 대한 소비자교육 및 홍보, 소비자분쟁조정 관련 업무, 소비자 종합정보망 관리(소비생활센터 인터넷 사이트 운영), 위해방지를 위한 물품의 시험·검사, 결함제품에 대한 리콜 필요성 조사, 소비자보호 관련 제도와 정책의 연구와 건의 등 상담·피해구제, 정보 제공, 교육 등의 업무를 담당하고 있다.

표 4-5 지방자치단체의 소비생활센터 현황

자치단체	센터 명칭	개설일	사이트 주소
서울	서울시 소비자생활센터	1998년 10월	www.seoul.go.kr
부산	부산광역시 소비생활센터	2002년 7월	consumer.busan.go.kr/
대구	대구광역시 소비생활센터	2003년 9월	sobi.daegu.go.kr/
인천	인천광역시 소비생활센터	2003년 9월	consumer.incheon.go.kr/
광주	광주광역시 소비생활센터	2001년 11월	sobija.gjcity.net/
대전	대전광역시 소비생활센터	2003년 3월	sobi.daejeon.go.kr/
울산	울산광역시 소비생활센터	2003년 5월	consumer.ulsan.go.kr/
경기	경기도 소비자정보센터	1999년 8월	www.goodconsumer.net/
강원	강원도 소비생활센터	2003년 7월	consumer.gwd.go.kr/
충남	충청남도 소비자보호센터	2003년 5월	www.chungnam.net/consumerMain.do
충북	충청북도 소비생활센터	2003년 8월	sobi.cb21.net/
전남	전라남도 소비생활센터	2003년 7월	sobi.jeonnam.go.kr/
전북	전라북도 소비생활센터	2003년 8월	sobi.jeonbuk.go.kr
경남	경상남도 소비생활센터	2003년 1월	sobi.gsnd.net/jsp/main/main.jsp
경북	경상북도 소비자보호센터	2003년 9월	consumer.gb.go.kr/
제주	제주특별자치도 소비생활센터	2003년 9월	sobi.jeju.go.kr/

자료: 한국소비자원과 1372 소비자상담센터 홈페이지(2014년 8월 기준) 재구성

2010년 이후부터는 이미 설명한 바와 같이 지방자치단체의 소비자상담·피해구제 업무가 전국 단일소비자상담 네트워크인 1372 소비자상담센터를 통해 통합적으로 이루어지고 있다.

한국소비자원의 2012년 지방소비자행정 현황조사에 의하면 2010년도 및 2011년도 시·도 소비생활센터의 소비자상담 실적이 각각 총 35,160건, 총 43,556건으로 시·도당 평균은 2010년 2,198건, 2011년 2,722건이었다. 또한 1372 소비자상담센터 이용자의 지역별 분포를 보면 시·도 간 다소 차이가 있다(표 4-6 참조).

표 4-6 1372 소비자상담센터의 상담건수 지역별 현황 (단위: 건, %)

구분	2010년도	2011년도	합계		(참고)인구구성비 N=47,990,761
			건수	구성비	
서울	1,200	1,137	2,337	3.0	20.1
부산	2,602	3,451	6,053	7.7	7.1
대구	1,976	2,342	4,318	5.5	5.1
인천	6,932	8,614	15,546	19.7	5.5
광주	2,271	1,675	3,946	5.0	3.1
대전	1,002	1,011	2,013	2.6	3.1
울산	3,453	4,174	7,627	9.7	2.2
경기	6,673	10,506	17,179	21.8	23.3
강원	897	941	1,838	2.3	3.1
충북	1,349	809	2,158	2.7	3.1
충남	701	485	1,186	1.5	4.2
전북	1,659	1,583	3,242	4.1	3.7
전남	1,306	1,199	2,505	3.2	3.6
경북	1,190	1,385	2,575	3.3	5.4
경남	1,190	3,192	4,382	5.6	6.5
제주	759	1,052	1,811	2.3	1.1
합계	35,160	43,556	76,905	100.0	100.0

자료: 1372 소비자상담센터(2012), 국가통계포털(kosis.kr)

3 한국소비자원의 소비자상담

1) 한국소비자원의 역할 및 주요 업무

한국소비자원은 1987년 7월 1일 당시 소비자보호법에 의하여 '한국소비자보호원'으로 설립된 후, 2007년 3월 28일 소비자기본법에 의해 '한국소비자원'으로 기관명이 변경되었다. 한국소비자원의 설립 목적은 소비자의 권익을 증진하고 소비생활의 향상을 도모하며 국민경제의 발전에 이바지하기 위함이며, 주요 업무는 소비자의 불만처리 및 피해구제, 소비자권익 관련 제도와 정책에 대한 연구 및 건의, 물품 및 용역에 관한 시험검사, 소비생활 향상을 위한 정보 수집 및 제공, 소비자교육 및 홍보 등이다.

(1) 소비자의 불만처리 및 피해구제

한국소비자원에서는 소비자가 소비생활과 관련하여 불만이나 피해가 발생하게 될 경우 상담을 통해 피해구제(합의권고), 분쟁조정 등으로 처리하고 있다.

소비자상담은 1372 소비자상담센터를 통해 자동차, 정보통신, 생활용품, 주택 설비, 출판물, 서비스, 농업, 섬유 및 금융, 보험, 법률, 의료 등 전문 서비스 분야에 이르기까지 소비생활과 관련된 불만이나 피해에 대해 전문상담원이 처리하고 있다.

피해구제는 소비자가 사업자가 제공하는 물품 또는 용역을 사용하거나 이용하는 과정에서 발생하는 피해를 구제하기 위하여 사실조사, 전문가 자문 등을 거쳐 소비자분쟁해결기준에 따라 양 당사자에게 공정하고 객관적으로 합의를 권고하는 제도이다.

양 당사자 간에 합의가 이루어지지 않을 경우에는 소비자분쟁조정위원회에서 조정결정을 한다. 소비자분쟁조정위원회는 한국소비자원장의 제청으로 공정거래위원장이 임명하는 위원장 1인, 상임위원 1인을 포함한 50인의 위원으로 구성된다. 소비자분쟁조정위원회에서 결정된 사항은 양 당사자가 수락하여 조정이 성립되면 조정서를 작성하게 되는데, 조정서의 내용은 재판상 화해와 동일한 효력을 가지게 된다. 만약 양 당사자 중 누구라도 조정이 성립되었으나 결정내용을 이행하지 않을 경우, 대법원규칙(제1768호, '각종 분쟁조정위원회 등의 조정조서 등에 대한 집행문 부여에 관한 규칙')에 따라 법원으로부터 집행문을 부여받아 강제집행할 수 있다. 소비자분쟁조정위원회의 조정결정에 대하여 당사자 일방이 이를 거부하여 조정이 불성립된 경우 법원의 소송절차(소액 심판제도 등 민사소송)를 통해 해결할 수 있으며, 사업자의 거부로 불성립된 사건 중 일정한 요건을 구비한 사건의 경우 한국소비자원의 소비자 소송지원제도를 활용할 수 있다.

(2) 소비자의 권익 관련 제도와 정책에 대한 연구 및 건의

한국소비자원은 물품 및 용역의 광고, 권유, 계약, 판매 등 거래의 모든 단계에서 사업자의 부당한 행위로부터 소비자가 경제적·정신적 손실을 입지 않도록 거래 관계 제도와 관행을 개선하는 일을 한다. 거래제도, 부당거래, 부당약관, 잘못된 표시 및 광고에 대한 실태를 조사하여 잘못된 거래 관행과 무질서한 유통구조의 개선 등을 모색해 소비자의 권익을 위한 시책 수립에 반영되도록 한다. 국민소비 생활의 질적인 향상을 위한 정책을 개발하고 관련 법령이나 제도에 대해 체계적으로 연구하며, 이를 바탕으로 실효성 있는 소비자보호정책을 강구하여 그 결과를 정부에 건의하거나 정책 대안으로 제시한다.

(3) 물품 및 용역에 관한 시험검사

상품이 다양해지면서 위해 사례가 급증하는 등 소비자 안전성은 물론 물품선택 정보도 중요한 과제가 되고 있다. 한국소비자원에서는 소비자의 일상생활과 밀접한 각종 물품에 대한 품질, 성능, 안전성 등에 대한 검사를 실시하여 소비자에게는 물품 정보를 신속하게 제공하고 업계에는 물품의 품질 향상을 유도하고 있다. 또한 소비자 분쟁의 대상이 된 물품에 대해서는 과학적 시험을 통해 인과관계를 규명하여 공정한 분쟁 처리의 근거를 제시한다. 시험검사를 위해 자동차용품시험실, 보일러실험실, 소음측정실, 전자파측정실, 유전자분석실, 유기화학분석실, 무기화학분석실, 식품분석실 등 약 30여 개의 시험실이 마련되어 있고, 정밀시험기기 및 전문지식과 경험을 겸비한 직원들이 국가, 지방자치단체, 소비자 또는 소비자단체가 의뢰하는 시험을 객관적이고 공정한 기준에 따라 실시하고 그 결과를 제공하고 있다. 한국소비자원의 시험설비를 이용하여 직접 시험할 수도 있으며, 계약에 의해 시험분석에 관한 연구결과를 제공받을 수도 있다.

(4) 소비생활 향상을 위한 정보 제공

한국소비자원은 소비자에게는 합리적인 소비 생활을 유도하고 사업자에게는 품질 향상과 소비자 위주의 경영을 유도하고자 소비생활과 관련된 각종 물품 및 용역에 대한 거래조건, 표시, 가격 등에 대한 정보를 수집하고 분석을 통해 도출된 객관적 이고 정확한 정보를 제공하고 있다. 또한 소비자 위해정보를 수집하여 평가하고, 위해 다발 품목에 대하여 심층적인 조사, 제품의 안전성에 대한 시험검사를 통하여 소비자 안전과 안전제도의 발전을 도모하고 있다. 소비자기본법에 의해 전국 175 개 위해정보 보고기관과 소비자위해정보 신고직통전화(핫라인: 080-900-3500, ciss.or.kr) 등을 통해 소비자위해정보를 수집하여 관리하고 있다. 수집된 위해정 보 중 구조적으로 문제가 있다고 판단되는 사례에 대해서는 실태 조사 및 시험검 사 등을 통한 위해 방지 대책을 강구한다. 수집 및 분석된 위해정보는 관계 기관 에 건의하고, 사업자에게 시정을 촉구하며, 소비자에게 제공하여 소비자안전 확보 에 활용된다.

(5) 소비자교육 및 홍보

한국소비자원은 소비자문제의 인식과 해결 방안 등에 관해 소비자, 기업, 정부 등 을 대상으로 학교소비자교육의 활성화 도모, 소비자행정, 기업체 소비자업무, CCM 인증 업무 등 다양한 주제로 소비자 리더역량 강화를 위한 소비자교육을 실시하고 있다. 또한 소비환경의 빠른 변화에 소비자들이 합리적이고 능동적으로 대처할 수 있도록 소비자교육 콘텐츠를 동영상, PPT 등 다양한 형태로 제작·보 급하고 있다.

(6) 국제 소비자문제 상담

한국소비자원에서는 국제 소비자문제를 상담하고 있는데 국제 소비자문제에 해 당하는 경우는 첫째, 내국인과 외국 소재 사업자 간의 직접 거래에서 발생한 불만·피해(예: 국제 전자상거래로 인한 경우, 해외여행 시 직접 구매한 경우 등, 단 국내 수입대리점 또는 판매상을 통한 거래는 제외), 둘째, 외국인과 한국 소재 사업자 간의 거래에서 발생한 불만·피해(한국 내에서 발생한 경우), 셋째, 기타 국제 소비자불만·피해를 포함한다.

접수된 사례 중 외국인-국내 사업자 간의 국내에서 발생한 피해는 국내 법령에 따라 한국소비자원의 피해구제 절차를 진행하게 되며, 내국인-외국 소재 사업자 간에 발생한 피해는 한국소비자원이 미국·일본 등 주요국과 공동으로 운영하고 있는 Pilot ADR Project 등을 통해 피해구제 절차를 진행하게 된다.

2) 한국소비자원의 피해구제

한국소비자원은 소비자의 불만이나 피해를 상담, 피해구제 합의권고, 분쟁조정 등의 절차를 거쳐 처리하고 있다. 피해구제는 소비자가 사업자가 제공하는 물품 또는 용역을 사용하거나 이용하는 과정에서 발생하는 피해를 구제하기 위하여 사실조사, 전문가 자문 등을 거쳐 관련 법률 및 규정에 따라 양 당사자에게 공정하고 객관적으로 합의를 권고하는 제도이며, 양 당사자 중 누구라도 권고안을 수용하지 않는 경우에는 소비자분쟁조정위원회에 분쟁조정을 요청하게 된다.

(1) 피해구제의 처리대상

한국소비자원은 사업자가 제공하는 물품 또는 용역을 소비생활을 위하여 사용하거나 이용하는 과정에서 발생한 소비자피해에 대해 구제 처리한다. 다만, 다음과 같은 경우에는 피해구제 처리대상에서 제외하고 있다.

첫째, 사업자의 부도, 폐업 등으로 피해구제 당사자와의 연락이 불가능하거나 소재 파악 등이 불가능한 경우이다.

둘째, 소비자의 주장을 입증(입증서류 미제출 포함)할 수 없는 경우이다.

셋째, 소비자와 사업자 사이의 분쟁이 아닌 경우(영업활동과 관련하여 발생한 분쟁, 임금 등 근로자와 고용인 사이의 분쟁, 개인 간 거래에서의 분쟁 등)이다.

넷째, 소비자기본법이 정한 제외 사유에 해당하는 경우(국가 또는 지방자치단체가 제공한 물품 등으로 인하여 발생한 피해구제, 소비자분쟁조정위원회에 준하는 분쟁조정기구에 피해구제가 신청되어 있거나, 피해구제절차를 거친 피해구제, 법원에 소송 진행 중인 피해구제 등)이다.

(2) 피해구제의 절차

소비자가 1372 소비자상담센터를 통해 피해구제를 신청할 경우 한국소비자원, 지방자치단체, 소비자단체 등 기관의 상담사는 단순 상담이나 정보 제공을 통해 처리하게 된다. 소비자상담센터에 신청한 사건이 전문상담사와의 상담이나 정보 제공으로 해결되지 않을 경우에는 한국소비자원으로 이관된다.

① 피해구제 접수 및 합의권고

한국소비자원에 피해구제가 접수되면 해당 사업자에게 피해구제 접수사실이 통보되고 사실조사를 실시한다. 사실조사는 소비자의 주장과 사업자의 해명을 토대로 '서류검토, 시험검사, 현장조사, 전문가자문' 등을 통해 실시하게 된다. 사실조사를 바탕으로 관련 법률 및 규정에 따라 양 당사자에게 합의를 권고하며 합의가 이루어질 경우에는 사건은 종결되며, 사실조사 결과 사업자에게 귀책사유가 없는 것

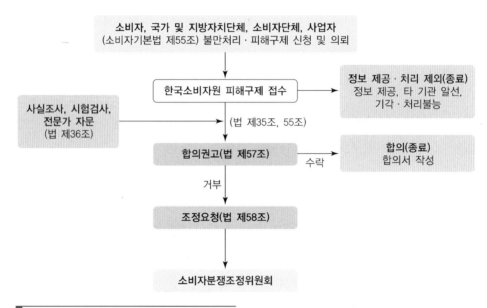

그림 4-2 한국소비자원의 피해구제 절차도
자료: 한국소비자원(www.kca.go.kr)

으로 판명될 경우에는 합의권고 없이 사건이 종결될 수 있다. 사실조사와 법률조사를 통해 사업자에게 피해보상을 권고하며, 양 당사자가 이를 수용하면 종결 처리된다.

② 분쟁조정의 요청

한국소비자원의 합의권고에 대해 당사자 일방이라도 권고안을 수용하지 않는 경우 소비자분쟁조정위원회에 조정을 요청하게 된다.

● 소비자분쟁조정위원회

소비자분쟁조정위원회는 소비자기본법 제60조에 의해 소비자와 사업자 사이에 발생한 분쟁을 조정하기 위하여 설치·운영하는 것으로, 소비자분쟁에 대한 조정 요청 사건을 심의하여 조정결정을 하는 준사법적인 기구이다.

소비자분쟁조정위원회는 한국소비자원장의 제청으로 공정거래위원장이 임명하는 위원장 1인, 상임위원 1인을 포함한 50인의 위원으로 구성되어 있으며, 비상임위원(48인)은 전국적 규모의 소비자단체 및 사업자단체 대표, 각계의 전문가(의료, 제조물책임, 농업 등)로 구성되어 있다.

소비자분쟁조정위원회는 분쟁조정회의와 조정부로 구분되는데, 분쟁조정회의는 위원장, 상임위원과 위원장이 회의마다 지명하는 5명 이상 9명 이하의 위원으로 구성되는 전체회의이고, 조정부는 위원장 또는 상임위원과 위원장이 지명하는 2명 이상 4명 이하의 위원으로 구성되는 소회의이다. 소비자분쟁조정위원회의 위원장은 회의개시 3일전까지 회의일시, 장소 및 부의사항을 정하여 각 위원에게 서면 통지해야 하며, 조정위원회의 회의는 출석위원 과반수 이상의 찬성으로 의결된다.

● 조정절차

한국소비자원의 피해구제 합의권고를 소비자 또는 사업자가 거부할 경우 분쟁조정을 요청하게 된다. 조정위원장은 분쟁조정 요청 시, 받은 분쟁조정 업무의 효율적 수행을 위하여 10일 이내의 기간을 정하여 분쟁당사자에게 보상방법에 대한 합의를 권고할 수 있다. 조정위원회는 분쟁조정을 위해 필요한 경우 전문위원회 자문 및 이해관계인·소비자단체 또는 주무관청의 의견을 청취할 수 있으며, 분쟁조정절차에 앞서 이해관계인·소비자단체 또는 관계기관의 의견을 들을 수 있다.

소비자분쟁조정위원회는 비공개를 원칙으로 하되 필요한 경우에는 소비자와 사업자의 양 당사자가 참석하여 의견을 진술할 수 있다. 사실조사, 전문가 자문, 시험검사, 양 당사자의 진술과 관계자료 등을 검토한 후 객관적이고 공정한 절차에 의해 위원 간의 의견을 모아 양 당사자 간의 합의에 이르도록 조정결정을 내리고, 분쟁조정을 마친 때에는 지체 없이 당사자에게 그 분쟁조정의 내용을 통지해야 한다. 분쟁조정 내용에 대하여 양 당사자는 15일 이내에 수락거부 의사를 표시해야 하며 의사표시가 없을 경우 수락의사로 간주한다. 소비자 또는 사업자 중 한쪽에서 거부의사를 표시하면 조정은 이루어지지 않는다.

양 당사자가 분쟁조정의 내용을 수락하거나 수락한 것으로 보는 경우 조정위원회는 조정조서를 작성하고, 조정위원회의 위원장 및 각 당사자가 기명·날인하여야 한다. 당사자가 분쟁조정의 내용을 수락하거나 수락한 것으로 볼 경우 그 분쟁조정의 내용은 재판상 화해와 동일한 효력을 갖는다. 만약, 조정위원회의 조정결정이 사업자의 수락거부로 조정이 불성립된 건에 대해 소비자가 민사소송을 원하는 경우에는 한국소비자원은 일정 범위 내에서 한국소비자원이 운영하고 있는 소송지원변호인단에 소속된 변호사로 하여금 해당 사건의 소송업무를 지원토록 하고 있다. 또한, 조정위원회가 내린 조정결정이 성립은 되었으나 당사자 일방이 결정 내용대로 이행하지 않을 경우에는 대법원 규칙 제1768호(2002년 6월 28일)에 의거 관할 법원으로부터 집행문을 부여받아 강제집행을 실시할 수 있다. 다만, 다음과 같은 경우에는 분쟁조정처리에서 제외된다.

▶ 국가 또는 지방자치단체의 물품 또는 용역의 제공으로 인하여 발생된 피해
  − 세무, 체신, 호적, 주민등록 등 국가가 제공하는 각종 행정서비스
  − 상하수도, 도로 등 국가 또는 지자체가 관리하는 공공시설

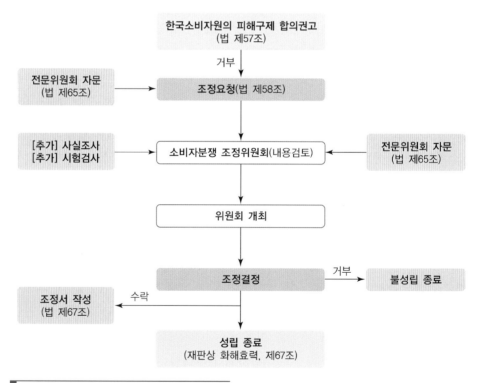

■ 그림 4-3 한국소비자원의 분쟁조정 절차도

자료: 한국소비자원(www.kca.go.kr)

▶ 소비자분쟁조정위원회에 준하는 분쟁조정기구가 설치되어 있는 경우 당해 분쟁조정기구에 피해구제가 청구되어 있거나 이미 그 피해구제 절차를 거친 사항과 동일한 내용의 피해

원칙적으로 조정신청을 받은 날로부터 30일 이내에 조정을 결정하지만 원인규명을 위한 시험검사 등 부득이한 사정으로 조정결정기간이 연장되어야 하는 경우에는 그 사유와 기한을 명시하여 당사자에게 통보하도록 되어 있다.

● 집단분쟁조정

집단분쟁조정이란 소비자의 피해가 다수의 소비자에게 같거나 비슷한 유형으로 발생하는 경우 국가, 지방자치단체, 한국소비자원 또는 소비자단체, 사업자가 한국소비자원 내에 있는 소비자분쟁조정위원회에서 일괄적으로 신청하는 분쟁조정을 말한다.

집단분쟁조정의 신청대상은 물품 등으로 인한 피해가 같거나 비슷한 유형으로 발생한 소비자의 수가 50인 이상인 것으로 사건의 중요한 쟁점이 사실상 또는 법률상 공통되어야 하며, 한국소비자원 원장의 권고, 그 밖의 방법으로 사업자와 분쟁해결이나 피해보상에 관한 합의가 이루어진 소비자, 분쟁조정기구에서 분쟁조정이 진행 중인 소비자, 해당 물품 등으로 인한 피해에 관하여 법원에 소(訴)를 제기한 소비자는 신청대상이 될 수 없다.

조정위원회는 한국소비자원 인터넷 홈페이지 및 전국에 보급하는 일간신문에 게재하는 방법으로 14일 이상 집단분쟁조정 절차의 개시공고를 해야 한다.

조정위원회는 집단분쟁조정 절차 개시공고가 종료한 날로부터 30일 이내에 그 분쟁조정을 마쳐야 하며, 부득이한 사정이 있는 경우에는 조정기한을 연장할 수 있다.

조정이 성립된 경우 일반 분쟁조정 사건과 동일하게 조정 내용은 '재판상 화해'와 동일한 효력이 있다. 즉 민사소송법상의 확정판결과 동일한 효력이 발생하므로 성립 후 당사자 일방이 이를 이행하지 않는 경우에는 법원(서울중앙지방법원)으로부터 집행문을 부여받아 강제집행할 수 있다.

(3) 피해구제 절차의 종료

한국소비자원에서는 피해구제 절차를 진행하는 과정에서 소비자가 피해구제 신청을 취하한 경우, 소비자를 통해 피해구제의 이행을 확인한 경우 등 다음과 같은 경우에는 해당 소비자피해구제 신청 건에 대한 구제 절차를 종료할 수 있다.

- 피해구제 내용의 이행사실을 신청인을 통해 확인한 경우
- 양 당사자가 합의서를 작성하거나 합의 내용이 전화 또는 서면으로 확인된 경우
- 신청인이 신청을 취하한 경우
- 신청인으로부터 법원에 소를 제기한 사실을 전화 등으로 확인하거나 피신청인으로부터 서면으로 확인한 경우
- 피해구제 신청이 이유 없음으로 판명된 경우
- 처리 도중 당사자의 연락불능 등으로 그 처리가 불가능한 것으로 판명된 경우
- 행정관청의 행위가 선행되지 않으면 피해구제가 가능하나 신청인이 그러한 행위를 하지 않아 피해구제 처리가 불가능한 경우
- 시험검사 또는 전문가의 자문 등에도 불구하고 원인규명이 불가능한 경우
- 신청인이 정당한 이유 없이 조사를 거부하거나 허위자료를 제출하거나 신청 건의 정확한 처리를 위해 필수적인 자료를 일정기한 내에 제출하지 않는 경우
- 다른 법률의 규정에 의하여 소비자분쟁조정위원회에 준하는 분쟁조정기구가 설치되어 있는 경우, 당해 분쟁조정기구에 피해구제가 신청되어 있거나 이미 그 피해구제 절차를 거친 사항과 동일한 내용의 피해구제인 경우
- 신청인이 한국소비자원에 피해구제를 신청한 후 이와 동일한 내용으로 소비자 분쟁조정기구에 준하는 분쟁조정기구에 피해구제를 신청한 경우
- 해당 피해구제 신청사건에 대해 수사기관에서 수사가 진행 중인 경우

(4) 한국소비자원의 피해구제 현황

한국소비자원에서 2012년도 피해구제 신청건수는 29,519건으로, 피해구제 신청 건 중 27,677건(93.8%)이 피해구제 합의권고로 종결 처리되었고, 합의권고 단계에서 합의가 성립되지 않은 1,842건(6.2%)은 소비자분쟁조정위원회에 조정신청이 되었다.

표 4-7 한국소비자원의 총 피해구제 및 조정신청 현황 (단위: 건, %)

구분	2010년	2011년	2012년
피해구제(A) (전년 대비 증감률)	23,374(▽0.3)	27,427(17.3)	29,519(7.6)
조정신청(B) (전년 대비 증감률)	630(▽83.0)	1,780(182.5)	1,842(3.5)
조정신청 비율 (B/A)	2.7	6.5	6.2

자료: 한국소비자원(2013). 2012소비자피해구제연보 및 사례집

피해구제 합의권고의 경우 2012년 합의권고 처리 결과를 살펴보면, '환급'이 6,843건(23.2%), '배상'이 2,657건(9.0%), '계약해제·해지'가 1,895건(6.4%), '수리·보수'가 1,367건(4.6%) 등의 순으로 나타났다.

분쟁조정의 경우 2012년에는 일반 분쟁조정사건 총 1,841건과 집단분쟁조정사건 10건이 신청되었는데, 일반 분쟁조정사건에서는 2010년 1,147건, 2011년 1,540건과 비교하여 증가하고 있고, 집단분쟁조정사건에서는 감소하고 있다. 2012년 신청

표 4-8 한국소비자원의 합의권고 처리 현황 (단위: 건, %)

구분	2010년	합의성립	2011년	합의성립	2012년	합의성립
수리·보수	1,210(5.2)		1,288(4.7)		1,367(4.6)	
교환	995(4.3)		1,305(4.8)		1,254(4.3)	
환급	3,947(16.9)		5,306(19.3)		6,843(23.2)	
계약이행	561(2.4)	11,102 (47.5)	489(1.8)	13,266 (48.4)	578(2.0)	15,314 (51.9)
계약해제·해지	1,828(7.8)		1,688(6.1)		1,895(6.4)	
배상	2,024(8.7)		2,473(9.0)		2,657(9.0)	
부당행위시정	536(2.2)		737(2.7)		720(2.4)	
조정신청	612(2.6)		1,780(6.5)		1,842(6.2)	
취하중지·처리불능	1,087(4.6)		929(3.4)		1,026(3.5)	
정보 제공·상담 기타	10,573(45.3)		11,452(41.7)		11,337(38.4)	
합계	23,374(100.0)		27,427(100.0)		29,519(100.0)	

자료: 한국소비자원(2013). 2012소비자피해구제연보 및 사례집

표 4-9 한국소비자원의 일반 분쟁조정 처리현황 (단위: 건, %)

구분		2009년		2010년		2011년		2012년[4]	
조정신청 건수		2,545		1,147		1,540		1,841	
조정결정	성립[1]	1,219	1,563	777	900	822	1,094	680	897
	불성립	344		123		272		217	
	기각	457		97		165		137	
	분쟁회의 이송	—		—		54		147	
	성립기간 중	—		—		2		56	
	소계	2,020		997		1,315		1,237	
조정결정 대기 중		—		—		—		391	
기타[2]		525		150		225		213	
성립률[3]		77.9		86.3		75.1		75.8	

1) 성립: 조정 전 합의, 합의이행, 일부 성립(일부 기각) 포함
2) 기타: 처리중지, 처리불능, 신청취하 등
3) 조정성립률: {성립건수÷(성립건수＋불성립건수)}×100
4) 2013년 3월 13일 기준
자료: 한국소비자원(2013). 2012 소비자피해구제연보 및 사례집

접수된 일반 분쟁조정사건을 신청기관별로 살펴보면, 한국소비자원이 1,710건 (92.9%), 지방자치단체 41건(2.2%), 소비자단체가 90건(4.9%)으로 나타나고 있다. 또한 집단분쟁조정사건은 2011년 15건에서 9건으로 감소하였고 소비자단체는 녹 색소비자연대 1건이 접수되었다.

한국소비자원의 조정위원회에서 일반 분쟁조정사건을 처리한 현황은 표 4-9와 같은데, 1,237건 중 기각 결정(137건), 성립 중(56건), 분쟁회의이송(147건)을 제 외하고 성립 또는 불성립 여부가 결정된 것이 897건이다. 이 중 양 당사자가 조정 결정을 수락하여 성립된 사건이 680건(75.8%)이었고(합의이행 건수 포함), 신청 인 또는 피신청인의 수락 거부로 불성립된 사건이 217건(24.2%)이다.

4 외국 공공기관의 사례

1) 미국

미국의 소비자안전에 관한 규제는 식품의약품국FDA; Food and Drug Agency, 소비자제품안전위원회CPSC; Consumer Product Safety Commision 등과 같은 연방기구에 의해서 수행되고, 소비자의 경제적 이익을 보호하기 위한 거래에 관한 규제는 연방거래위원회FTC; Federal Trade Commision와 주정부에 의해서 수행된다. 소비자를 대상으로 한 정보 제공, 교육 및 소비자의 불만처리업무는 대체로 주정부가 담당하고 있다.

1915년 연방거래위원회법에 의거 준사법, 준입법 기능을 가진 독립행정기관인 연방거래위원회FTC는 FTC법 제5조 '상거래나 상거래행위의 영향을 미치는 불공정하거나 기만적인 행위나 관습은 위법이다'를 근거로 이를 위반하거나 FTC가 제정한 거래규제규칙을 위반할 만한 행위를 한 경우 소비자피해구제를 실시하고 있다. 또한, 미국 행정부 내에서 소비자문제를 다루는 통합적인 조정기구인 미국소비자문제실USOGA; U.S. Office of Consumer Affairs은 다른 기관과의 연계를 통해 소비자교육과 정보 제공에 기여하고 있는데, 특히 소비자들의 상담 편이를 위해 모든 주정부에 국영 소비자전화상담 서비스National Consumer Helpline를 설치·운영하도록 하고 있으며, 소비자정보핸드북Consumer's Resource Hand-book을 매년 발행하여 상품시장에서 그 해에 발생한 변화를 소개하고 상품을 구매할 때 소비자들이 유의할 점과 문제가 발생할 때 연락할 수 있는 기관들을 명시하고 있다.

미국 주정부의 소비자행정전담부서는 대부분의 경우 주정부의 법무국 법무장관 산하에 소비자를 보호하는 전담부서가 설치되어 있는데, 캘리포니아, 코네티컷, 뉴욕 등 15개 주에서는 소비자문제국Department of Consumer Affairs Division 또는 소비자보호원Consumer Protection Board과 같은 독자적인 소비자보호 전담부서가 있는 경우도 있다(한국소비자원, 2004). 또한 시정부에는 시법무관실 아래 소비자문제부Consumer Affairs Division가 있고, 군정부에는 군법무관실에 담당 검사가 임명되어 있다. 이 부서들도 행정부와 같이 개별적인 소비자불만을 접수하는 경로를 마련해 놓고 있다.

미국의 소비자불만처리방법은 주별로 약간의 차이가 있지만 일반적으로 상담,

권고, 조정, 중재 등이라고 할 수 있다. 상담은 우리나라와 마찬가지로 불만을 해결할 수 있는 각종 정보를 제공하는 것이며, 권고는 분쟁의 당사자에게 조언을 해가면서 서로 합의하도록 권고하고 유도하는 방법이다. 이와 같은 노력에도 실패하면 조정이나 중재를 하게 되는데, 조정의 경우 조정안은 당사자에게 구속력을 갖지 않으며, 중재의 경우 분쟁 당사자가 중재자에게 문제해결을 위탁하고 그 중재에 따를 것을 공식적으로 합의해서 요청할 때에는 착수하게 되지만 조정결과의 구속력은 양 당사자가 모두 따라야 발생한다.

2) 일본

일본에서는 2009년(헤이세이 21년) 5월에 '소비자청 및 소비자위원회 설치법' 등을 근거로 소비자청을 발족했다. 같은 해 9월 1일 소비자의 관점에서 정책 전반을 감시하는 조직의 실현을 목표로 하고 소비자보호와 소비자피해방지를 위한 소비생활센터 기능의 강화가 필요하며 소비자보호를 위한 전국 네트워크가 조속히 구축될 필요가 있다고 강조하였다. 일본에서 소비자상담의 중추적 역할을 담당하는 기관은 국민생활센터와 소비생활센터인데, 국민생활센터와 주요 소비생활센터는 온라인으로 연결되어 매일 1,000건 이상의 불만상담을 처리하고 있다. 또한 소비자들의 불만과 피해에 대해 수집된 모든 정보는 소비자피해를 미연에 방지하고 여러 가지 관련 법안을 개정하는 데 활용되고 있다.

일본의 국민생활센터는 소비자문제를 담당하는 독립기관으로, 이는 한국의 소비자원에 해당하는 기관이라고 할 수 있는데, 1970년대에 신설된 정보 제공기관이면서 구체적으로 고충처리, 소비자계몽, 상품 테스트 등 소비자 서비스에 대한 중요한 기능을 담당하는 전국적 조직의 특수법인 형태이다.

국민생활센터의 현재 주된 사업은 다음과 같다(김시월, 2004).

첫째, 전국의 소비생활센터와 연결한 네트워크PIO-NET에 의해 소비자의 고충 상담을 수집·분석, 상품사고에 관한 위해의 정보를 제공한다.

둘째, 월간 잡지 '현명한 눈', '국민생활이나 삶의 핵심 지식' 등을 발행하여 소비자를 계몽한다.

셋째, 상품 테스트의 실시와 결과를 공표한다.

넷째, 소비자상담 업무를 통하여 소비자를 교육한다.

다섯째, 소비생활에 관한 기초 연구를 한다.

여섯째, 소비생활에 관한 문헌자료를 수집하고 관람하게 한다.

일곱째, 상담원 양성 강좌의 개최나 소비생활전문 상담원 자격의 인증 등을 들 수 있다. 일본에서는 '소비생활전문상담원'이라는 공적 자격증 제도를 두어 일정한 요건을 갖추고 소비자상담원의 역할을 수행할 수 있는 사람들에게 엄격한 시험을 거쳐 자격증을 부여하며, 자격증 소지자들은 각 지방소비생활센터 등에서 활동하게 된다.

일본의 소비생활센터는 각 지방단체들이 소비자보호조례에 의해서 설립한 행정기관으로 설립과 운영은 행정당국이 맡아 수행하고 실제 서비스는 전문성을 고려하여 민간요원을 채용하여 운영하고 있으며, 소비생활상담원들이 행정공무원과 더불어 소비자의 불만처리업무를 취급하고 있다.

소비생활센터의 상담과정을 보면 방문에 의한 상담은 적고 대부분 전화상담으로 신청하고 있다. 1차로 소비생활상담원이 불만을 접수하여 양 당사자가 자주교섭에 의해 해결하도록 조언한다. 해결되지 않는 경우, 소비생활센터에서는 양 당사자로부터 주장을 듣고 계약의 해제나 화해에 따르도록 알선한다. 알선이 곤란한 경우는 상급자치단체의 소비생활센터나 국민생활센터로 의뢰하여 처리한다. 그럼에도 불구하고 사업자가 계약의 유효성을 주장하는 경우에는 처리가 불가능하게 된다. 소비생활센터의 알선은 기본적으로 양 당사자 간의 화해를 촉구하는 것으로 소비생활센터가 분쟁을 조정할 권한은 없기 때문에 이런 경우 사안이 중요하다고 판단될 경우 자치단체의 소비자분쟁조정위원회에 사건을 이첩하여 이 위원회에서 조정하도록 한다.

소비생활센터의 업무 내용은 크게 다음과 같이 5가지로 분류된다(김시월, 2004).

첫째, 고충상담의 접수 처리, 둘째, 소비자계발사업으로 계발자료(소비생활센터 뉴스)의 작성, 강습회, 통신강좌, 전시회, '소비자의 날' 추진사업, 셋째, 모니터제도, 넷째 이동센터를 통해 소비자센터를 이용하기 어려운 지역에 사는 소비자를 대상으로 자동차에 의한 전시, 상품 테스트, 기타 활동, 다섯째, 상품 테스트 등이다.

일본 소비생활센터의 상담 업무는 지역사회에 밀착되어 있어 지역의 소비자는 직집적으로 손쉽게 이용할 수 있는 편리성을 갖추고 있다. 그 결과 소비생활센터의 상담 업무는 소비생활전반에 걸쳐 있기 때문에 극히 다양하고 광범위하다.

5 공공기관의 소비자상담 방향

행정기관의 소비자상담은 소비자지향성의 확립을 바탕으로 소비자상담기구를 활성화하고 소비자상담의 전문 행정인력을 확보하고, 지방소비자상담을 활성화시키며 소비자단체를 지원하면서 동시에 국가 차원의 소비자정보 관리 시스템을 도입하는 등 적극적인 방향으로 추진되어야 한다.

1) 소비자지향성의 확립

우리나라 행정조직의 소비자지향성은 다소 낮다고 볼 수 있다. 조직체계 자체가 해당 산업의 지원, 육성을 위해 행정조직을 편성하는 산업별 행정조직체계를 띠고 있으며, 전체 기능 가운데 소비자보호 관련 기능 또한 미약하다.

최근 들어 1372 소비자상담센터를 설치하고 전국적으로 단일화된 창구를 마련하여 소비자지향적인 소비자상담 업무의 체계를 수립하고자 노력하고 있으나 이를 활성화시키기 위한 세부 정책의 수립과 집행이 미흡하다고 할 수 있다. 또한 소비자정책을 기능별로 강력하게 추진할 수 있는 행정기관이 별로 없으며, 분야별로 각 부처에 분산되어 수행되고 있다. 이로 인해 정책의 일관성 유지가 어렵고, 중앙행정부처에서 소비자정책의 우선순위가 낮으며, 따라서 소비자상담에 대한 필요성 인식이 부족하다.

행정기관의 소비자상담이 활성화되기 위해서는 과거 생산자 중심, 양적인 성장 중심의 정책방향을 소비자 중심, 질적인 성장 중심으로 방향을 전환하는 것이 요구된다. 세계화 시대에서 기업의 생존은 다양화·고급화되고 있는 소비자욕구를 대응할 수 있는 능력에 따라 좌우되며, 기존 공급자 위주의 정책으로는 개방화 시대에 적응하기 어려우므로 소비자지향적 정책이 요구된다. 소비자지향적 정책을 위해서는 소관 부처별로 분산 시행되고 있는 소비자 관련 시책들을 유기적으로 연계하여 일관성 있는 시책으로 전개할 수 있도록 종합적인 행정체계를 구축해야 하며, 각 행정조직들이 소비자지향성을 강화하는 것이 세계화에 대처하는 방안이라는 인식을 갖고 소비자문제에 대해 보다 적극적으로 대처해야 한다. 또한 변하는 소비자환경에서 제품이나 서비스와 관련된 소비자문제를 해결하기 위한 기본 법령을 정비하고 집행 정책을 수립해야 한다.

2) 1372 소비자상담센터 및 전문 상담원의 활성화

최근 1372 소비자상담센터를 중심으로 소비자상담이 통합적으로 이루어지고 있는데 소비자상담에 필요한 전문 인력의 활성화를 위한 노력은 부족한 실정이다. 지방에서는 대부분 그 지역 내에 있는 소비자단체에 지원금을 제공하는 것으로 그 역할을 다하고 있으나 각 소비자단체에 대한 지원금은 매우 제한되어 있으며, 행정기관마다 소비자 고발센터가 설치되어 있는 경우에도 그 역할이 미비하며 소비자상담을 담당할 수 있는 전문 인력이 없으므로 전문 소비자상담사를 활용하여 체계적인 소비자상담을 하기 위한 노력이 요구된다.

3) 지역특성에 맞는 지방소비자상담의 활성화

1995년 6월 지방자치선거 이후 광역자치단체를 중심으로 많은 지방자치단체들이 지방 차원에서 소비자행정을 활성화하기 위해 노력하고 있다. 지방자치단체의 소비자보호시책으로 소비자피해구제의 활성화를 위해 행정기관에 설치하는 소비자 고발센터의 수는 해마다 늘어가고 있지만 적절하게 운용되지 못하고 있는 경우가 많다.

소비자 중심의 정책기반을 조성하기 위해서는 소비자기본법상 국가 권한을 지방자치단체에 위임하여 지방자치단체의 역할을 제고하고 지방소비자행정의 활성화를 이루도록 하는 것이 중요하다. 소비자정책의 효과가 중앙지역에만 국한되지 않고 모든 소비자들에게 미치도록 하기 위해서는 지방자치단체의 역할을 활성화시키는 것이 중요한데, 이를 위해서는 소비자상담을 할 수 있는 공무원이 필요하며, 이를 보완해주는 시설, 설비, 지원 등이 요구된다.

공공기관의 역할은 주로 한국소비자원에서 담당하고 있고 지방에는 주로 민간 소비자단체의 지원에 그치고 있는 실정이다. 그러나 민간 소비자단체도 주로 대도시에 편중되어 있기 때문에 지방의 소비자를 보호하기 위해서는 지방의 행정기관이 자치적으로 소비자상담을 활성화해야 한다. 각 지방자치단체의 장은 지방의 특성에 따라 그 지역에 맞는 소비자상담을 할 수 있도록 지원해 주어야 한다.

4) 소비자단체의 지원 및 관계

소비자상담의 효율적인 업무수행을 위해서는 소비자보호업무에 관한 중앙정부와 지방자치단체 및 소비자단체 간의 유기적인 협조관계가 필요하다. 소비자기본법은 실질적인 업무의 협조관계뿐만 아니라 소비자의 건전한 조직 활동에 대해서 국가 및 지방자치단체가 지원하고 육성할 의무를 지니고 있음을 명시하고 있다.

소비자보호행정은 소비자단체 활성화를 위해 민간 소비자단체를 적극 지원하는 업무를 늘려가고, 소비자단체들의 소비자행정에 대한 적극적인 참여를 유도하여야 하며, 소비자정책의 입안에서나 소비자행정의 실제에서 소비자단체의 참여를 활성화해야 할 필요가 있다. 우리나라의 소비자단체들은 소비자상담활동이나 소비자교육의 실시를 위해 중앙정부와 지방행정기관으로부터 운영비 보조 등의 지원을 받고 있는데, 지방자치단체에서 소비자보호 관련 예산은 극히 미비한 상태를 띠고 있으며 그 중에서도 소비자단체에 대한 운영지원금은 특히 저조한 실정이므로 적극적인 지원과 함께 유기적인 관계를 원활화해야 한다.

생각해 보기

학번 : _____   이름 : _____   제출일 : _____

01   1372 소비자상담센터에 전화하여 서비스 수준을 살펴보고 문제점을 분석해 보자.

02   지방자치단체의 소비자상담기관을 방문하여 소비자상담의 절차를 알아보고 소비자의 불만처리과정에 대해 조사해 보자.

03   한국소비자원의 홈페이지를 방문하여 소비자상담의 현황을 살펴보고 최근 소비자문제에 대해 토의해 보자.

04   외국의 소비자상담기관의 홈페이지를 방문하여 소비자상담 및 피해구제의 현황을 살펴보고 국제 소비자문제에 대해 토의해 보자.

Chapter

5

민간기관의
소비자상담

Consumer Counselor

민간기관의 소비자상담

소비자단체는 우리나라에서 민간기관으로 소비자의 불이익이나 피해구제를 위한 소비자상담을 주로 하는 곳으로 소비자상담처리에서 큰 비중을 차지하고 있다. 이에 소비자단체의 소비자상담에서의 역할을 살펴보고, 우리나라 소비자단체의 현황을 파악해 보고자 한다. 또한 이를 일본의 경우와 비교해 본 후 소비자단체 소비자상담의 방향을 모색해 보고자 한다.

1 소비자단체의 소비자상담 역할

현대 사회에서 소비자는 기업에 비하여 상대적으로 적은 정보량과 조직력으로 열등한 지위에 있으며, 따라서 많은 소비자문제를 경험하고 있다. 이러한 문제를 해결하기 위해 민간 소비자단체는 많은 노력을 하고 있으며 소비자상담에서 다음과 같은 역할을 하고 있다.

첫째, 소비자단체는 소비자를 대변하는 기구로서 기업의 상품, 서비스 제공에서의 소비자의 불이익이나 피해구제를 위해 소비자상담을 하고 있다. 현재 소비자단체는 우리나라 소비자상담의 큰 비중을 차지하고 있다.

둘째, 소비자단체는 소비자의 입장에서 적극적으로 해결방안을 알려주어 소비자 개인에게 도움을 줄 뿐만 아니라, 소비자의 문제를 여론화시키고 체계적으로 분석하여 사회 정책에 반영하고, 동일한 피해를 사전에 막는 역할을 하고 있다.

셋째, 소비자단체는 소비자피해구제에 관한 상담뿐만 아니라 소비생활전반에 관한 상담을 통하여 개별 소비자들의 소비생활향상에 기여할 수 있다. 점차 소비자들의 피해가 발생하기 이전에 방지하는 구매 전 상담이 늘어나고 있고, 고지의무 및 사용설명 부족에 대한 지적 등도 많아지고 있는 점에서 이러한 역할은 더욱 중요하다. 또한 소비자단체는 물품 테스트나 여러 가지 정보를 소비자에게 제공하여 소비자들의 구매방법에 관한 상담을 할 수 있다.

넷째, 소비자단체는 소비자문제에 관한 정보를 수집하고 이에 관해 정부에 시정을 요구하거나 정책을 건의하는 역할을 한다. 소비자단체는 소비자상담을 통해 사회변화를 파악하고, 그에 맞는 각종 법률이나 제도 개선의 방향을 제시하는 역할을 한다.

2 소비자단체의 주요 업무

우리나라의 소비자단체는 한국소비자보호단체협의회에 한국YWCA연합회, 한국여성소비자연합, 소비자시민모임, 녹색소비자연대, 전국주부교실중앙회, 한국소비생활연구원, 한국소비자교육원, 한국소비자연맹, 한국YMCA전국연맹, 한국부인회, 녹색소비자연대 등 10개의 소비자단체가 소속되어 있으며, 산하에 전국적인 지방지부가 있다(표 5-1 참조).

해당 소비자단체가 중점적으로 추진하고 있는 업무에 따라 소비자보호업무만을 전문으로 추진하고 있는 단체들과 YWCA, YMCA, 여성단체협의회와 같이 소비자문제와 여성문제 등 다양한 활동을 함께하고 있는 단체들로 나눌 수 있다.

소비자단체의 업무에 대해서는 소비자기본법 제28조에 제시하고 있는데, 그 내용은 소비자의 권익과 관련된 시책에 대한 건의, 물품 등의 규격·품질·안전성·환경성에 관한 시험·검사 및 가격 등을 포함한 거래조건이나 거래방법에 관한 조사·분석, 소비자문제에 관한 조사·연구, 소비자의 교육, 소비자의 불만 및 피해를 처리하기 위한 상담·정보 제공 및 당사자 사이의 합의권고 등이다. 소비자기본법에서 제시하

표 5-1 우리나라 소비자단체 현황(2014년 7월 기준)

단체명	설립연도	지부	인터넷 사이트와 주소
한국소비자단체협의회	1978년	–	www.consumer.or.kr 서울시 중구 명동 11길 20
한국YWCA연합회	1922년	54	www.ywca.or.kr 서울시 중구 명동길 73
한국여성소비자연합	1966년	93	www.jubuclub.or.kr 서울시 중구 남대문로 30
소비자시민모임	1983년	8	www.cacpk.org 서울시 종로구 새문안로 42
전국주부교실중앙회	1971년	232	www.nchc.or.kr 서울시 중구 퇴계로 45길 7
한국소비생활연구원	1994년	11	www.sobo112.or.kr 서울시 마포구 독막로 6길 4
한국소비자교육원	1981년	6	www.consuedu.com 서울시 서초구 강남대로 25길 37
한국소비자연맹	1970년	8	www.cuk.or.kr 서울시 용산구 독서당로 20길 1-7
한국YMCA전국연맹	1903년	63	www.ymcakorea.org 서울시 마포구 잔디리로 68
한국부인회	1963년	40	www.womankorea.or.kr 서울시 마포구 희우정로 35
녹색소비자연대	1996년	16	www.gcn.or.kr 서울시 용산구 효창원로 70길 27

고 있는 소비자단체의 업무 내용을 바탕으로 한국소비자단체협의회에서 추진하고 있는 업무 내용을 살펴보면 다음과 같다.

1) 소비자상담과 피해구제

소비자단체가 함께 활동하는 1372소비자상담센터에서는 소비자가 부정불량식품이나 부당한 거래·서비스 등으로 인해 피해를 입었을 때 이를 보상해주고 개선을 위한 고발상담활동을 하고 있다. 한국소비자단체협의회에서는 전국의 소비자상담을 총괄하여 실생활에서 발생하는 소비자문제를 정리하고, 소비자에게 유용한 정보를 제공하며, 소비자를 위한 정책 수립 및 시행을 위한 자료로 활용될 수 있도록 관리한다.

2) 정보화 사업

인터넷 시대의 도래로 소비자들이 다양한 정보의 홍수 속에서 소비자에게 필요한 정보를 탐색하여 합리적이고 안전한 생활을 영위할 수 있도록 하기 위하여 '식품위해정보시스템', '클릭 속의 소비자정보', '어린이 소비자세상' 등 주제별, 대상별로 다양한 웹사이트를 구축하고 있다. 또한 전국에서 접수되는 소비자고발상담을 데이터베이스로 구축하여 자료의 활용도를 높이고 있다.

3) 소비자운동 자원지도력과 실무지도력 강화

소비자단체들은 소비자 의식을 계발하기 위해 전국의 소비자를 대상으로 교육을 실시하고 있다. 그 내용은 경제동향, 소비자의 권리, 환경문제, 상품광고, 소비자 관련 법률, 소비자정보 수집, 상품구매요령 등 일상생활에 필요한 소비지식 등이다.

　한국소비자단체협의회에서는 전국의 소비자운동 실무자들을 대상으로 실무지도력 강화를 위하여 매년 실무자교육을 실시하고 있다. 또한 소비자운동에 참여하는 자원지도력의 양성 및 강화를 위하여 자원지도자 및 자원봉사자 교육을 진행한다.

4) 월간 소비자 발간 및 홍보활동

한국소비자단체협의회에서는 1987년 9월부터 소비생활의 정보를 모아 월간 '소비자'를 발행하고 있다. 물품 테스트, 실태조사, 고발처리 등의 결과를 비롯한 각종 소비자 정보를 담은 월간 '소비자'는 소비자에게 생활정보를 주는 한편 소비자 주권의식을 높이는 역할을 한다. 여기에 나타난 소비자의 고발, 희망, 기대 등은 기업에 전달되어 품질·서비스 개선 등의 소비자의 이익을 위한 방향으로 나아가도록 한다. 월간 '소비자'는 일반 소비자뿐만 아니라 전국의 대학교 도서관 및 초·중·고등학교에 배표되어 소비자교육을 위한 교재 및 자료로 이용된다.

그리고 매주 목요일 회원단체들의 사업 및 소식에 대한 것을 주간 뉴스레터로 발행하여 소비자에게 제공하고 있다.

5) 정책연구 및 제안활동

한국소비자단체협의회 소속 소비자단체들은 소비자 관련 법률 및 제도를 만들기 위한 각종 정책연구와 정책제안활동을 한다. 소비자기본법, 제조물책임법, 약관규제법, 전자상거래보호법, 식품위생법, 주택임대차보호법, 방문판매 등에 관한 법률 등의 제정 및 개정에 소비자단체의 의견을 적극 반영하고 있으며 소비자의 의견을 최대한 수렴하여 정책 및 법률제정에 반영코자 세미나나 공청회를 개최하고 있다.

6) 물가조사 및 감시활동monitoring

한국소비자단체협의회에서는 전국의 36개 지역에서 활동하고 있는 372명의 물가감시원들과 함께 기초생활필수품 및 개인 서비스 요금에 대한 정기 물가조사와 특별 물가조사를 실시하고 있다.

소비자의 가계에 미치는 영향이 큰 공공요금을 포함한 기초생필품 및 개인 서비스 요금에 대해 전국 13개 지역에서 매월 2회의 정기적인 가격조사를 통해 지역의 가격형성과 물가변동 추이를 살펴보고 담합에 의한 가격인상 등을 견제하며, 지역 주민들에게 자세한 가격정보를 공개하여 소비자의 알 권리를 만족시키는 활동을 하고 있다. 또한 변하는 소비환경에 따라 사회적·시기적으로 소비자들에게 민감한 부분에 대해 전국 36개 지역에서 특별 물가조사를 실시하여 소비자들에게 유용한 가격정보를 제공하고 합리적인 소비생활을 위한 가이드라인을 제시한다.

7) 캠페인campaigns

소비자단체에서는 합리적인 소비문화캠페인을 꾸준히 벌여 소비자의 물가불안심리로 인한 충동구매, 사재기 등을 억제하고 낭비적인 소비생활태도의 개선을 유도해왔다. 소비자 단체별로 다양한 주제에 따라 캠페인을 전개하고 있으며 단체의 연대가 필요한 경우에는 단체들이 함께 캠페인을 전개하기도 한다.

8) 국제협력international relationships

세계 각국의 소비자단체가 서로 정보를 교환하기 위해 정보를 제공하며 악질적 수출에 제재를 가하고 소비자 국제경찰 기구를 설치하여 국제무역의 악성거래를 감시·삼독하며 벌칙을 두고 있다. 국제 소비자기구CI는 1960년에 설립되어 지금까지 이러한 목적으로 운영되고 있으며 현재 76개국 158개 단체가 참여하고 있다. 우리나라에서도 한국소비자단체협의회, 한국소비자연맹, 소비자시민모임 등 5개 단체가 가입되어 있으며 CI에서 개최하는 세미나, 워크숍, 회의 등에 참여하고 있다. 또한 세계시장의 단일화에 따라 나타나는 여러 소비자문제의 해결 및 사전예방 등을 위하여 CI뿐만 아니라 다양한 분야에서 국제연대와 협력을 위해 노력하고 있다.

3 소비자단체의 소비자상담

우리나라 소비자단체들은 소비자의 불만 및 피해를 처리하기 위한 상담이나 정보제공 또는 당사자 사이의 합의권고를 중점사업으로 해오고 있다.

소비자단체의 상담 업무는 2010년 1372 소비자상담센터가 생기기 이전에는 각 단체별로 이루어져 왔으나 2010년 이후부터는 1372 소비자상담센터를 통해 한국소비자원 및 지방자치단체와 통합적으로 이루어지고 있다. 1372 소비자상담센터에 참여하고 있는 소비자단체는 (사)대한주부교실연합회, (사)한국부인회, (사)한국소비생활연구원, 녹색소비자연대, 소비자시민모임, 전국주부교실중앙회, 한국소비자교육원, 한국소비자연맹, 한국YMCA전국연맹, 한국YWCA연맹 등 10개와 산하 141개 지부들이다. 10개 단체의 지방 지부들의 지역별 분포는 서울 12개, 부산 8개, 대구 4개, 인천 2개, 광주 5개, 대전 6개, 울산 4개, 경기 29개, 강원 6개, 충북 7개, 충남 13개, 전북 16개, 전남 9개, 경북 6개, 경남 11개, 제주 3개 등이다. 한국소비자단체협의회에 의하면 2013년 소비자단체가 접수하고 처리한 건수는 589,907건이다(표 5-2 참조).

   소비자단체의 상담 업무 형태는 일반전화상담으로, 소비자단체에 신청한 상담에 대해 적절한 정보를 제공하거나 합의권고를 하는 것이며, 만약 정보 제공 상담이나 합의권고로 완료되지 못하고 피해구제가 필요한 경우에는 한국소비자원으로 이관한다. 소비자단체는 소비자기본법 제20조에 따라 안전, 표시, 광고, 거래, 개인정보 관련 규제를 위반하는 행위가 발생하여 소비자의 생명, 신체 또는 재산에 대한 권익이 직접적으로 침해당하고 그 침해가 계속되는 경우 소비자단체소송을 제기할 수 있다. 소비자단체가 단체소송을 제기할 수 있는 적격단체가 되기 위해서는 공정거래위원회에 등록될 것, 정관에 따라 소비자권익증진을 단체의 주된 목적으로 할 것, 단체의 정회원 수가 1,000명 이상일 것, 공정거래위원회에 등록

표 5-2 소비자단체별 소비자상담 접수 및 처리 건수(2013년 1~12월)

단체명	회선수	건수
녹색소비자연대	23	53,145
한국여성소비자연합	41	131,957
소비자시민모임	15	62,498
한국부인회총본부	11	34,670
한국소비생활연구원	12	65,277
전국주부교실중앙회	29	87,504
한국소비자교육원	2	17,979
한국소비자연맹	23	70,344
한국YMCA전국연맹	12	29,300
한구YWCA연합회	14	37,233
합계	182	589,907

자료: 한국소비자단체협의회(www.consumer.or.kr)

한 후 3년이 경과할 것 등의 소비자기본법의 규정에 적합해야 한다. 단체소송을 제기하는 단체는 소장과 함께 원고 및 그 소송대리인, 피고, 금지·중지를 구하는 사업자의 소비자권익 침해행위의 범위 등의 사항을 기재한 소송허가신청서를 법원에 제출해야 한다. 법원은 물품 등의 사용으로 인하여 소비자의 생명·신체 또는 재산 피해가 발생하거나 발생할 우려가 있는 등 다수 소비자의 권익보호 및 피해예방을 위한 공익상의 필요가 있거나 소송허가신청서의 기재사항에 흠결이 없으며, 소제기단체가 사업자에게 소비자권익 침해행위를 금지·중지할 것을 서면으로 요청한 후 14일이 경과하였을 경우 단체소송을 허가한다. 법원이 단체소송을 허가하거나 불허가하는 결정에 대해서는 즉시 항고할 수 있다. 원고의 청구를 기각하는 판결이 확정된 경우 이와 동일한 사안에 관해서는 다른 소비자단체가 단체소송을 제기할 수 없다.

소비자단체는 표준 소비자조례(안)의 '특수거래분야 소비자 권익을 부당침해한 경우 조사 및 분쟁조정신청·시정권고 등 조치'에 근거하여 방문 판매 및 다단계 판매 등 특수거래 분야에서 발생하는 소비자 피해 관련 분쟁 조정을 소비자단체협의회 산하 자율분쟁조정위원회에서 처리하고 있다. 이것은 소비자가 특수거래 분야에서 발생하는 소비자피해를 행정기관에 신고할 경우 시간이 오래 걸리는 것은 물론 직접적인 금전 보상이 어려운 경우가 많았기 때문에 소비자단체협의회 산하 자율분쟁조정위원회를 통해 이를 해결하게 한 것으로 조정신청 후 1~2주일 내에 처리되고 효과적인 금전적 보상도 가능하다는 장점이 있다.

알아두기 5-1

단체소송 사례

경제정의실천시민연합, 녹색소비자연대전국협의회, 소비자시민모임, 한국YMCA전국연맹 등 4개 단체는 2008년 7월 24일 하나로텔레콤을 상대로 정보 수집 및 제공 등에 관한 법규를 위반하여 개인정보를 무분별하게 수집하고 제공하는 행위의 금지와 서비스 이용 약관 조항의 사용 금지를 구하는 소비자단체소송을 제기하였다. 법원은 2008년 10월 14일 소비자단체소송의 허가 결정을 내렸다. 그 후 하나로텔레콤을 인수한 SK브로드밴드는 2009년 1월 해당 약관을 수정하였다. 이에 따라 원고 단체들은 소취하서를 제출하고 피고가 소취하동의서를 제출하여 소취하가 되어 2009년 1월 23일 이 사건은 종결되었다.

자료: 박희주·강창경(2011). 소비자단체소송 제도의 운영평가 및 개선에 관한 연구. 한국소비자원

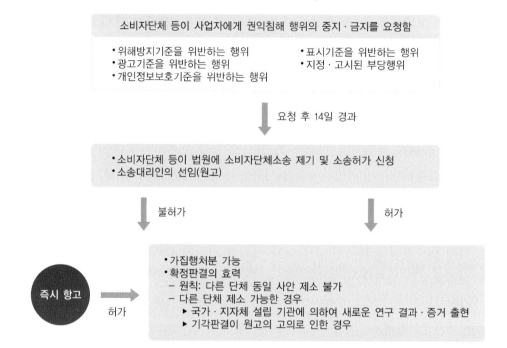

소비자단체 등이 사업자에게 권익침해 행위의 중지·금지를 요청함

- 위해방지기준을 위반하는 행위
- 광고기준을 위반하는 행위
- 개인정보보호기준을 위반하는 행위

- 표시기준을 위반하는 행위
- 지정·고시된 부당행위

요청 후 14일 경과

- 소비자단체 등이 법원에 소비자단체소송 제기 및 소송허가 신청
- 소송대리인의 선임(원고)

불허가   허가

즉시 항고

허가

- 가집행처분 가능
- 확정판결의 효력
  - 원칙: 다른 단체 동일 사안 제소 불가
  - 다른 단체 제소 가능한 경우
    ▶ 국가·지자체 설립 기관에 의하여 새로운 연구 결과·증거 출현
    ▶ 기각판결이 원고의 고의로 인한 경우

그림 5-1 소비자단체소송절차

자료: 박희주·강창경(2011). 소비자단체소송제도의 운영평가 및 개선에 관한 연구. 한국소비자원

4 외국 소비자단체의 사례

1) 미국

미국 소비자보호운동에서 민간단체의 역할은 크다. 미국에서 민간단체 역할이 증가하게 된 것은 레이건 대통령이 주창한 '작은 정부Smaller government' 정책으로 인해 정부기관의 예산절감 감축 때문이다.

미국의 소비자단체로는 소비자연맹Consumers Union과 응대법연구센터Center for Study of Responsive Law 등이 있다. 소비자연맹은 1936년 비영리법인으로 설립되었으며 워싱턴, 샌프란시스코, 텍사스의 오스틴 등지에 사무실이 있다. 가장 큰 재원은 '컨슈머리포트Consumer report' 지의 판매(기타 잡지 포함)에서 나오며, 특징은 비구속적이고 비상업적인 기부금, 기타 원조금·수수료 등을 통해 운영된다는 것이다. 주요 업무로는 물품 시험검사, 물품 및 서비스에 관한 정보 제공, 상담, 어린이 소비자 교육, 컨슈머리포트 발간, 소비자를 대리하여 연방규제기관에 증언testifying, 진정 petition을 하고 소송law suit을 제기하는 법률적 지원 등의 역할이 있다. 응대법연구센터는 1968년 비영리 면세 연구기관으로 발족하였으며 대표적 소비자보호 운동가인 랄프 네이더Ralph Nader가 회장이다. 주요 업무는 국가 및 사회환경적 차원에서 소비자문제를 폭넓게 다루고 있으며 1970년 동 센터가 학생들의 시민정신 함양을 위하여 만든 공익연구단체들과 밀접한 관계를 맺고 있다. 아울러 소비자안내서를 간행하고 있다.

2) 일본

일본은 1960년대 고도성장정책이 전개되면서 국민소비생활에 다양한 소비자 문제가 발생하게 되었고 이에 따라 소비자생활에 대한 보호가 필요해졌다. 중앙정부와 지방자치제는 1965년 전후로 하여 소비자행정이나 소비생활과 등의 설치를 꾀하면서 동시에 소비자 강좌를 개설하거나 소비자모니터제도를 설치하는 등 소비자보호에 많은 노력을 기울였다. 이러한 가운데 특히 지방자치단체에서는 소비자 강좌를 수강한 사람이나 모니터에게 소비자단체의 결성을 호소하고, 또한 행정정책의 일환으로 소비자단체의 결성에 전력을 다하였다.

일본은 중앙단체를 제외하고 소비자운동을 주목적으로 설립된 단체가 많고, 부인회, 생활개선단체 등 매우 다양한 단체들이 활동하고 있다.

1961년 9월에 결성된 일본소비자협회는 재계나 정부의 보조로 만들어진 대표적인 기관으로, 월간 '소비자'를 발행하고 있다. 또한 교육사업으로 소비자상담사 연수과정을 운영하며 상품지식을 보급하기 위하여 세미나, 연구회, 견학이나 좌담회 등을 개최하고 있고 생활용품의 상담이나 소비자불만처리를 하고 있다(이기춘 외 5, 2000). 일본주부연합회연맹은 '소비자리포터'를 발간하여 소비자정보를 제공하고 소비자교육에 주력하고 있다. 또한 전국소비자단체연락회는 전국소비자단체의 협력과 연락을 강화하고 소비자운동을 촉진하기 위한 활동을 하고 있다.

일본에서의 소비자단체를 소비자행정과의 관계 면에서 살펴보면 다음과 같다 (김시월, 2004).

첫째, 소비자행정과 소비자단체는 서로 역할을 중복하지 않는다. 즉, 소비자불만 상담 및 문의, 그리고 고충처리 활동은 행정차원에서 주로 이루어지고 있고, 행정과 단체가 함께 실시하고 있는 것은 주로 소비자교육이다. 둘째, 소비자행정은 소비자단체의 자립과 지원을 모두 지원하고 있다. 셋째, 소비자행정, 특히 지방소비자행정의 체계적인 활동으로 인하여 소비자단체의 활동이 미약해지고 있다. 넷째, IT 관련 산업이 활성화되지 못한 것과 관련하여 인터넷 관련 활동이 미약한 상황이다. 다섯째, 소비자단체의 활동이 중앙단체보다는 지역, 특히 지방단체로 이전하고 있다.

5 소비자단체의 소비자상담 방향

비정부기구NGO의 역할이 증대되고 있는 상황에서 소비자단체의 활동은 앞으로도 더욱 중요한 의미를 가질 것으로 예상되며 소비자상담의 역할에서도 역시 중요한 의미를 가질 것으로 생각된다. 세계화, 지방화에 따른 자율적 시민역할 증대의 필요성은 소비자단체의 소비자상담의 활성화를 요구하며 소비자상담에서 정부와 기업, 소비자단체 간의 상호협조가 요구된다. 따라서 소비자단체의 상담활동은 기업과 소비자의 관계를 바람직한 방향으로 만들기 위한 수단이 되면서 동시에 소비자를 보호할 수 있는 매개체로서 기업과의 상호협조를 통해 궁극적으로 소비자복지에 기여하는 방향으로 되어야 한다.

1) 소비자단체의 소비자상담사 전문성 확립

최근 소비자상담의 내용이 다양화되고 전문화되고 있어 이에 따른 소비자상담사의 전문성이 더욱 요구되고 있다. 소비자상담은 일반상담과는 다른 실제적인 상담이라는 특색이 있는데도 상담사의 전문성이 독자적으로 개발되어 있지 않은 상황이다. 특히 소비자단체의 소비자상담사의 경우 전문적인 상담교육에 대한 요구가 증가되고 있으므로 상담기술의 전문성에 대한 교육이 필요하다.

소비자단체에서 상담되고 있는 내용들의 범위가 점점 넓어지고 다양화되고 있으므로 소비자문제와 관련된 법률적인 영역과 다양한 소비자 관련 분야인 환경, 광고, 금융, 유통 등에 대해 보다 전문적으로 심화시켜 나가야 한다. 또한 급변하는 경제환경 속에서 소비자를 보호하며 새로운 소비자문제에 대처할 수 있고 소비자상담을 통해 소비자 복지를 증진시킬 수 있는 상담사의 역할에 대한 교육이 요구된다.

2) 기업 및 행정기관과의 상호협조 관계 형성

(1) 기업과의 상호관계

소비자단체에 상담을 요청하는 소비자들의 심리는 기업이나 공공기관보다는 소비자단체에 피해구제를 요구하면 무조건 소비자의 편에서 해결해 줄거라는 기대감을 갖는 경우가 많다. 따라서 소비자와 기업의 중간에서 객관적이고 공정하면서도 소비자들의 기대를 충족시키도록 하는 것이 중요한 과제이다. 소비자단체활동의 활성화도 정부, 기업, 소비자가 모두 유기적으로 협동하면서 통제할 때 바람직한 방향으로 발전해 나갈 것이므로, 이와 같은 기본적인 시각에서 소비자단체의 활성화 방안이 모색되어야 한다.

(2) 지방자치단체와의 관계

소비자단체는 소비자행정과 밀접한 연관을 가지고 있는데, 행정기관의 소비자불만처리, 소비자정보 제공 및 교육 등의 소비자보호 업무를 수행하는 데에 중요한 역할을 담당하고 있다. 소비자단체는 소비자의 역할을 대행해 주고 소비자를 변호하는 역할을 담당하며 소비자보호행정을 감시하고 소비자를 위한 행정이나 정책을 위해 필요한 자료를 제공해 주며 소비자보호행정이나 정책의 결과에 대한 국민들의 평가를 피드백시켜 주는 기능을 담당한다. 따라서 소비자보호행정에서 소비자단체의 역할은 매우 중요하므로 소비자단체활동의 활성화를 위해서는 지방자치단체의 지원이 강화되어야 한다. 특히 지방자치단체의 소비생활센터에 소비자단체의 전문인력을 파견하는 것도 고려해야 할 것이다.

(3) 한국소비자원과의 협조관계

한국소비자원과의 협조도 강화되어야 한다. 현재 한국소비자원은 소비자단체에서 요청하는 분쟁조정과 물품 테스트를 접수하여 협조하고 있다. 한국소비자원이 소비자단체상담사 등 실무자들에 대한 교육 프로그램을 운영하는 등 소비자단체와 한국소비자원이 밀접한 관계를 맺으며 소비자상담의 체계화를 이루도록 해야 한다.

3) 지방소비자상담의 활성화

현재 활동하고 있는 소비자단체의 대부분은 서울의 중앙단체를 중심으로 조직되어 있으며, 소비자단체가 활동하고 있는 지역도 도시에 편중되어 있다. 지역별로 소비자들이 겪는 문제 및 상담에 필요한 내용이 상이할 수가 있으므로 소비자상담은 그 지역별로 다른 특성을 요구한다. 그러므로 그 지역마다 지역의 특성에 맞는 소비자단체의 상담활동이 필요하다고 할 수 있다.

소비자단체의 조직은 지방화시대와 더불어 활성화될 거라고 전망할 수 있는데, 이를 위해서는 각 소비자단체가 지방화시대에 대비하여 보다 철저하게 준비해야 한다.

생각해 보기

학번 : _____ 이름 : _____ 제출일 : _____

01 소비자단체를 직접 방문하여 소비자상담의 절차를 알아보고 소비자불만처리에 대해 조사해 보자.

02 최근에 발생한 소비자단체소송에 대한 사례를 조사하고 분석한 후 소비자소송 제도의 개선점을 토의해 보자.

03 소비자상담에서 소비자단체가 공공기관이나 기업과 연대할 수 있는 방안에 대해 토의해 보자.

04 소비자상담에서 우리나라 소비자단체가 외국의 소비자단체 등과 국제적 연대를 모색할 수 있는 이슈와 방안에 대해 토의해 보자.

기업의
소비자상담

Consumer Counselor

기업의
소비자상담

소비자들은 소비생활에서 많은 문제나 피해를 경험하게 된다. 또한 합리적인 의사결정을 내리기 위해 많은 정보 속에서 유용한 정보를 선택해야 한다. 소비자들이 피해를 보상받고 해결할 수 있도록 도와주고, 다양한 정보 속에서 소비생활에 필요한 정보를 찾아내도록 도와주기 위해서는 소비자상담을 해줄 수 있는 기관이 필요하다.

기업 소비자상담의 의미는 주로 소비자의 불만, 즉 하자 있는 상품의 피해보상 문제라든지, 질이 낮은 서비스 등에 관한 불만을 처리해주는 일에 국한되는 경우가 많았다. 그러나 점차 그 의미가 소극적인 불만처리에서 소비자를 위한 다양한 서비스 제공, 판매확대, 신제품에 대한 정보 제공, 소비자욕구의 파악 등을 위해서 소비자상담이 필요하게 되었다.

기업의 소비자상담은 그 중요성이 앞으로 더욱 커질 것이므로 이 장에서는 소비자만족의 구성요소, 기업 소비자상담 결과의 활용을 살펴보며, 기업 소비자상담 부서의 역할에 대해 살펴보고자 한다.

1 소비자만족

소비자들은 재화나 서비스를 구매하면서 또는 구매하여 사용하면서 만족이나 불만족을 느끼게 된다. 소비자만족·불만족은 소비자 측면에서는 소비자복지와 관련된 것으로 사회전반에 대한 만족·불만족의 지표가 된다. 기업에서는 소비자만족·불만족은 기존 소비자의 유지, 그리고 기업의 이익과 높은 상관을 가지고 있으므로 효율적인 마케팅 관리를 위해서 매우 중요하다.

이러한 소비자만족·불만족은 상품 자체에 의해서만 결정되는 것이 아니라 상품이 제공되는 서비스와 기업의 이미지 등과 같은 간접적 요소에 의해서도 영향을 받는다.

1) 소비자만족의 구성요소

소비자는 어디서 만족을 느낄까? 소비자가 만족을 느끼는 주요한 요소는 그림 6-1과 같이 크게 상품의 직접적 요소로써 상품과 서비스와 간접적 요소로써 기업이미지로 구분된다. 과거의 소비자들은 상품의 품질이 좋고 가격이 싸면 만족했었다. 그러나 오늘날에는 소비자들의 욕구와 가치관이 급속히 변하고 다양해짐에 따라 소비자들은 상대적으로 디자인과 사용감 등을 중시하는 경향이 있으며, 상

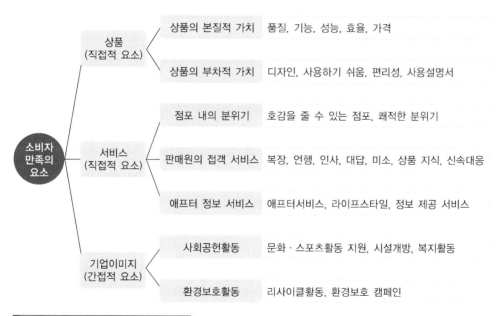

그림 6-1　소비자만족의 구성 요소

품 그 자체뿐만 아니라 구매 시의 점포 분위기와 판매원의 접객에도 많은 관심을 갖게 되었다.

따라서 기업으로서는 소비자들의 다양한 욕구를 충족시켜줄 수 있도록 적절한 서비스를 개발하지 않으면 소비자의 만족을 얻을 수 없게 되었다. 특히, 상품의 품질과 가격측면에서 기업 간의 차이가 큰 의미가 없는 경향으로 인해 소비자만족에서 서비스의 비중이 점차 높아지고 있다.

이와 아울러 기업이미지의 중요성이 높아지고 있는데, 그 주요 내용은 사회공헌활동과 환경보호활동 등을 들 수 있다. 이 활동들은 기업이미지에 중요한 역할을 수행하게 되는데, 이를 적극적으로 추진하면 '사회와 환경의 문제에 진지하게 대응하는 기업'으로 이미지가 높아지고, 소비자에게 좋은 인상을 주게 된다. 반대로 아무리 뛰어난 상품과 서비스를 제공하는 기업이라도 사회와 환경의 문제에 진지하게 적극적으로 대응하지 않는다면 이미지 평가가 좋지 않게 되고 소비자의 만족도가 낮아진다는 것이다. 따라서 소비자만족을 통한 기업의 이미지 제고는 기업의 새로운 활동의 증대를 의미하는 것으로, 결국에는 기업이 사회적인 기관으로서의 책임을 인식하고, 단순히 기업 차원의 이윤추구가 아니라 좀 더 높은 차원의 기업 활동을 해야 할 것이다.

기업 최고경영자의 이미지

기업의 이미지를 흔히 CI(corporate identity)라고 한다. 이와 마찬가지로 최고경영자의 이미지를 PI(president identity)라고 부른다.

기업은 적지 않은 비용을 들여 자기 회사의 이미지를 관리하며, 수억 원에서 수십억 원을 들여 기업의 심벌을 바꾸는 것도 그런 활동의 하나다. 기업이미지는 기업 가치에 상당한 영향을 미치는데, 미국의 한 기업은 심벌을 바꾸는 것만으로도 주가가 2배 이상 오르기도 했다.

그런데 기업의 전체적인 이미지를 결정하는 것은 CI만이 아니라, 기업의 경영자도 그 기업 이미지에 상당한 영향을 미친다. 때에 따라서는 경영자의 이미지가 회사 전체 이미지를 좌우하기도 한다.

PI는 경영자의 마음가짐(MI; mind identity)과 행동(BI; behavior identity), 외모(VI; visual identity)가 한데 어우러져 형성된다. PI는 선천적 요인에 의해 영향을 받는다. 하지만 본질적으로 PI는 관리될 수 있는 것으로 자기수련의 과정을 겪으면서 PI도 변하고 발전할 수 있다.

그림 6-2 소비자만족·불만족의 효과

2) 소비자만족과 불만족의 효과

소비자의 제품에 대한 만족·불만족은 다시 다음 행동으로 이어지게 된다. 그림 6-2와 같이 소비자가 만족하면 더욱 호의적인 구매 후 태도를 형성하고, 더 높은 구매의도를 갖게 되며, 그리고 상표충성도brand loyalty가 생겨날 것이다.

반면에 불만족하면 덜 호의적인 구매 후 태도를 형성하고, 낮은 구매의도를 갖거나 아니면 전혀 구매의도를 갖지 않게 된다. 따라서 상표전환brand switching을 하고, 불만호소행동을 하며, 부정적인 구전활동word of mouth을 할 것이다.

소비자가 불만족을 느낀 경우 이러한 불만을 행동으로 직접적으로 표현하거나 아니면 참기도 하는데, 소비자가 느끼는 불만족은 그것을 판매자·생산자, 공공기관, 소비자단체 등에 호소하지 않는 한 표면화되지 않는다. 소비자 만족·불만족이 기업의 매출에 미치는 영향은 그림 6-2와 같다.

한국소비자원(2014)의 연구에 따르면 소비자의 33.5%는 최근 1년간 상품·서비스 구매 후 결함이나 하자로 사업자에게 불만을 제기하고 싶은 적이 있었던 것으로 나타났으며, 이들 가운데 55.9%가 평균 1.8회 이의를 제기하였다.

그림 6-3처럼 상품이나 서비스 구매 후 '결함이나 하자'로 인해 사업자에게 불만을 제기한 소비자 가운데 2/3 정도인 61.9%가 사업자의 불만처리에 만족하지 않은 것으로 나타났다. 또한 사업자의 불만처리에 만족하지 않은 소비자의 2/3 정도가 더 이상 아무런 조치를 취하지 않았으며, 소비자 관련 기관·단체에 상담

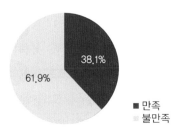

그림 6-3　소비자의 불만처리 만족도

그림 6-4　불만족했을 때의 행동

자료: 한국소비자원(2014). 2013 한국의 소비생활지표, pp.234-235

을 접수하거나(19.0%), 정부부처의 민원센터에 상담을 요청한 것(9.2%)은 매우 낮게 나타나고 있다.

　이처럼 많은 소비자들이 불만을 경험하면서도 불만을 기업에 직접 표현하지 않는 것으로 나타나고 있다. 따라서 기업은 소비자의 '소리 없는 소리'를 들으려는 노력이 필요하다. 소비자는 불만을 행동으로 표현한 결과에 대해서도 만족·불만족을 느끼게 되며, 이는 제품에 대한 만족·불만족과 함께 재구매 시 의사결정에 중대한 영향을 미치게 된다.

3) 스마트 시대의 소비자불만의 특징

스마트 기기 및 서비스의 확대, 유통채널의 온라인화, 소셜미디어의 급격한 확산으로 소비자불만은 기존과 다른 양상으로 전개되고 있다. 즉 불만 대상 품목이 다변화하고 있으며, 다양한 디지털 채널을 통해 불만이 실시간으로 전파되고, 불만 소비자의 응집력과 1인 영향력이 증대하고 있다.

①	불만 대상 품목의 다변화	———	• 디지털 서비스·콘텐츠·기기 비중 확대
②	온라인 불만 플랫폼의 확산	———	• SNS, 유튜브 등이 불만 표출 채널로 부상 • 정부 및 제 3섹터 주도의 플랫폼 증가
③	불만 소비자의 온라인 집단화	———	• 유사불만 소비자들의 커뮤니티 집결 • 집단분쟁조정제도 지원
④	1인 영향력의 증대	———	• 온라인 빅마우스, 소셜테이너 확산 • 디지털 저격수 등장

그림 6-5 스마트시대의 소비자불만의 특징

자료: 이승환(2013). 스마트시대, 소비자불만을 신뢰로 바꾸는 비결. 기업소비자정보 v.131, p.32

(1) 불만 대상 품목의 다변화

스마트화가 진전되면서 불만 1위 품목도 관련 서비스와 제품으로 다변화되고 있는 추세이며, 유통 채널의 디지털화가 확대되면서 관련 결제, 앱, 콘텐츠 등에서 다양한 형태의 불만이 증가하고 있는 상황이다. 모바일, 인터넷의 확산으로 관련 기기와 서비스 사용 시간이 증대되고 사이버 쇼핑몰, 소셜커머스 등 다양한 디지털 유통 채널의 확대되었다.

(2) 온라인 불만 플랫폼의 확산

인터넷 기반의 다양한 소통 플랫폼이 불만 표출의 창구 역할을 수행하며 거대한 가입자를 기반으로 실시간 전파되고 있다. 유튜브, 트위터, 페이스북 등은 소비자들이 쉽게 불만을 표출할 수 있는 대표적인 공간이며, 가입자 수가 많아 전파 속도가 매우 빠르다.

(3) 불만 소비자의 온라인 집단화

소비자들은 온라인 커뮤니티에서 역량을 응집하여 불만을 제기하기도 하는데, 정부의 지원 제도 하에 영향력이 증가하고 있으며, 정부에서 추진하고 있는 소비자 집단분쟁조정제도를 통해 파급력이 더욱 확대될 전망이다. 온라인에 집결되는 소비자의 힘은 다양한 제품을 소재로 한 커뮤니티가 급격히 증가하면서 확대 추세이다. 비슷한 생각을 가진 개인이 집단을 구성하여 영향력을 행사하는 크라우드 클라우트crowd clout가 확산되고 있다.

(4) 1인 영향력의 증대

스마트화로 소통의 대상이 확대되면서 1인 영향력이 증가되고 있다. 소셜미디어를 통해 기존 PC 메신저나 문자메시지 중심의 제한된 실시간 소통에서 벗어나 익명의 다수와 제한 없는 소통이 가능하게 되었다.

온라인 환경에서는 참여의 불균형 현상이 발생하여 능동적인 소수의 파급력이 높은 90 : 9 : 1의 법칙이 작용한다. 90%는 단순 조회만 하는 잠복 사용자이며, 9%는 재전송을 주로 하는 수동 사용자이고, 1%는 직접 글을 쓰고 커뮤니티를 이끄는 능동 사용자이다. 단순 불만을 넘어 뉴미디어를 이용하여 특정 기업을 집요하게 공격하는 디지털 저격수가 등장하고, 이에 따라 기업은 사건 발생 전 정보를 얻거나 숙고할 시간을 갖기 어려워진다.

2 기업의 소비자상담 내용과 활용

기업 소비자상담은 소비자가 제품을 생산하고 판매하는 기업과의 직접적인 접촉을 통해 이루어진다는 점에서 매우 중요한 것이라고 할 수 있다.

고객상담의 중요성

- 불만족한 고객의 96%는 기업에 불평을 말하지 않는다. 10명의 불평고객이 있으면 250명 정도의 고객이 있는 셈이다.
- 불만족한 고객은 평균 8~10명의 타인에게 소문을 낸다. 반면 만족한 고객의 4~5명만이 다른 사람에게 얘기한다.
- 어떤 경우라도 25% 정도의 고객은 더 좋은 대안이 있으면 이탈할 준비를 하고 있다.
- 문제를 해결하지 못한 불만족한 고객의 약 90%는 다시는 그 기업과 상대하려 하지 않는다.
- 문제를 해결한 고객의 54%는 충성고객이 된다.
- 고객 1명을 잃는 비용은 20년 동안 자동차업자에게는 15만 달러, 가전제품업자에게는 3천 달러의 손실을 초래한다.

자료: 조나단 버스키 저, 김경자·송인숙·제미경 역(1998). 세계 최고의 고객만족, p.185

소비자상담이 과거에는 주로 고객들의 구매에 대한 불만이나 요구사항을 해결하기 위해서 이용되었으나, 최근에는 새로운 고객의 확보, 판매지원, 그리고 기존 고객과의 우호적인 인간관계를 유지하기 위해서 이용되고 있다. 다시 말해 소비자상담을 통해 고객불만을 단순히 처리하는 수준을 넘어서서 고객이 진정으로 원하는 점을 파악하여 고객서비스를 향상시킬 수 있을 것이다.

최근 기업 환경에는 경쟁기업이 많이 존재하여 고객만족 없이는 생존이 불가능한 실정으로 기업은 고객창출이라는 마케팅 차원에서 소비자상담의 중요성을 인식하게 되었다. 즉, 자사의 상품과 서비스에 대해 관심을 가질 수 있는 고객이 누구이며, 이들이 원하는 제품과 서비스는 무엇인지를 파악하여 판매증대를 기대할 수 있을 것이다. 기업의 소비자상담을 소비자불만 및 피해구제기능과 새로운 고객확보기능으로 나누어 살펴보자.

1) 소비자불만 및 피해구제를 위한 상담

기업 소비자상담의 1차적인 역할은 물론 고객의 불만을 해결하여 만족스러운 상태가 되도록 하는 것이다. 그것이 물리적 조치이든지, 무형의 조치이든지 간에 고객의 마음을 만족스런 상태로 유도시키는 것이다. 그 다음 단계는 이러한 고객의 불만이 다시는 발생하지 않도록 하고, 고객만족을 계속 유지시켜서 기업 발전을 꾀하는 것이다. 소비자불만 및 피해구제를 위한 기업의 소비자상담에 대해 자세히 살펴보자.

(1) 불만 및 피해구제에 관한 처리

소비자상담부서의 주요 업무는 소비자들의 불만처리에 관한 것이다. 기업이 소비자피해구제 활동을 수행하기 위해서는 불만을 가졌거나 피해를 입은 소비자가 신속하고도 합리적인 보상을 받아야 할 것이다. 불만처리를 위한 구체적인 업무내용은 다음과 같다.

① 불만처리 절차

소비자의 불만처리 절차에 다음과 같은 내용이 포함되어야 한다.

- 불만처리 담당의 책임이 명확하게 서술되어야 한다.
- 불만처리의 최종해결자가 누구라는 것이 명시되어야 한다.
- 담당자가 불만을 처리할 수 있는 기간과 불만처리 결과보고, 결과 보관문제 등이 명시되어 있어야 한다.
- 불만처리가 완전히 해결되기까지의 총 시간이 명시되어야 한다.
- 불만처리 결과를 소비자에게 알리고 소비자의 반응을 알아보고 기록하는 절차가 명시되어야 한다.

② 소비자불만처리과정

소비자상담실에서 소비자의 불만을 처리하는 과정은 일반적으로 다음과 같다.

- 부서에 소비자의 불만이 접수되면 접수자가 자신의 이름과 날짜를 적고 내용을 듣고 기록한다.
- 불만을 듣고 소비자에게 해결방안을 제시한다. 만일 접수 당시 해결하기 용이하지 않은 문제이면 해결절차에 관하여 이야기해 준다.
- 불만처리 해결에 따른 조치를 취한다.
- 불만처리 후 불만과 관련된 기업 내 부서에게 불만접수내용을 알리고 수정을 요구한다.
- 불만을 모아서 도표를 만들고 분석한다.

기업소비자전문가협회(OCAP)

OCAP는 기업의 소비자보호 및 고객만족 활동을 보다 체계적이고 전문적으로 실천하기 위해 기업에서 소비자 업무를 관장하는 책임자들이 자발적으로 조직한 단체로, '기업 소비자정보' 지를 발간하고, 사이버상(www.ocap.or.kr)의 소비자상담을 수행하고 있다.

OCAP은 소비자 관련 정보 제공 및 회원사 간 업무교류의 활성화를 주도하여 회원사에 유익한 가치를 제공한다. 또 기업과 소비자단체, 행정기관의 상호협력과 이해증진을 통해 기업의 소비자문제를 효율적으로 대응하여 회원사의 권익보호에 앞장서며, 기업의 고객지향적인 문화를 창출하는 것을 목표로 하고 있다.

OCAP는 올바른 소비자문화 창달을 위해 기업의 입장과 의견을 수렴하여 정부에 개진토록 하고, 소비자 보호업무에 대한 기업의 능동적인 대처를 위해 전문가를 육성하며, 소비자문제에 관한 각종 제도나 시책, 외국의 선진 사례를 조사·연구하고 있다.

(2) 소비자문의에 대한 대응

소비자상담 문의는 구매 전과 구매 후로 나누어 볼 수 있다.

① 구매 전 소비자상담 문의

소비자가 기업의 상담부서에 구매 전 상담을 신청하는 이유는 다음과 같다.

첫째, 소비자가 구매 전에 해당 기업 제품에 관해 알고 싶을 때 그 기업이 생산하고 판매하는 제품에 관한 문의에 대한 설명을 들 수 있다.

둘째, 제품의 구매선택에 관한 상담을 들 수 있다. 이는 그 기업의 제품에 대한 설명뿐만 아니라 해당 상품을 선택할 때 필요한 객관적인 정보 등을 포함한다.

셋째, 좀 더 폭넓게 제품과 관련한 소비생활에 대한 일반적 정보 제공을 위한 상담이 있다. 예를 들어, 식품을 생산하는 기업의 경우 영양정보 등을 제공하는 등 제품과 관련된 생활 정보를 포함한다.

② 구매 후 소비자상담 문의

제품과 서비스의 구매 후에 소비자들이 제품에 관한 사용방법이나 계약조건 등 기타 다양한 부분에서 의문사항이 발생할 경우 소비자상담부서는 이에 관해 계속 정보를 제공해줄 필요가 있다. 특히 최근에는 제품의 기능이 다양하고 복잡해져 소비자가 제품 사용 시에 어려움을 겪게 되는 경우가 자주 발생할 수 있으므로 기업의 소비자상담부서는 구매 후 소비자들의 제품사용에 관해 지속적인 관심을 가질 필요가 있다.

이 외에도 기업은 신제품을 개발하거나 새로운 고객을 확보하고 기존 고객과 우호적인 관계 형성을 위해 기업이 먼저 소비자의 의견을 듣기 위해 상담을 하는 경우도 있다.

2) 상담결과의 활용

소비자불만·피해구제를 위한 상담, 새로운 고객확보를 위한 소비자상담의 결과는 기업에서 어떻게 활용되어야 할 것인가? 전략적인 측면에서 고객상담부서가 해야 할 일은 기업이 더 나은 고객서비스를 제공하는 데 필요한 정보를 제공하는 것이다. 고객불만을 분석하여 얻는 그래프나 자료는 그 자체로 의미가 있는 것이 아니라 기업의 의사결정과정에 피드백될 수 있어야 가치가 있는 것이다.

이는 새삼스럽게 말할 필요도 없는 당연한 말처럼 들린다. 그러나 경험에 따르면 많은 기업은 이용 가능한 자료를 두고도 그것을 잘 활용하지 못한다. 예를 들어, 도로 및 빌딩협회의 한 조사결과에 따르면 대부분의 회사는 고객불만에 대한 기록을 가지고 있지만 그 자료를 별로 활용하지 못하고 있었다. 사실 그 자료는 본사에는 거의 남아 있지도 않았고 불만을 접수한 지사로 피드백되지도 않고 있다. 불만 분석 후에 변화가 있다는 증거도 미약하고 사실 많은 기업이 고객불만 조사 후 변화시킨 것이 없다고 응답했다.

법률적으로 불만처리절차 설정을 의무화하고 있는 사회서비스 제공기관에서도 비슷한 결과가 나타났다. 관리자들은 고객불만에 대해 긍정적인 태도를 가지고 있었지만 그로부터 얻은 분석 결과를 해당 기관의 서비스 개선에 별로 활용하지 않고 있다.

피드백을 제공하는 방법에는 직원회의에서 간단한 메모나 보고서를 나눠주는 간단한 것에서부터 문제가 되는 주요 내용에 대한 진지한 토론을 하는 것까지 여러 가지 방법이 있다. 전국빌딩협회는 예를 들어, 월간 '고객불평 이슈'라는 정보지를 발간하고 있다. 이 정보지는 고객불만이 감소하는지 증가하는지, 주요 불만

소비자불만이 만든 새로운 사업기회

• 존슨앤드존슨은 깁스 환자의 가려움증 불만에 착안하여 이를 완화할 수 있는 파우더를 개발하였다. 현재 베스트셀러가 된 유아용 파우더를 세계 최초로 상용화하였다.
• 락앤락은 소비자불만을 토대로 내열유리 용기를 개발해 매출이 300% 증가하였다. 소비자불만을 두 차례나 반영하여 4면 걸착 내면유리 용기를 개발하였다.

자료: 김승범(2010. 4. 25). 제품, 서비스 진화시키는 소비자의 힘. 조선일보

의 내용이 무엇인지, 미래에 발생한 불만을 방지하지 위해 어떤 행동을 취해야 하는지 등에 관한 정보를 제공한다.

뉴스레터를 발간하는 것도 '회사가 고객불만을 환영하며 그에 대해 곧바로 반응할 것'이라는 의지를 직원들에게 보여주는 데 중요한 역할을 한다. 모든 직원이 불만정보를 상세하게 알아야만 하는 것은 아니다. 불만정보는 용도에 따라 다른 방식으로 보고되어야 한다. 일선직원은 각 불만사례의 원인과 내용에 대해, 매니저들은 불만에 관한 통계값과 불만유형에 대해 관심이 많을 것이다. 국장 정도라면 고객불만 경향의 간단한 개요와 특별한 문제에 대해서만 알아도 된다.

VOC 전략	VOC 고도화 방향		프로세스 영역
경청	• 고객 편의 관점에서 VOC 수집채널 확보 • 대고객 접점(MOT)에 근거한 서비스 유형 분류 • 고객 정의 및 VOC의 확장된 정의에 따른 활용성을 고려한 유형 분류	❶	VOC 수집 · 분류
신속한 해결책	• VOC 유형별 자동 · 수동 처리 프로세스 관리 • VOC 유형별 처리 조직 R&R 정의를 통한 신속 · 정확한 응대 구현 • VOC 처리 현황의 실시간 모니터링 및 직관적 VOC 흐름 파악	❷	VOC 처리
VOC 자산화	• 고객 유형의 통계적 분석 툴 제공– 고객특성, 유형별 특성, 접점별 특성 • 처리 만족도 모니터링을 통한 피드백 프로세스 구현 • VOC 공유 및 개선 방안 수립으로 경영 활동에 반영	❸	VOC 분석 · 활용
VOC 내재화	• VOC 성과관리 지표(KPI) 설계로 VOC 운영 활성화 유도 • 전략적 접근으로 변화관리 방안을 수립하여 조기 안정화 달성	❹	VOC 활성화

그림 6-6 바람직한 VOC(소비자의 목소리) 관리체계

자료: 양정호(2010. 3). 콜센터 VOC의 이해 및 전략적 활용, 기업소비자정보. v.119, p.57

상담의 결과, 소비자의 목소리VOC; voice of consumer가 기업경영활동에 충분히 반영되기 위해서는 고도화된 VOC 관리체계가 갖추어져 할 것이다.

기업이 고객불만을 처리하는 방식은 기업이 제공하는 서비스이며, 고객불만을 분석하여 파악한 문제점은 시장조사의 중요 요소가 된다. 따라서 그 문제가 해당 기업의 시장점유율에 큰 영향을 주기 전에 그것을 분석하여 기업 발전을 도모할 수 있으며, 분석결과는 서비스 개선의 기회를 제공해주기도 한다.

3 기업 소비자상담부서의 역할

기업들이 소비자불만처리와 소비자 욕구 변화에 민감하게 대응하기 위해서는 소비자 업무를 담당할 조직이 필요하다. 기업 소비자상담부서의 명칭은 고객서비스부서, 콜센터 등 다양한 명칭으로 사용되고 있다.

1) 기업 소비자상담부서의 역할변화

대부분의 기업에서는 고객의 요구를 해결하기 위해 소비자상담부서가 있다. 고객들의 요구가 크게 증가하고 매우 다양해지고 있음에도 불구하고 아직도 소비자상담부서를 단순히 고객의 불만을 처리하거나 고객의 문의에 대해 응답하는 곳으로 생각하는 기업도 많이 있다.

최근에는 소비자상담부서가 고객과의 만남을 통해 고객의 서비스 경험에 긍정적 영향을 주어 판매증대를 기할 수 있으며, 더 나아가 고객과의 대화를 유도하고 그들의 생각을 경청할 수 있는 중요한 조직이라는 것을 점차 인식하고 있다.

특히 고객과의 관계구축을 위해서는 소비자상담부서의 역할이 매우 중요하다. 왜냐하면 기업과 고객 사이의 모든 접촉은 정보 수집과 향상된 서비스를 제공할 수 있는 기회이고, 기업과 고객의 관계를 증진시킬 수 있는 기회가 되기 때문이다.

표 6-1 소비자상담부서의 역할변화

과거	현재
• 비용센터 • 콜관리 • 상품·서비스 중심 • 분산 • 판매·판매 보조 • 고객 서비스	• 수익센터 • 관계관리(CRM) • 고객 중심 • 통합 • 마케팅 핵심 역할 • 고객접촉과의 관계

소비자상담부서는 사람, 프로세스, 기술, 그리고 전략이 한데 어우러진 시스템으로, 고객과 기업의 가치를 동시에 창조할 수 있는 상호작용이 가능한 다양한 커뮤니케이션의 수단을 공유하고 있다. 더욱이 오늘날의 발달된 과학기술은 음성, 화상, 데이터가 하나로 통합되게 하였고, 이에 따라 소비자상담부서의 업무도 실시간real-time으로 이루어지게 되어 그 중요성이 더 커지고 있다.

그러나 아직도 소비자상담부서를 단순히 고객 문의나 불만을 처리하는 곳으로 인식하여 '비용만 드는 센터cost center'로 생각하는 기업들이 많다. 이러한 인식 하에서 소비자상담부서를 운영할 경우에는 비용절감에만 몰두하게 되므로, 통합적인 관리전략을 세우기 어렵다. 소비자상담부서가 이러한 'cost center'로써의 위치에서 탈피하여 고객과의 만남을 통해 서비스 경험에 긍정적인 영향을 주고, 고객 정보를 축적하여 미래의 수익으로 연결시키는 '이익을 주는 센터profit center'로서의 역할을 하기 위해서는 발전된 소비자상담부서 관리전략이 요구된다.

최근 인터넷 기반의 CTIcomputer telephony integrate 솔루션이 가능해지면서 전화통화 중심이던 소비자상담부서의 업무영역이 전자우편, 인터넷 폰, 채팅, 메신저 등으로 다양지고 있다. 다시 말해 소비자상담부서가 과거에는 전화센터sales support telephone center에서 최근에는 온라인상에서 고객과 접촉하고 관계를 갖는 통합적인 고객접점센터integrated contact center customer online로 변모되고 있다.

기업의 소비자상담부서는 기업을 대표하여 소비자와의 의사소통할 뿐만 아니라 기업 내에서는 경영진에게 소비자에 관한 정보 및 의견을 전달하는 역할을 담당해야 한다.

① 제품안전과 디자인에 관한 의사전달

소비자상담실에서는 특히 제품의 안전과 디자인에서 소비자의 불만으로부터 얻은 문제를 고려하여 제품이 생산되도록 의사를 선달해야 한다. 최근 제품의 안전에 대한 관심이 점차 높아지는 반면 제품의 복잡화 등으로 소비자들이 제품 사용 시에 안전상의 문제가 발생할 가능성이 높으므로 제품의 안전한 사용을 위한 소비자의 기본 지식 등을 조사하여 생산에 반영할 필요가 있다.

② 산업표준의 설정

소비자상담실은 소비자의 불만을 통하여 품질의 표준 등에 관한 정보를 가질 수 있으므로 해당 기업을 포함하여 해당 산업의 표준을 설정하는 데 기준을 제공할 수 있다.

③ 기업광고의 시정과 보완

소비자가 기업의 광고를 보고 어떻게 판단하고 행동하는지는 매우 중요하다. 소비자상담실은 광고가 소비자에게 어떻게 비추어지는지 파악하고 이를 시정하고 보완하는 역할을 한다.

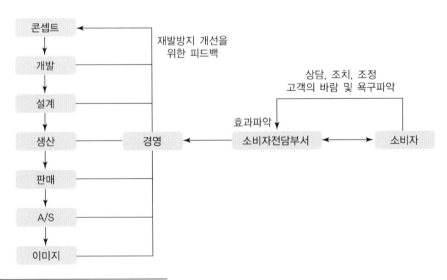

■ 그림 6-7 소비자전담부서의 역할

④ 행정기관과 소비자단체와의 연계성

기업의 소비자상담부서는 정부나 소비자단체와 지속적인 관계를 유지하고 의사소통을 해야 한다.

2) 소비자상담부서의 효율적인 운영

수많은 경영혁신 기법들이 도입 자체가 목적이 아니듯 소비자상담부서 또한 구축자체가 목적은 아니다. 최근 들어서 경쟁이 치열해지고 그에 따라 '고객은 곧 자산'이라는 인식이 확산되면서 고객관리차원에서 혹은 서비스차원에서 소비자상담부서를 구축하는 기업들이 급증하고 있다.

　모든 기업행동이 전략적 목표에서 시작하듯 소비자상담부서도 구축하고자 하는 명확한 목표를 설정하고, 그 목표를 수행할 수 있도록 인적·물적 자산을 효율적으로 배치하고 활용해야 한다. 소비자상담부서를 단순히 고객의 문의상담이나 불만처리를 접수하는 곳으로 생각하고 고객서비스를 위한 비용만 발생하는 곳으로 인식하는 경우가 종종 있으나 이제는 발상의 전환이 필요한 때이다. 소비자상담부서를 마케팅 활동의 중추역할을 수행하는 전략적 기지로 활용하기 위해서는 전략, 운영, 인적 자원, 작업환경 4가지가 갖추어져야 한다.

(1) 적절한 전략 수립

소비자상담부서의 목표를 어떻게 설정하는지에 따라서 필요한 인적·물적 자원이 결정되며 모든 세부 행동지침이 결정된다. 예를 들어, 소비자상담부서를 고객 사후서비스after service를 위한 곳으로 인식하면 모든 고객의 문의에 대해 신속, 정확, 친절하게 응답하는 것이 주요 목표일 것이다. 이에 따라 목표를 달성하기 위한 행동지침이 결정되고 평가 및 그에 따른 보상체계도 마련될 것이다. 반면에 소비자상담부서를 고객과의 관계를 위한 곳으로 인식하면 목표가 달라질 것이고, 이에 따라 행동지침, 평가 및 보상체계도 달라질 것이다.

(2) 체계적인 운영

소비자상담부서는 회사의 마케팅의 핵심 역할을 하는 곳으로, 이를 위해서는 다른 부서와 원활하고 신속한 커뮤니케이션이 이루어지도록 설계되어야 한다.

고객의 불만과 욕구 등을 듣고 조치하고 하는 등 일련의 고객상담활동이 완벽하다고 해서 소비자상담기능이 탁월하다고 단적으로 얘기할 수는 없다. 앞에서도 언급했듯이 그러한 고객들의 불만이 다시는 발생하지 않도록 방지하는 활동이 더 중요한 것이다. 여기에는 대체로 기획, 개발, 생산, A/S 부서 등과 정보를 공유하여 고객의 욕구에 부응하는 경영을 하는 것이다.

이러한 패턴은 보통 횡적 피드백 방식인데, 이와는 반대로 종적 피드백 방식을 통해 그것을 달성하기도 한다. 예컨대 고객의 욕구, 회사의 현재 상태, 기업의 추진해야 할 과제·목표 등을 최고경영자에게 투입시켜 하부조직으로 하여금 그 목표에 도달토록 종용하는 방식인 것이다. 그러나 어느 한 쪽 방향으로만 치우치기보다는 기업의 상황과 현실에 맞게 융통성 있게 조화를 이루어가며 효과적으로 추진하는 것이 중요하다.

(3) 소비자상담사의 만족

소비자상담사는 최전방에서 고객과 접점을 형성하고 있다. 스칸디나비아 항공사의 얀 칼슨 회장은 결정적 순간MOT; moment of truth이라는 말을 사용하였다. 고객과 최전방에 서 있는 최일선 종업원들의 고객을 대하는 태도는 5초 이내에 고객에게 회사의 전체적인 이미지를 심어 준다는 것이다.

소비자상담부서의 최일선 종업원은 소비자상담사이다. 소비자상담사들이 고객을 만족시키고 더 나아가 고객을 감동시켜 회사의 열광적인 팬이 될 수 있도록 하기 위해서는 소비자상담사의 만족이 급선무이다. 고객이 가장 큰 자산이라면 이들과 접촉하고 있는 소비자상담사도 핵심 자산이다. 기존의 피라미드 탑다운 top-down 구조에서 벗어나 소비자상담사에게 보다 많은 권한과 창의적 사고를 발산할 수 있도록 역피라미드 다운탑down-top 구조가 바람직하다.

(4) 효과적인 작업환경

소비자상담부서도 다른 여러 공장 및 사무실의 작업장과 마찬가지로 인간공학적으로 설계되어야 한다. 소비자상담사는 온종일 상담석에 앉아서 고객의 문의와 불만에 대해서 응대를 해야 하는 상당히 목에 부담이 가는 업무를 한다. 소비자상담부서의 업무효율과 동작의 편리성을 위해서 소비자상담부서의 환경을 최적의 장소로 만들어야 한다. 그리고 상담원과 관리자의 수작업을 줄이고 콜센터의 생산성 향상과 신속한 업무 프로세스 구축을 위해서 어떤 하드웨어H/W와 소프트웨어 S/W 등의 정보기술IT이 필요한지도 적극적으로 검토되어야 한다.

소비자상담 결과가 효율적으로 기업경영에 반영되기 위해서 소비자전담부서에 다음과 같은 권한과 기능을 주어야 할 것이다.

첫째, 소비자불만이나 문제를 해결·관리할 수 있는 권한을 주어야 한다.

둘째, 구매자나 사용자의 제품만족도를 파악하고 소비자불만 요소를 탐색할 수 있는 정보시스템이 있어야 한다.

셋째, 정책 수립 시 소비자를 대변·옹호해야 하며, 자사의 마케팅 프로그램에 대해 독자적으로 평가할 수 있어야 한다.

넷째, 사회적 목표를 설정하고, 설정된 목표에 따라 활동과 업적을 평가해야 한다.

기업의 소비자 관련 부서의 기능을 객관적으로 평가하기 위한 내용을 160쪽 생각해 보기에 제시하였다. 이 분석을 통하여 현재 각 기업의 소비자 관련 부서의 활동 중에서 무엇이 부족한지를 구체적으로 알 수 있을 뿐만 아니라, 따라서 앞으로 더욱 강화되어야 할 방향과 단계 등을 설정하는 지침으로 활용될 수 있을 것이다.

생각해 보기

학번 : _____   이름 : _____   제출일 : _____

01 고객불만처리 절차와 양식이 노인이나 교육수준이 낮은 고객들에게도 잘 이해
될 수 있을 만큼 간단하고 쉬운가?

02 직장에서 퇴근한 사람들도 이용할 수 있게 충분히 늦게까지 고객상담실을 열어
놓는가?

03 고객불만을 해결하는데 대개 시간이 얼마나 걸리는지 알고 있는가? 경쟁 기업의
경우 걸리는 시간은 얼마인지 알고 있는가? 모른다면 왜 모르고 있는가?

04 고객불만을 접수한 시간과 실제로 접수했다고 기록한 시간이 같은가? 만일 다르
다면 그 이유는 무엇인가?

05 고객불만처리 시스템은 공정한가? 사람들이 정말로 그것을 믿고 있는가? 아니면
여러분이 공정함을 증명해야 할 처지인가?

06 회사의 고객서비스 담당부서 연락처가 전화번호부에 나와 있는가? 그 번호는 사
람들이 쉽게 알아볼 수 있을 만큼 큰 글씨로 인쇄되어 있는가?

07 수신자 부담 전화를 가지고 있는가? 그 정보를 제품설명서나 서비스 설명서에
적어 놓았는가?

08 고객이 전화하면 직원이 먼저 자신의 이름을 밝히는가?

09 수취인이 요금을 부담하는 우편엽서제를 시행하고 있는가?

10 고객불만을 환영하는 홍보물을 만들고 있는가? (즉, 제품판촉을 위한 판촉물을 만드는 것처럼 고객불만을 고무시키기 위해서도 노력하는가?)

11 고객불만의 처리 결과를 고객에게 편지를 써서 설명해 주는가? 이때 어떠한 경우에도 감사하다는 말을 쓰는가?

12 직원은 전문적인 고객불만처리 훈련을 받은 사람인가? 훈련을 받으면 그들은 어떤 이익을 얻는가? (이 대답은 직원에게 직접 물어보았는가? 아니면 단지 추측한 것인가?)

13 고객불만처리 업무를 하는데 스트레스가 쌓이는가? 스트레스를 감소시키기 위해 직원에게 어떤 지원을 해주는가?

14 불만을 표시해 본 경험이 있는 사람들을 대상으로 정기적으로 고객만족을 측정하는가?

15 지난해 고객불만처리에 든 비용은 얼마인가? 고객불만을 잘 처리해서 회사 차원에서 얼마의 비용을 절약할 수 있었는가?

16 고객불만의 내용을 정기적으로 분석하는가? 중요한 결론은 관련 직원들에게 알려주는가? 누가 분석자료를 체크하고 필요한 변화를 주도하는가?

17 적어도 임원 중의 한 사람은 고객불만처리 담당자가 누구인지 알고 있는가? 누가 적임자인지에 대해 임원들이 최근에 논의한 적이 있는가?

Consumer Counselor

고객관계경영과
고객만족조사

소비자들은 재화나 서비스를 구매하면서 또는 구매하여 사용하면서 만족이나 불만족을 느끼게 된다. 소비자만족·불만족은 소비자 측면에서는 소비자복지와 관련된 것으로 사회전반에 대한 만족·불만족의 지표가 된다. 기업에서는 고객만족·불만족은 기존 고객의 유지, 그리고 기업의 이익과 높은 상관관계가 나타나서 효율적인 마케팅 관리를 위해서 매우 중요하다.

이러한 고객만족·불만족은 상품 자체에 의해서만 결정되는 것이 아니라 상품이 제공되는 서비스와 기업의 이미지 등과 같은 간접적 요소에 의해서도 영향을 받는다. 최근 들어 기업들은 기존 고객을 유지하는 것이 새로운 고객을 창조하는 것보다 비용이 훨씬 적게 든다는 것을 알고 고객만족을 높이고, 고객에 대한 서비스를 위해 노력하고 있다. 이러한 노력이 어느 정도 성과를 거두고 있는지에 대한 것이 정기적으로 정확하게 비교·검토되어 기업경영에 반영되어야 할 것이다.

지금까지 기업이 추구하는 가치와 고객, 사회가 요구하는 가치는 서로 대립되어 오면서 소비자들은 사회적 문제를 야기하는 기업을 찾지 않게 되었다. 미래 시장에서는 기업과 고객이 서로 분리된 객체가 아니라 하나의 공동체로 발전되는 것이다.

기업 소비자상담의 궁극적인 목적이 고객만족을 향상시키는 것이므로 이 장에서는 고객관계경영, 기업의 사회적 책임과 최근 화두가 되고 있는 공유가치 창출, 그리고 고객만족의 측정에 대해 살펴보고자 한다.

1 고객관계경영

1) 고객에 대한 이해

고객제일주의, 고객만족, 고객서비스 개선 등 고객에 대한 말은 많이 하지만 고객 자체에 대한 이해는 부족한 것 같다.

칼 알브레히트는 '고객은 자기중심적이다The customer is self-centered'라고 표현하고 있다. 고객에 대한 이해를 위해서 칼 알브레히트(1988)의《미국의 서비스At America's Service》에 나오는 표현이나 관련 자료를 중심으로 고객에 대해 종합 정리해 보자.

- 고객은 자기중심적이다. 따라서 고객은 자기가 안고 있는 문제해결에만 관심이 있다.
- 고객은 머릿속에 보이지 않는 보고카드invisible report card를 가지고 다닌다. 고객은 자기가 느낀 불만을 머릿속에 있는 보고카드에 자세히 기록한 후 이 기록이 지워지기 전에 그 사실을 아는 사람에게 이야기한다. 이 카드에는 자기의 경험뿐만 아니라 주위 사람의 불만사례도 함께 기록해서 항상 선택의 기준으로 삼는다.
- 고객은 불만을 회사에는 말하지 않는 경향이 있다. 따라서 불만을 회사에 말하는 까다로운 고객은 귀찮은 존재가 아니라 회사발전의 원동력이라고 재인식해야 한다.
- 고객은 제일선 사원과 접촉한다. 고객은 제일선 사원이 고객을 직접 대하기 때문에 이들에게 많은 교육과 훈련, 그리고 권한이 부여되어야 한다.
- 고객은 회사의 가장 중요한 자산이다. 보통 회사는 대차대조표 자산란에 유형, 무형의 자산과 현금, 유가증권 등을 숫자로 표시하고 있다. 스칸디나비아 항공사SAS의 얀 칼슨 사장은 "우리가 자산으로 정말 기록해야 하는 것은 작년 한 해 동안 SAS를 이용하여 만족을 얻은 많은 손님이다. 왜냐하면 그들만이 우리가 획득한 자산이기 때문이다. 그들은 우리의 서비스에 만족하고 있고 또 기꺼이 이용하며 우리에게 돈을 지불해 주기 때문이다. 아무리 많은 비행기를 보유하고 있을지라도 아무도 SAS를 이용하고 싶지 않다고 한다면 비행기는

무용지물에 지나지 않는다."라고 이야기하고 있다. 즉, 고객은 눈에 보이지 않는 가장 중요한 자산이다.

- 고객은 다음의 것을 원하고 있다. 첫째, 관심과 정성이다. 둘째, 비난이나 거절, 변명이 아닌 공평한 처리이다. 셋째, 유능하고 책임 있는 일 처리이다. 넷째, 즉각성과 완벽성이다.
- 고객우선주의는 하향식top-down이어야 한다. 고객에 대한 질 높은 서비스는 위에서부터 시작되어야 한다.

다음 표 7-1은 고객을 고객의 행태에 따라 9가지 유형으로 분류한 것이다.

표 7-1 **고객의 분류**

유형	주요 내용
구매용의자 (suspect)	자사의 제품이나 서비스를 구매할 수 있는 능력이 있는 모든 사람으로 구매할 의사를 가진 것 같기도 하고 전혀 없는 것 같기도 하여 구분하기가 애매모호함
구매가능자 (prospect)	자사의 제품이나 서비스가 필요하고 구매능력이 있는 자로 비록 자사의 제품을 사거나 서비스를 이용하지 않았더라도 자사의 제품, 서비스에 대해 알고 있거나 추천을 받은 자
비자격잠재자 (disqualified prospect)	구매가능자 중에서 자사의 제품, 서비스에 대하여 필요성을 느끼지 못하거나, 구매할 능력이 없다고 확실하게 판단되는 자
최초구매자 (first-time customer)	자사의 제품, 서비스를 1회 구매한 사람으로 아직은 완전한 고객이라기보다 고객이 될 수도 있고, 경쟁사의 고객이 될 수도 있는 자
반복구매자 (repeat customer)	자사의 제품, 서비스를 적어도 2회 이상 구매한 자
단골고객 (client)	자사가 제공하는 제품, 서비스 중에서 이용 가능한 모든 제품 서비스를 자사 카드로 구매하는 자로 충성고객의 자격이 있다고 볼 수 있음
옹호고객 (advocate)	단골, 고정고객으로 역할하고 다른 사람들에게도 자사의 제품, 서비스를 권유하는 자로 마케팅활동을 지원해주는 자비활동고객임
비활동고객 (inactive client)	자사 고객이었던 사람 중에서 정기적인 구매를 할 시기가 지났는데도 더 이상 구매를 하지 않는 자
탈락고객 (lost client)	자사 제품, 서비스를 확실하게 사용하지 않는 자로 각종 홍보, 우대서비스 제공 등에서 제외되어야 하는 자

2) 고객관계경영의 변천

1970년대만 해도 기업은 소비자를 수동적 구매자로 인식하였다. 기업이 만들어 공급하는 상품을 고객이 비슷한 욕구를 가지고 수동적으로 구매하고, 기업과 고객 간의 관계는 획일적으로 물품이 고객에게 일방적으로 팔리는 단순한 판매의 관계로 보았다. 1980년대 들어 시장경쟁이 치열해지면서 기업은 고객의 중요성을 제대로 인식하기 시작하였다. 즉, 공급이 수요를 초과하고 소비자의 파워가 증대되면서 기업의 품질관리quality control에 대한 관심이 고조되었다. 이는 품질관리 경쟁을 가져왔고, 품질 차별화가 어려워지자 경영자들은 고객서비스와 고객만족CS; customer satisfaction의 중요성을 인식하게 되었다. 이에 등장하게 된 경영 마인드가 고객만족경영CMS; customer satisfaction management인 것이다.

1990년대 정보기술의 진보에 따라 데이터베이스 마케팅data base marketing이 등장하게 되었다. 고객만족경영의 일률적 마케팅 캠페인으로는 다양화, 개성화된 고객 요구를 충족시키기에 역부족이었다. 그래서 기업은 고객과 관련된 내외부 자료를 이용하는 데이터베이스 마케팅을 시도하게 되었고, 이는 고객데이터를 주로 관리 목적으로 사용한 것이었다. 하지만 시장의 분류가 기업의 시각에서 일방적, 인위적으로 이루어졌다.

1990년대 후반 고객관리가 기업의 성과와 생존에 직접적 영향을 미치게 되어 고객관계경영이 등장하였다. 기존의 가치사슬이 '공급자 → 판매활동 → 고객'의 방향에서 최근 '고객 → 고객·기업 간 채널 → 경영'으로 변하면서 고객은 네트워크의 능동적 참여자가 되었다.

고객관계경영CRM; customer relationship management이란 고객관계관리를 말하는 것으로, 선별된 고객으로부터 수익을 창출하고 장기적인 고객관계를 가능케 하는 마케팅을 말한다. 즉 CRM은 고객과 관련된 기업의 내·외부 자료를 분석·통합하여 고객특성에 기초한 마케팅활동을 계획하고, 지원하며, 평가하는 과정이다.

CRM은 크게 경영환경의 변화, 그리고 정보기술의 발전에 따라 고객에 대한 가치가 변화되어 나타나게 되었다.

고객에 대한 가치 변화

- "실제로 기업에 수익을 가져다주는 고객은 20%의 고객이다. 나머지 80%의 고객은 잠재 수익력이 20% 이하에 불과하다" - AMR 리서치
- "새로운 고객을 획득하는 비용은 기존 고객을 유지하는데 드는 비용의 3~5배가 소요된다."
- "미국의 기업들은 5년마다 자사 고객의 절반을 잃는다." - 하버드 비즈니스 리뷰(Havard Business Review)
- "만족한 고객은 그 경험을 새로운 5명의 고객에게 이야기하고 그 이야기를 들은 고객은 그렇지 않은 고객에 비해 6배 정도 기업에 이익을 준다."
- "만족한 고객은 일반 고객에 비해 50% 더 기업의 제품을 구매한다."

기업에서는 위와 같은 일련의 자료들을 통해 수익이 되지 않는 고객에게 많은 광고와 마케팅비용을 투자하는 것이 얼마나 소모적인 것인지에 대해 깨닫게 되었다. 즉, 모든 고객이 똑같은 고객은 아니라는 것이다. 고객 중 기업에게 수익을 가져다주는 고객은 전체의 일부에 지나지 않으며, 이러한 고객은 지속적으로 투자해야 할 대상이다. 이들 고객을 유지하는 활동을 하는 것이 신규 고객을 획득하기 위해 투자하는 것보다 훨씬 적은 비용으로 높은 효과를 얻을 수 있다. 따라서 회사의 고객층을 파악하고 세분화해서 이익을 높이는 방향으로 마케팅활동을 전개하기 시작한 것이다. CRM은 고객데이터의 세분화를 실시하여 신규 고객 획득, 우수고객 유지, 고객가치 증진, 잠재고객 활성화, 평생고객화와 같은 사이클을 통하여 고객을 적극적으로 관리하고 유도하며 고객의 가치를 극대화시킬 수 있는 전략을 말한다.

앞서 우리는 CRM의 정의를 살펴보았는데, 그렇다면 기업이 CRM을 실시해야 하는 이유는 무엇인가?

첫째, 기존의 마케팅 방식은 마케팅 부서만의 마케팅이었다. 특히 기존의 마케팅 투자는 뚜렷한 방향이나 본질적인 필요조건을 정의하지 못한 채 변하는 시장 환경을 따라잡는데 급급하였다. 이러한 마케팅의 방향을, 환경을, 제도를 바꾸는 방안이 CRM이다.

고객에 대한 중요성을 마케팅의 전면에 배치하여 사내 고객과 관련된 부서(예를 들면 콜센터, 영업부서, 서비스센터, 마케팅 등)에서 발생한 모든 정보의 방향

80 대 20 법칙

80%의 효과는 20%의 노력으로 얻는다는 법칙으로 경제학자인 빌프레도 파레토(Vilfredo Pareto)가 소득과 부의 관계를 연구하다가 발견했다. 이를 개별 기업에 적용하면 20%의 제품이 전체 매출이나 이익의 80% 이상을 차지하고 전체 고객 중 핵심 고객 20%가 매출의 80% 이상을 소비하는 현상을 해석할 수 있다.

이 법칙을 통해 기업은 생산·재고관리에서 핵심 사업군을 정하고 중요 제품과 고객을 집중 관리하여 경쟁력을 높여야 한다는 결론을 얻을 수 있다.

개인에게 80 대 20 법칙은 20%의 중요한 일에 노력을 집중하여 성공적인 삶을 살 수 있다는 것으로 시간관리에서 긴급성보다는 중요도에 따라 행동해야 한다는 의미이다.

삼성카드는 1,350만 명의 고객을 VIP, 초우량, 우량, 예비, 일반, 관리, 신규 등 7등급으로 나눠 관리하고 있으며 이 중 VIP, 초우량, 예비등급의 고객이 명수로는 20%에 불과하지만 수익의 70%를 차지한다. 미국의 신용카드 업계도 상위 20%의 고객이 회사 이익의 76%에 기여하고 장거리 전화고객도 상위 고객의 36%가 회사수익의 89%에 기여한다. 이른바 20%의 고객이 80%의 매출과 이익을 차지한다는 '80 대 20의 법칙'이 국경과 업종에 상관없이 적용되는 것을 알 수 있다.

과 프로세서와 사내 마인드를 고객관계에 역량을 쏟아 넣는 것이다.

둘째, 현재 각 기업들은 기존 고객을 유지하려는 것보다는 신규 고객을 획득하려는데 마케팅의 초점을 두고 있다. 그러나 기존 고객을 유지하는 것이 신규 고객을 창조하는 것보다 훨씬 적은 비용으로 효과를 거둘 수 있으므로 기존 고객의 요구를 파악하려는 데 노력을 기울여야 할 것이다. 실제로 퍼스트맨해튼컨설팅그룹First Manhattan Consulting Group이나 라이할트앤새서Reichheld & Sasser에 의한 '회사를 떠나는 고객의 5%만 줄이더라도 기본 수익의 2배를 얻을 수 있다', '우수고객 10%가 전체 매출의 80%를 기여한다' 등의 보고가 나와 있듯이 기존 고객의 요구를 파악하는 것은 매우 중요하다.

셋째, 신규 고객을 확보하기 위해서는 고객에 대한 요구를 충분히 파악하기 위해서 필요하다. 고객에 관한 정보는 하루가 멀다 하고 변하기 때문에 '어떻게 고객을 세분화할 것인가, 어떻게 목표고객을 설정할 것인가, 목표고객에 대한 포지셔닝positioning은 어떻게 실시할 것인가, 고객에 대한 수익을 어떻게 증가시킬 것인가'라는 문제에 대한 해답을 제공하기 위해서 필요하다.

넷째, 지속적으로 고객에게 서비스를 제공하기 위해서이다. 즉 고객에 대한 정보가 있어도 어떻게 서비스를 실시해야 할지를 모르고 있다. 어떠한 방향으로 고객을 만족시킬 것인지에 대한 대책이 없다면 고객을 위한 아무리 좋은 투자라도 무용지물이 될 것이다. 지속적인 관리방안을 통한 장기적인 계획수립을 통해 고객을 관리해야 한다.

다섯째, 회사 전체가 고객 지향적이 되기 위해서 필요하다. 더 나은 고객을 위해서라면 사내 어느 부서에 근무하는 누구라도 항상 고객을 위해, 고객에 대한 준비가 있어야 한다. 예를 들어, A/S 부서에 근무하는 직원이야말로 고객을 가장 자주 접하는 사람이므로 이 직원은 자주 방문하는 모 아파트 단지 내 고객들의 특성과 정보, 취향을 가장 많이 알고 있다. 그러나 대부분의 기업에서는 가장 확실하고, 가장 신뢰할 수 있는 정보임에도 불구하고 이러한 정보를 제대로 활용하지 못하고 있다. 고객의 불만, 특징, 취향 등의 정보를 마케팅 부서에서 활용한다면 직접적인 시장의 변화를 느낄 수 있으며, 고객의 변화를 통한 새로운 마케팅이 가능하게 될 것이다.

이처럼 CRM은 바로 고객과의 관계relationship를 바탕으로 평생고객가치인 LTVlife time value를 극대화하는 것이다. 단순하게 고객과의 관계에 머무르지 않고 신규 고객 및 기존 고객의 다양한 고객접점을 활용하여 여기서 발생한 수많은 데이터를 정리 분석해 마케팅 정보로 변환하여 고객의 구매 관련 행동을 지수화하고, 이를 바탕으로 마케팅 프로그램을 개발, 실현, 수정하는 고객 중심의 경영기법을 의미한다. 다양한 고객접점에는 영업사원의 고객접촉, A/S 직원의 방문, 착신콜inbound call(고객으로부터 걸려온 전화), 발신콜outbound call(고객에게 판매촉진을 위해 건 전화 등)이 있다.

3) 고객관계경영과 정보기술

CRM을 구현하기 위해 다음 3가지의 정보기술, 고객정보(고객데이터 웨어하우스), 분석(데이터 마이닝), 그리고 이를 활용하는 마케팅 채널TM, DM(대리점 등)이 필요하다.

첫째, 고객 통합 데이터베이스가 구축되어 있어야 한다. 기업이 보유하고 있는 고객과의 거래 데이터와 고객서비스, 웹사이트, 콜센터, 캠페인 반응 등을 통해 생성된 고객반응정보, 인구 통계학 데이터를 데이터 웨어하우스 관점에 기초하여 통합한다. 즉, CRM을 위해서는 고객정보가 회사 전체에 공유될 수 있는 시스템이 갖추어져야 한다. 고객이 생각하고 표현하는 말을 전부 사내 정보망을 통해 공유하며, 이 정보가 충분히 분석된다면 향후 고객에 대한 마케팅을 실시할 때에 고객에 대해 훨씬 더 다양하고 의미 있는 분석을 실시할 수 있게 된다.

둘째, 고객특성을 분석하기 위한 데이터 마이닝data mining 도구가 준비되어야 한다. 구축된 고객 통합 데이터베이스를 대상으로 마이닝 작업을 통해 고객 특성을 분석한다. 널리 알려진 RFMrecency, frequency, monetary 분석방식이나 LTV 분석과는 달리 데이터 마이닝 작업은 고객 개개인의 행동을 예측하기 위한 목적으로 모형을 구축하는 것predictive behavioral modeling으로 신경망neural network과 같은 다양한 분석 모형을 활용하게 된다. 대용량 데이터를 분석하여 차별화된 정보를 획득하는 것은 마케팅 우위를 차지하는 데 있어 매우 중요하다.

셋째, 분석을 통해 세워진 전략을 활용하는 다양한 마케팅 채널과의 연계를 들 수 있다. 마케팅 채널로는 영업(대리점, 영업점), 콜센터, 캠페인 관리, 고객서비스 센터의 시스템을 통해 활용될 수 있다. 분류된 고객 개개인에 대한 특성을 바탕으로 해당 고객의 접점이 발생하는 곳에서 전략에 따라 다양한 형식으로 관련 부서 및 사용자의 목적에 따라 이용될 수 있다.

CRM을 구현하는 정보기술은 회사 전체에 연계되어 있어서 기업의 수익을 가져다 줄 수 있는 고객관계를 위해서라면 사내 어느 부서에서 근무하는 누구라도 항상 고객을 위해 사용할 수 있어야 한다.

2 기업의 사회적 책임과 공유가치 창출

기업의 사회적 책임CSR; corporate social responsibility은 오랜 기간 경영의 핵심 이슈로 자리 잡았다. CSR이라는 용어 자체는 기업과 사회 및 책임이라는 단어를 모은 것으로 기업과 사회의 관계를 의무라는 측면을 시사하고 있다.

1) 기업의 사회적 책임

기업의 목적은 무엇이고 사회적 책임의 범위는 어디까지인지 대해 캐롤(Carroll, 1979)은 기업의 사회적 책임과 관련해 경제적 의무, 법적 및 윤리적 의무 및 박애적 의무를 소개한 바 있고, 이를 다시 경제적 책임, 법적 책임, 윤리적 책임 및 자율적 책임이라는 계층구조로 제안한 바 있다.

사회적 의무에 대한 범위를 구분해 보면 다음과 같이 정리할 수 있다.

(1) 법적 및 경제적 의무

현대사회에서는 수많은 기업이 시장을 구성하고 있고, 기업들은 이윤창출을 통해서 경제발전에 기여하게 된다. 따라서 이 시기 기업의 사회적 책임은 주어진 법적 의무를 준수하면서 기업의 이윤을 창출하는 것이었다.

(2) 이해관계자에 대한 의무

여러 기업들이 이윤을 추구하기 위해 경영활동을 전개하게 되고 그 결과 다양한 문제점들을 야기하게 되었다. 이 시기 기업의 경영활동이 가져다주는 문제점으로 종업원의 착취, 지역사회에 대한 오염, 자원의 고갈 및 환경의 훼손 등이 부각되었다.

이러한 문제점들은 기업의 경영활동과 직접적으로 연관성을 갖고 있기 때문에 기업은 이에 대한 윤리적인 의무를 인식하게 된다. 즉 기업은 이러한 문제점을 최소화하고 훼손된 것을 회복하기 위한 활동을 전개할 필요성을 인식하게 된 것이다. 국내에서 대표적인 사회공헌 활동으로 인정받고 있는 유한킴벌리의 '우리 강산 푸르게' 캠페인은 바로 이런 관점에서 시작되었다고 볼 수 있다.

기업이 경영활동을 전개하면서 관계되는 이해관계자의 범위도 점점 더 넓어지고 있는데, 여기에는 종업원, 투자자, 미디어, 정부, 공급업체, 중간상, 지역 커뮤니티, 고객들이 있다. 앞서 언급한 법적 및 경제적 의무는 기업의 의무가 주주들에 국한되었다면, 여기서는 기업이 관계하는 다양한 구성원들의 요구에 관심을 기울여 최종고객에게 제공하는 가치를 높여 주어야 한다고 강조한다. 따라서 이 시기 사회공헌 활동은 수동적이고 그에 수반된 예산은 비용으로 인식되었다.

(3) 사회적 의무

자본주의 개념이 확대되면서 사회에서는 소득의 양극화, 빈곤층의 확대, 청년 실업의 등장, 대기업과 중소기업의 격차 확대 등과 같이 사회적으로 바람직하지 않은 현상들이 목격되고 있다. 앞서 언급한 바 있는 환경적 문제점과 달리 이러한 사회적 문제점들은 기업의 경영활동에 의해 직접적으로 야기되었다고 보기 어렵다.

그러나 기업은 자신의 이윤이 수많은 소비자들의 제품이나 서비스의 구매를 통해 창출되고 있고, 이들 소비자 중 일부 계층이 겪고 있는 어려움에 대해 간접적인 책임을 인식하게 된다. 특히 소득의 양극화라는 사회적 문제점이 대두되면서 기업들은 이윤의 일부를 사회로 환원하는 데 관심을 갖게 되고 자선적 의미에서 사회공헌 활동을 전개하기 시작하는데, 그 대상은 주로 극빈자, 장애인 등 소외계층들이다.

기업이 창출한 이윤의 일부를 이에 기여한 사회구성원에게 환원하는 것이다. 이 시기부터 기업의 사회공헌 활동은 투자적인 관점을 갖게 된다. 기업은 자선적 활동을 통해 일반 공중과의 우호적 관계를 형성하고 '착한 기업'이라는 이미지를 형성하여 장기적인 관점의 이윤창출을 기대하는 것이다. 이 시기에도 기업의 목적은 이윤극대화에 있으나 사회적 책임의 범위가 법적 및 윤리적 의무에서 사회적 책임으로 확대되었다고 볼 수 있으며, 사회공헌 활동에 자발적으로 투자하기 시작했다고 할 수 있다.

최근 기업의 사회공헌 활동을 자선에서 박애의 개념으로 전환시키고 있다. 과거 자선의 목적이 이타심에서 소외층의 현재 어려움을 줄여 주는 것이라면, 박애의 목적은 조직적이고 체계적인 활동으로 그들의 근본적인 문제점을 해결해주어 인간의 삶의 질을 향상(예: 학교 설립과 교육을 통해 근본적인 문제의 해결책을 찾고자 함)시키고자 하는 것이다.

2) 공유가치 창출 개념으로의 진화

앞서 사회적 책임이 법적, 윤리적, 사회적 의무로 확대되고 그에 따라 기업들은 사회공헌 활동을 전략적 요소로 활용하고 있는 것을 살펴보았다. 이러한 기업의 사회공헌 활동은 가치구현의 시대가 도래하면서 공유가치 창출이라는 새로운 방향으로 진화되고 있다.

공유가치 창출CSV; creating shared value은 하버드대학교의 마이클 포터 교수 등이 2011년 처음 주장하였다. 자본주의로부터 파생된 여러 사회적 문제점들을 인식하고 어떻게 하면 해결할 수 있을지에 대한 답변이었다. 사회공헌 활동의 일환으로 하고 있던 기존 기업의 사회적 책임CSR의 이념을 넘어, 문제를 해결하면서 동시에 기업의 성장을 함께 이룰 수 있는 새로운 개념으로 소개되었다. 즉 기존에는 기업들이 이윤창출 후 수익의 일정부분을 사회에 환원하여 사회적 책임을 감당했다면, 이제는 기업의 수익창출 활동 안에서 사회적 가치를 창출하여 기업과 사회가 동시에 경제적 수익을 향유하자는 것이 기본 개념이라고 할 수 있겠다.

(1) 공유가치 창출 개념의 등장 배경

시장에는 기업과 소비자가 있고 이들을 중심으로 산업을 구성하고 있으며 이들은 모두 환경의 변화에 영향을 받는다. 이를 정리하면 기술환경의 변화에 의해 소비자와 기업 간의 관계에서 역할변화 또는 지위의 역전 현상이 나타나고 있으며 그에 따라 새로운 산업을 태동시키고 있다. 즉 기업의 경영 패러다임이 가치 중심의 시대로 발전되고 있는데, 이러한 배경을 간략히 요약하면 다음과 같다(유창조, 2014).

① 기술 환경의 변화

정보통신기술이 발전되어 정보화 시대로 접어들면서 소비자는 다양한 정보를 접할 수 있게 되고 현명한 소비자로 거듭나게 되었다. 이러한 정보통신기술은 개인과 집단이 서로 연결되고 상호작용할 수 있는 기회를 제공하게 되었다.

한편, 이러한 정보화 기술이 시장의 본류로 진입하면서 표현형 소셜 미디어(예: Blog, Twitter, YouTube, Facebook 등)와 협력형 소셜 미디어(예: Wikipedia, Rotten Tomatoes, Craigslist 등)가 등장하게 되었고, 이들은 연결성과 상호작용성을 증가시켜 소비자들에게 새로운 경험 영역을 제공해 주고 있다.

② 소비자의 역할 변화

이러한 새로운 기술들에 접하면서 소비자들은 생활양식을 바꾸고 있다. 새로운 기술로 소비자들은 확대된 네트워크를 확보할 수 있게 되고, 불특정 다수에게 자신을 표현할 수 있는 미디어를 확보하게 되었으며 더 나아가 다른 사람과 협력할 수 있는 기회를 갖게 된 것이다. 그 결과 소비자들은 참여와 협력의 시대를 경험하게 된다.

이와 같이 소비자가 참여와 협력 시대로 진입하면서 소비자의 역할이 변화되고 있다. 소비자는 불특정 다수의 다른 소비자와 시장에 있는 정보를 공유하면서 주도적으로 상품을 선택하고 있으며 기업의 활동에 참여하는 강력한 소비자로 거듭나고 있다. 이를 반영하듯 소비자가 상품생산에 참여(예: prosumer)하고, 스스로 판매원 역할을 수행(예: salesumer)하기도 한다. 더 나아가 기업과 소비자가 함께 협력하여 제품을 생산하는 현상도 목격되고 있다

③ 소비자·기업의 지위 변화

과거의 기업과 소비자의 관계는 기업이 주도하여 정보와 제품을 제공하는 것이었다면, 이제는 소비자가 기업에 아이디어를 제공해주거나 기업에 자신들이 원하는 것을 요구하는 현상이 나타나고 있다. 따라서 기업과 소비자의 관계 모형도 기업 중심에서 소비자 중심 모형으로 바뀌고 있다.

④ 산업의 재편

디지털 기술의 융복합화 현상은 시장과 산업에 지대한 영향을 미치면서 산업과 산업의 결합 또는 더 나아가 새로운 산업의 등장을 보여주고 있다.

과거 미디어 산업은 신문, 방송, 통신으로 명확하게 구분되어 있었다. 그러나 디지털 기술의 등장으로 하이브리드 미디어(예: 신문과 인터넷의 결합, 방송과 통신의 결합 등)가 등장하였다. 과거 각 사업자들은 서로 분리된 시장에서 사업을 전개해 왔다면 서로 다른 산업에 속한 사업자의 결합형 서비스를 제공하면서 경계가 허물어진 것이다. 즉 서로 다른 산업에 속한 사업자들이 새로운 사업모델을 모색하면서 새로운 산업을 개척하기 위해 노력하기 시작한 것이다.

(2) 공유가치 창출 시대의 도래

시장에는 고객과 기업이 있고 이들은 사회의 주요 구성원이다. 지금까지 기업이 추구하는 가치, 고객이 원하는 가치 및 사회가 요구하는 가치들은 서로 어울리기보다는 대립되었다. 왜냐하면 기업의 목적은 이윤창출이었기 때문이다. 그러나 이윤창출만을 위한 기업활동은 다양한 사회적 문제점들을 야기하게 되면서 소비자는 이러한 기업을 찾지 않게 된다.

따라서 기업은 여러 사회적 문제점들을 해결하는 것을 기업의 목적에 포함시켜야 한다는 필요성을 인식하게 된다. 그에 따라 사회공헌 활동의 본질도 변하게 되었다.

과거에는 기업과 사회는 분리되어 기업이 사회를 위해 무엇을 할 것인지를 고민한 결과가 사회공헌 활동이었다. 그러나 미래 시장에서 기업과 사회는 하나로 연결되어 기업과 사회가 함께 발전하는 방법을 모색하게 된다. 즉 미래 시장에서는 기업과 고객이 서로 분리된 객체가 아니라 하나의 공동체로 발전되는 것이다.

코틀러(Kotler, 2010)는 《마켓 3.0》이라는 저서를 통해 산업화 시대에서 정보화 시대로 바뀌었고 미래에는 가치의 시대가 등장할 것이라고 예측했다. 1.0 시장 산업화시대에서 기업은 제품을 표준화하고 규모의 경제 구현에 노력을 기울였다(예: 포드의 T모델). 2.0 시장정보화시대에서 필요한 정보를 확보한 소비자는 제품이나 서비스의 가치를 정의하게 된다. 그에 따라 기업은 이성과 감성을 통해 소비자의 욕구를 충족시켜 주기 위한 노력을 경주하게 된다. 현재 진행 중이자 미래에 보다 확실하게 구체화될 3.0 시장에서 소비자는 기업과의 관계에서 참여할 수 있는 기회를 확보하게 되고, 그에 따라 기업은 소비자가 원하는 가치를 구현해주어야 한다. 이 시기 소비자들은 경제적·환경적 및 사회적으로 바람직한 변화를 갈망하고 이를 실현하는 기업의 상품에 관심을 갖게 된다.

표 7-2 마켓 3.0과 소비자

구분	기업의 목표	기업이 소비자를 대하는 방식
마켓 1.0	제품 중시	이성(mind) 호소
마켓 2.0	소비자 중시	감성과 공감(heart) 호소
마켓 3.0	가치주도	이성, 감성은 물론 영혼(spirit) 호소

이제 기업은 상품을 통해 어떤 가치를 담아낼 것인지를 고민해야 하는 것이다. 더 구체적으로 미래 시장에서 기업은 고객만족과 이익실현을 넘어서 사회문화적 가치 구현을 통해 사회에 기여해야 하고 그런 기업만이 살아남을 수 있다. 즉 경영환경의 변화는 기업의 존립 목적에 중대한 변화를 요구하고 있는 것이다.

이러한 인식에서 코틀러(Kotler, 2010)는 기업에게 단순히 이익극대화라는 존립 목적에 국한되지 말고 사회적으로 바람직한 문화를 형성하고 전파하는 주체가 되어야 하고 그래야만 미래 시장에서 기업의 지속가능성을 확보할 수 있다고 주장한다.

지금까지 시장에서 전개되고 있는 환경의 변화, 기업역할의 변화, 기업과 사회와의 관계 본질의 변화에 따라 기업의 공유가치 창출의 중요성을 요약하였다.

그렇다면 기업의 공유가치 창출과 사회적 책임활동의 차이점은 무엇일까? CSR과 CSV의 개념을 비교해 보면 사업의 출발점이 다르다는 것이다.

표 7-3에서 2가지 개념의 차이를 비교·설명해주고 있다.

표 7-3 CSR과 CSV의 차이

구분	CSR	CSV
기업의 목적	주주의 이윤 극대화 - CSR은 의무이자 도구	사회적 가치의 창출 - 이윤창출은 부수적으로 수반되는 결과
사회공헌 활동의 목적	투자로 인한 경영성과의 도출 - 예산의 배정	프로젝트나 사업의 개발 - 독립채산으로 운영
가치의 창출	부가가치의 확보 - 부분적인 개선 시도	새로운 가치의 창출 - 근본적인 개선 시도
수행 주체	독자적 또는 협력적 파트너의 모색 - 파트너에게 부분적인 역할 할당 - 주체기관의 경쟁력 강화	공동사업자(네트워크)의 구성 - 프로젝트의 완성도 제고 - 모든 구성원의 경쟁력 제고(경쟁과 협력의 공존)
협력기관과의 가치 공유	주체기관의 가치 중심 - 유관기관의 협력	기관별 공유가치 발견이 출발점임 - 경쟁과 협력의 균형
성과기간	단기적·중기적 성과 지향	장기적 성과 지향

자료: 유창조(2014), 공유가치창출전략, p.79

3 고객만족조사

최근 들어 기업들은 기존 고객을 유지하는 것이 새로운 고객을 창조하는 것보다 비용이 훨씬 적게 든다는 것을 알고 고객만족의 중요성을 인식하기 시작했다. 즉 기업들은 고객만족과 고객유지, 그리고 기업의 이익이 서로 높은 상관을 가지고 있다는 것을 점차 받아들이고 있다. 이러한 현상은 기업뿐만 아니라 공공기관에서도 나타나고 있어서 고객만족을 높이고, 고객에 대한 서비스 수준을 높이기 위해 고객헌장을 만들고 있다. 이러한 노력이 고객을 만족시켰는지, 또 얼마만큼 고객의 만족이 증가되었는지를 아는 것은 매우 중요한 일이다. 대부분의 기업은 생산 부문에 대해서는 철저히 측정하고 관리하고 있으나, 고객만족 부문에 대해서는 전혀 관심을 두지 않거나, 또는 제대로 측정되지 못하고 있는 실정이다. 고객만족을 제대로 파악하고 있는 것은 기업의 최고 경영자가 중요한 의사결정을 내릴 때 참고할 수 있는 신뢰할 만한 자료가 될 것이다.

1) 고객만족 측정의 필요성

왜 고객만족을 측정해야 하는 지에 대해 힐(Hill, 1988)은 다음 5가지를 그 이유로 들고 있다.

(1) 고객의 감소

미국의 경우 매년 평균 10~30%의 고객이 기업을 떠난다고 한다. 그러나 기업은 어떤 고객이, 언제, 왜 떠났는지, 그리고 이것이 기업의 판매와 수익에 얼마나 영향을 미쳤는지를 모르고 있다. 뿐만 아니라 떠난 고객에 대해서는 알아보려고 하지도 않으면서 새로운 고객을 창조하는데 많은 시간, 노력, 비용을 들이고 있다. 라이할트(Reichheld, 1990)은 고객이탈을 5% 감소했을 때 어느 정도 손익이 나타날 수 있는지를 산업별로 분석하였다. 산업에 따라 차이는 있지만 대부분의 경우 30% 이상으로 나타나고 있으며, 신용카드업계의 경우는 75~85%로 매우 높게 나타나고 있다. 신규 고객을 창출하는 것이 기존 고객에게 판매하는 것보다

5배의 비용이 더 든다는 연구가 있듯이 기존 고객의 충성도를 높이고 고객이탈을 최소화하는 것은 기업의 장기적인 이익에 중대한 영향을 미친다.

(2) 고객감소의 원인

파악고객이 감소하는 것은 일차적으로 고객이 만족하지 못하기 때문으로, 그 원인을 파악하는 것은 기업 측면에서는 매우 중요하다. 고객은 왜 만족하지 못하는 것일까? 이를 기업이 제공하는 서비스에 초점을 두고 설명해 보면, 고객의 불만족은 고객이 서비스에 대해 가졌던 기대와 실제 경험 사이의 차이로, 이는 다음 5가지 과정에서 나타나게 된다(그림 7-1 참조).

① 과대한 기대수준

고객의 기대수준이 비현실적으로 높기 때문인 것으로, 이는 기업 마케팅에서의 의사소통이 원인이 될 수 있다. 우리는 실제와는 다른 허위·과장광고로 인해 소비자가 너무도 많은 것을 기대하고 실망하는 것을 많이 보았다. 따라서 톰 피터스(1991)는《경영혁명》에서 '약속은 작게, 이행은 크게 하라'라고 권고하고 있다. 고객의 사전기대는 구매경험도에 따라 형성되는 과정이 다르다.

첫째, 이용경험이 많은 경우에는 자신의 많은 경험에 대한 평균치를 구하고 둘째, 처음 이용한 경우에는 자신의 경험을 바탕으로 기대수준을 설정하고 셋째, 경

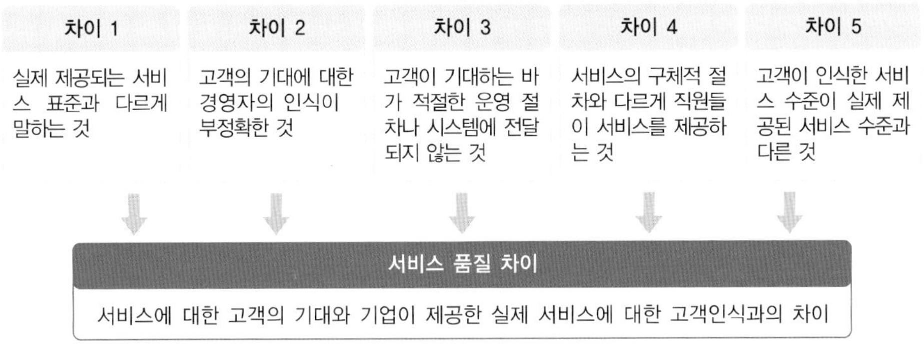

차이 1	차이 2	차이 3	차이 4	차이 5
실제 제공되는 서비스 표준과 다르게 말하는 것	고객의 기대에 대한 경영자의 인식이 부정확한 것	고객이 기대하는 바가 적절한 운영 절차나 시스템에 전달되지 않는 것	서비스의 구체적 절차와 다르게 직원들이 서비스를 제공하는 것	고객이 인식한 서비스 수준이 실제 제공된 서비스 수준과 다른 것

서비스 품질 차이

서비스에 대한 고객의 기대와 기업이 제공한 실제 서비스에 대한 고객인식과의 차이

그림 7-1 서비스 품질의 차이

자료: 나이젤 힐 저, 송인숙 외 역(1996). 기업을 살리는 고객만족측정, p.29

험이 없는 경우에는 이용해 본 다른 사람의 의견, 광고, 판매원의 말, 포스터, 팸플릿 등을 참고하여 기대수준을 설정한다.

② 고객 욕구에 대한 이해 부족

고객이 무엇을 원하며 어떤 것을 더 우선적으로 원하는지를 정확히 파악하지 못할 때 고객은 불만족하게 된다. 예를 들어, 은행을 선택하는 경우에는 '신속한 업무처리, 가까워서 이용 시 편리한 접근성, 친절' 등이 '높은 이율, 대출용이, 상품의 다양성'보다 높게 나타나고 있다(신한은행, 1994). 이 경우 금융상품을 다양하게 개발하려는 노력만으로는 고객이 가장 중요시하는 것을 충족시켜줄 수 없을 것이다.

③ 부적절한 업무 처리 과정

고객이 원하는 것을 알았더라도 이것을 적절한 절차나 체계로 운영하지 못할 때 고객은 불만족하게 된다. 예를 들면 고객들이 은행에서 오래 기다리는 것에 대해 불만을 가지고 있다는 것을 알면서도 사람이 많이 몰리는 시간에 직원을 충분히 배치하지 않아서 많은 고객을 기다리게 하는 것이다.

④ 종업원의 훈련 부족

앞의 3가지가 충분히 잘 되어 있더라도 정작 종업원이 훈련 부족으로 고객을 제대로 접대하지 못한다면 고객은 만족할 수 없다. 다시 말해 기업은 종업원이 일관성 있게 서비스 절차를 따르고 있는지를 계속 모니터링해야 한다.

⑤ 고객과 기업의 인식 차이

기업은 고객에게 만족할 만한 서비스를 했다고 스스로 인식하고 있으나, 고객은 받는 서비스에 대해 전혀 만족하지 않는 경우가 있다. 예를 들어 과거에 불만족을 경험했던 고객은 그 기업에 대해 부정적인 태도를 가질 수 있으며, 이러한 태도를 바꾸기 위해서는 상당한 시간과 노력이 필요하다. 만약 고객의 인식 자체가 잘못된 것이라도 고객은 바로 이 인식에 기초해서 의사결정을 하게 된다.

(3) 기존 고객 유지의 이익

기존 고객을 유지하는 것이 새로운 고객을 창조하는 것보다 비용이 훨씬 적게 든다는 것이 여러 연구결과에서 나타나고 있다. 따라서 기존 고객을 유지하는 것이 기업의 수익성을 높일 수 있다. 최근에 이르러서는 많은 기업들이 이러한 사실을 깨닫게 되어 고객의 애호도를 높이려는 방안이 제시되고 있다. 기존 고객을 유지하는 것이 어떻게 기업의 수익성을 높일 수 있는지는 고객의 생애가치 개념을 검토해 보면 알 수 있다. 고객의 생애가치는 다음과 같이 나타낼 수 있다.

$$\text{고객의 생애가치} = f(\text{고객의 평균거래액} \times \text{기업이 해당 고객을 유지하는 기간})$$

예를 들어, A 백화점에서 1달에 평균 50,000원을 쓰는 고객은 1년에 600,000원을 쓰게 되고 10년간 고객이라면 6,000,000원을 쓰게 되는데, 이것이 이 사람의 A 백화점에 대한 고객의 생애가치가 된다. 이는 고객애호도를 아주 조금만 증가시켜도 수익이 증가할 수 있다는 것을 보여주고 있다. 따라서 이 고객을 50,000원을 쓰는 고객으로 대하지 않고 6,000,000원 자산의 고객으로 대하는 태도가 필요한 것이다.

(4) 구성원 전체의 동기화

고객만족을 위해서는 최고 경영자부터 일선 종업원까지 구성원 전체가 동기화되고 참여해야 한다. 그러나 많은 경우 최고 경영자가 이러한 생각을 가지고 있지 않고 고객 전담부서의 직원만이 고객만족의 중요성을 인식하고 있거나, 또는 최고 경영자가 이러한 생각을 가지고 있더라도 종업원 전체까지 제대로 전달되지 않을 수 있다. 고객만족을 완벽하게 측정하여 그 결과를 전 구성원에게 알리고, 조사결과를 따른다면 고객만족의 중요성이 충분히 알리는 것 이상의 효과가 있을 것이다. 다시 말해 고객만족을 측정한다는 자체가 직원들에게 고객만족을 위한 동기부여가 될 것이다.

(5) 고객만족과 수익성

기업이 고객만족을 위해 노력하면 기존 고객유지율이 증가하고, 고객은 더 많은

장기고객의 이익기여도

고객과의 관계는 1번의 거래로 끝나지 않고 지속적인 관계를 유지하는 것이 중요하다. 아래 그림은 장기고객을 유지할 경우 예상되는 이익을 분석한 것이다. 처음에는 고객유치비용 때문에 이익은 마이너스가 될 수 있으나, 장기적인 거래관계가 형성되면 이익은 매년 증가하게 된다.

이익의 구성내용을 보면 기본적인 영업이익 외에 추가적인 판매물량, 운영비용의 감소, 타인 소개 및 가격 프리미엄에 따라 이익이 추가적으로 발생한다. 따라서 많은 기업들은 고객의 평생가치를 계산하고, 첫 거래에서 손해가 발생하더라도 장기적인 이익을 염두에 두고 고객과의 장기적인 파트너십을 구축하고 있다.

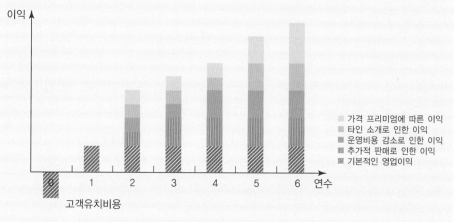

자료 : F. Reichheld(1990), Zero Defections: Quality Comes to Services, Harvard Business

재화와 서비스를 구매하게 되어 결국 수익성이 증가할 것이다. 즉 '고객이 중요시하는 것에 최선을 다하는 것'만이 기업이 경쟁에서 성공할 수 있는 방법이다.

2) 고객만족조사의 기준

고객만족을 조사하기 위해서는 무엇을 측정해야 하는가? 여기에는 고객의 인식에 영향을 주는 모든 것이 포함되어야 할 것이다. 특정 제품이나 서비스에 대한 만족도는 핵심적인 요소(판매하고 있는 제품이나 서비스 자체) 이외에도 다른 여러 가지 요소가 영향을 미치게 된다. 예를 들면 레스토랑의 경우 핵심적 요소인 음식 이외에도 실내 분위기, 종업원의 태도, 청결함, 위치, 음식 준비시간, 메뉴의 다양성 등이 고객만족에 영향을 미치게 된다. 고객만족조사에 포함되어야 할 내용을 자세히 설명해 보면 다음과 같다.

(1) 고객의 우선순위

경쟁에서 성공하는 것은 고객의 욕구를 만족시키는 것이며, 고객이 원하는 것을 제공하는 것이다. 그러나 고객들의 욕구나 기대는 서로 다르기 때문에 고객만족의 구성요소에 대한 상대적 중요성을 반드시 확인해야만 한다.

(2) 기업의 성과수준

고객이 인식한 기업의 성과수준을 측정하는 것이다. 그러나 회사나 제품, 서비스 성과수준에 대해 고객에게 묻는 간단한 조사만으로 나타난 결과를 그대로 믿으면 안 된다. 예를 들어 레스토랑에서 음식의 질, 서비스 속도, 분위기, 종업원의 친절함, 청결함 등에 대해 '좋다, 그저 그렇다, 나쁘다'의 등급으로 나타난 고객조사서에 어떤 고객이 모두 좋다고 표시했다고 고객이 만족한다고 볼 수 있는가? 고객이 다음에 레스토랑을 선정할 때는 레스토랑의 성과수준을 자신의 우선순위와 비교하고, 그리고 다른 비슷한 레스토랑의 성과수준과 비교한 후 결정할 것이다. 따라서 기업의 성과수준은 고객의 우선순위와 경쟁기업의 성과수준과 함께 고려되어야 한다.

(3) 고객의 우선순위와 비교한 성과수준

기업의 최우선적인 목표는 '고객이 중요시하는 것에 최선을 다하는 모습'이므로 고객만족조사는 기업이 이 목표를 다하고 있는지 아닌지를 확실히 알 수 있도록 해 줄 것이다.

(4) 경쟁기업과 비교한 업무 성과수준

고객은 경쟁업체로부터 같은 서비스를 받을 수 있다면 어떤 기업의 성과수준이 높더라도 그리 만족하지는 않을 것이다. 예를 들어 예전에는 경쟁업체에서 하지 않은 서비스를 제공했을 때 고객들은 아주 만족했을 것이다. 그러나 최근 다른 경쟁업체에서 같은 서비스 수준이 아닌 그 이상의 서비스를 제공하게 되면, 종래

결정적 순간 또는 진실의 순간

결정적 순간 또는 진실의 순간(MOT; moment of truth)은 스웨덴의 마케팅학자 리처드 노만(Richard Norman)에 의해 1970년대 말부터 1980년 초에 걸쳐서 최초로 사용되었다. 이 용어는 투우 용어로 '숨통을 끊어 마지막 외마디 소리를 못하게 하는 순간'을 말하며, 이것은 매우 결정적인 순간으로 그 직후에는 반드시 결판이 난다는 뜻이다.

소비자에게서 결정적 순간은 소비자가 기업의 종업원 또는 특정 자원과 접촉하여 그 서비스의 품질에 대한 인식에 영향을 미치는 상황으로 정의될 수 있다. 결정적 순간은 그 순간이 서비스 품질을 인식하는 데 결정적인 역할을 하기 때문에 붙인 것이다. 이 순간은 서비스 제공자가 소비자에게 서비스의 품질을 보여줄 수 있는 기회로서 지극히 짧은 순간이지만 고객의 서비스에 대한 인상을 좌우한다.

결정적 순간은 보통 종업원과 고객이 접촉하는 순간에 발생하지만 다음과 같은 상황도 결정적 순간이 된다.

- 고객이 광고를 볼 때
- 주차장에 차를 세울 때
- 우편으로 받은 청구서나 문서를 접할 때
- 고객이 그 기업의 건물을 볼 때
- 걸어서 로비에 들어섰을 때
- 부재중의 전화메시지를 들을 때

의 업체가 과거와 같은 성과수준을 유지해도 고객은 그것을 더 이상 높이 평가하지 않을 것이다.

(5) 개선을 위한 우선순위

앞의 4가지가 고객만족 조사를 통해 경영의사결정을 내리는데 필요한 믿을 만한 근거를 얻어내기 위한 것이었다면, 개선을 위한 우선순위는 이러한 의사결정을 내리고 행동을 취하는 것과 관련이 있다. 즉 기업이 고객만족을 향상시키기 위해서는 제한된 자원과 시간을 최우선적으로 사용해야 할 곳을 찾아내는 것이다. '고객이 중요시하는 것에 최선을 다하는 기업'만이 성공할 수 있을 것이다.

3) 고객만족의 지표

고객이 어느 정도 만족하고 있으며, 어느 부분에 서비스 개선이 필요한지, 고객서비스에 대한 직원을 동기화시키기 위해서 기업은 고객만족의 전반적 수준을 나타내는 수치가 필요하다.

(1) 고객만족지수

고객만족지수CSI; consumer or customer satisfaction index는 고객만족의 전반적 수준을 나타내는 하나의 유용한 숫자이다. 고객만족지수는 크게 기업 자체의 CSI와 업계 대상의 CSI가 있다. 기업 자체의 CSI는 기업이 각각 저마다 거래, 접촉하는 고객을 대상으로 고객만족도를 실시하여 지표로 산출하고 판매원, 판매점 등에서 회사의 판매조직이 어떻게 고객을 만족시키고 있는지를 알아보는 것이다. 업계 대상의 CSI는 조사회사 또는 기관이 각 업계를 대상으로 하는 것으로, 예를 들면 자동차업계를 대상으로 하는 경우 자동차 사용자를 대상으로 자동차의 품질, 성능뿐만 아니라 판매원의 서비스면도 조사하여 그 지표를 발표하는 것이다.

CSI를 만드는 가장 간단한 방법은 다음과 같다.

첫째, 모든 성과점수를 평균하는 것이다. 그러나 이것은 각 요인에 대해 고객이 중요하게 여기는 정도가 반영되지 못하고 모두 같은 비중으로 취급된 것이므로 정확하지 못하다는 한계점이 있다. 둘째 방법은 고객이 중요도를 고려하여 가중치를 계산하여 이것을 반영하는 것이다. 즉 중요도의 평균을 1로 하고 고객의 우선순위가 높은 영역에는 1보다 큰 가중치를, 낮은 영역에는 1보다 낮은 가중치를 부여하는 방법이다. 먼저 고객이 평가한 중요도 점수의 평균을 계산하고 그 평균에 1의 가중치를 준 후 각각의 점수를 평균을 기준으로 한 가중치로 환산한다. 예를 들어보자. 고객이 어떤 기업에 대해 만족도가 제품의 품질, 배달, 가격, 환경 측면의 성과, 디자인에 대한 평가로 이루어지며, 각 속성을 중요시 여기는 정도는 표 7-4와 같다.

이때 중요도 점수의 평균은 8.432가 된다. 제품의 품질은 중요도가 9.33이므로

표 7-4 고객만족지수 예시

구분	중요도 점수	중요도 가중치	성과점수	가중성과점수
제품의 품질	9.33	1.11	8.23	9.14
배달	9.50	1.13	8.57	9.68
가격	8.00	0.95	8.33	7.91
환경측면의 성과	6.83	0.81	9.57	7.75
디자인	8.50	1.00	8.66	8.66

국가고객만족지수(national customer satisfaction index)

약어로 NCSI라고도 한다. 기업을 비롯하여 산업, 경제부문, 국가 차원의 품질경쟁력을 향상시키려는 목적으로 만들어졌다. 기업의 목표 중 하나인 고객만족을 추구하고 관리하기 위한 것으로, 정확한 고객만족도를 측정할 수 있는 지표를 제공하며 나아가 기업의 성과도를 측정할 수 있는 중요한 수단이다.

한국생산성본부가 미국 미시간대학교의 국가품질연구소(National Quality Research Center)와 공동으로 개발하였다. 최소 측정 단위는 개별기업이 생산하는 제품 또는 제품군이며, 측정 결과는 개별 기업, 산업, 경제부문, 그리고 국가 단위로 발표된다. NCSI 모델은 제품 및 서비스에 대한 고객의 기대수준, 품질인지수준, 인지가치, 종합만족수준, 고객불만수준, 고객충성도(고객유지율)로 구성되어 있으며, 모델 구성요소 간의 인과관계를 종합적으로 분석할 수 있어 신뢰도와 완성도가 매우 높다. 특히 기업의 최대 관심사인 고객만족도의 변화가 수익성에 어떤 영향을 미치고 있는지를 NCSI 분석 소프트웨어를 통해 알아볼 수 있다.

단순히 고객만족도를 측정하는 것에서 벗어나 미래의 기업성과를 예측할 수 있는 것이 특징이다. 또한 한국에서 생산·판매 활동을 하는 외국기업의 제품과 서비스를 측정 대상에 포함시키고 있으며, 공공기관과 민간 기업의 서비스 만족도도 비교·평가할 수 있다.

자료 : www.kcsi.org

1×9.33/8.43을 하면 1.11이 된다. 이런 방법으로 각 영역의 중요도 가중치를 구한다. 성과점수는 각 평가속성에 대해 그 기업이 실제로 이루었다고 생각하는 점수이고 각 성과수준에 중요도 가중치를 곱하면 가중성과점수가 된다. 가중성과점수의 평균은 8.63(43.14/5＝8.63)인데, 이것이 이 회사의 CSI이다. CSI의 의미를 좀 더 쉽게 이해하기 위해서는 CSI 지수를 %의 개념으로 해석하면 좋다. 예를 들어 CSI가 86.3%라면 경영자는 직원들에게 고객만족 수준이 기준보다 13.7%가 낮은 것이므로, 이 13.7%를 줄이는 게 기업의 목표가 될 수 있다.

(2) 고객만족의 기타 지표

고객만족은 고객의 평가에서 이루어지는 것이 가장 바람직하지만 이 외에도 기업의 성과를 측정하기 위한 다른 보완적인 지표들이 있다.

① 고객의 불만호소

고객의 불만호소는 만족수준이 떨어지고 있다는 것을 간접적으로 의미한다. 그러나 고객만족도를 알아내기 위해 고객 불만호소 건수에만 전적으로 의존한다는 것은 한계점이 있다. 왜냐하면 고객들의 불만이나 문제가 회사에 보고되는 것은 극히 일부분이기 때문이다. 관련 연구에 의하면 불만고객 중 겨우 5% 정도만이 그 문제를 기업에 토로한다고 한다. 이는 기업에서 고객이 쉽게 불만을 호소할 수 있는 시스템을 마련해야 한다는 것을 의미한다. 즉 고객과의 의사소통을 극대화 할 수 있는 것이 매우 필요하며, 이러한 의사소통을 통해 고객만족조사에 포함되어야 할 내용도 시사해 줄 수 있을 것이다.

② 고객유지율

시장이 경쟁적이거나 제품구매 사이클이 길지 않은 경우에 고객유지지표가 고객만족을 나타내는 신뢰할 만한 지표가 된다. 예를 들어 1년 전 고객 중 아직도 특정 회사의 고객인 사람의 비율이다. 이러한 기록은 전체적인 고객유지지표의 수준을 나타내줄 뿐만 아니라 고객유지지표가 어떻게 달라지고 있는지를 보여준다. 그림 7-2를 보면 2012년의 고객유지율은 88%인데, 이는 2010년의 고객 100명 중에 88명이 그대로 남아 있다는 것을 의미한다. 2013년의 고객유지율은 2010년 고객 88명과 2012년에 새로운 유입된 고객 22명으로 총 고객은 110명인데, 이 중 95명이 남아 있어 $86.4\%(95/110 \times 100)$가 된다. 즉 이 기업의 고객유지율은 88%에서 86.4%로 감소하고 있다는 것을 나타내고 있다. 고객유지지표의 다른 하나는 일정 기간에 일정 제품에 고객들이 소비한 평균 액수이다. 어떤 제품에 대해 고객들의 평균 소비액수가 커진다는 것은 고객이 점점 늘어나고 있다는 것을 의미하며, 결국 고객애호도가 증가한 것으로 나타난다. 이는 특히 경쟁적인 시장에서 유효한 지표가 되고 있다. 고객유지지표는 기업이 시장에서 어떤 성과를 거두고 있는지를 보여주기 때문에 중

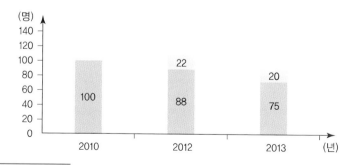

그림 7-2 **고객유지지표**

요하다. 예를 들어 고객만족 점수는 변화가 없는데 고객유지지표가 감소한다면, 이는 그 기업이 경쟁력에서 문제점을 가지고 있다는 의미이다. 가령 그 기업의 서비스는 나빠지지 않았지만 경쟁 기업의 서비스가 급속히 향상되고 있어서 해당 기업의 시장점유율이 낮아진다고 볼 수 있다.

③ 암행쇼핑

조사자가 고객이 되어 구매를 위한 정보탐색에서부터 실제 소비에 이르기까지의 전 과정을 경험해 보면서 각 요소를 평가해 보는 것이다. 이 방법은 주로 유통시장에서 이용되고 있는데 직원들의 태도, 예를 들면 고객에 대한 전화응대방식, 고객의 불만에 대한 처리방법, 고객을 배려하는 태도, 고객의 질문에 대한 태도 등을 정기적으로 측정할 수 있다. 이 방법이 신뢰할 만한 자료를 얻기 위해서 조사를 반드시 외부기관에서 실시해야 하는 것은 아니지만 매우 신중하게 수행되어야 한다. 연구자는 잘 훈련된 사람이어야 하고, 조사는 실제 상황과 똑같은 방식으로 이루어져야 한다.

④ 벤치마킹

흐르는 강물의 높낮이를 측정하기 위한 수준점이라는 고전적 뜻의 벤치마킹 benchmarking은 이제는 최고의 경쟁력 확보를 위해 동종업계 또는 초우량 기업의 최

알아두기 7-6

벤치마킹의 유형

• 산업에 관계없이 특정분야에서 세계 최고수준의 기업을 찾아 비교하는 방법이다. 예를 들어 퍼스트 시카고 은행은 고객이 기다리는 시간을 줄이기 위하여 아메리칸 에어라인과 같은 항공회사를 벤치마킹하였다.
• 같은 산업 내의 경쟁사와 비교분석하는 방법이다.
• 같은 조직 내의 다른 사업단위를 비교하는 방법이다.

```
                              초우량기업 벤치마킹

        벤치마킹               경쟁사 벤치마킹

                              내부 벤치마킹
```

1	개선해야 할 부분 파악하기
2	고객서비스 과정을 비용, 품질, 시간의 3영역에서 측정하기
3	전 사업을 통틀어 우수 성공사례를 찾아내기
4	최적의 벤치마킹 대상자를 정하기 벤치마킹의 결과와 비교할 수 있도록 자사 기업의 내부 자료와 해당 정보를 미리 정리해놓기
5	조사나 현장방문 또는 컨설턴트(consultant)를 통해 벤치마킹 대상에 관한 정보 수집하기 자사 기업의 고객서비스과정을 측정한 것과 동일한 측정 단위 사용하기
6	벤치마킹 대상과 자사 기업과의 차이를 확인하기
7	자사 기업의 목표수준 정하기
8	벤치마킹 결과와 고객만족전략을 통합하기

그림 7-3 경쟁력 있는 벤치마킹 과정

고수준을 배운다는 의미로 널리 사용되고 있다. 벤치마킹이 어떻게 고객만족 측정의 보조수단으로 이용될 수 있을까? 고객만족조사는 기업의 성과수준에 대한 고객의 인식으로, 이 조사가 실제 그 기업의 성과를 객관적으로 정확하게 반영하는지에 대해서는 한계점이 있다. 예를 들어 어떤 요소가 아주 낮게 평가를 받았다면 그것이 그 기업의 진짜 문제인지 아니면 고객이 인식을 잘못하고 있든지 둘 중의 하나일 것이다. 벤치마킹은 이 부분을 보완해 주는 것으로, 결국 다른 기업이 어떤 면에서는 더 우월하다는 것을 인정하고 어떻게 그 기업을 따라가고 추월할 수 있는지를 배우기 위해 노력하는 것이다. 벤치마킹 프로그램을 짜는데도 고객만족조사 결과를 이용하는 것이 효과적일 것이다. 왜냐하면 고객이 가장 중요시하는 것을 벤치마킹해야 하기 때문이다. 벤치마킹의 절차는 그림 7-3과 같다.

생각해 보기

학번 : _____ 이름 : _____ 제출일 : _____

01   기업이 우호적인 고객관계를 유지하기 위한 다양한 활동에 대해 알아보자.

02   금융기업들이 고객에 대한 이해를 위해 빅 데이터(big data)를 어떻게 활용하고 있는지 구체적 사례를 통해 알아보자.

03   공유가치창출(CSV)을 위한 각 주체, 즉 기업, 시민이나 지역사회, 정부의 역할은 무엇이라고 생각하는가?

04   유니레버, HP, 네슬레, 존슨앤존슨 등의 기업을 통해 공유가치창출(CSV)이 어떻게 이루어지고 있는지 살펴보자.

05   소비자상담 서비스에 대한 고객만족도를 조사하기 위한 설문지를 작성해 보자.

Chapter

8

소비자의사결정단계별
소비자상담

Consumer Counselor

소비자의사결정단계별
소비자상담

세계화, 정보화, 전자상거래의 확산, 유통혁명 등 미래 경제·사회 환경의 변화는 소비자의 행동 및 기업의 행동과 미래 소비생활에 많은 변화를 야기할 것이다. 즉, 미래 시장 환경은 세계화, 정보화 등으로 유통혁명 및 경쟁적인 시장구조, 세계시장의 확대, 선택권의 확대 등 소비자의 주권이 더 신장될 수 있는 시장구조가 될 개연성이 있으며 동시에 복잡한 선택 및 새로운 거래양식으로 인하여 소비자 문제가 더 다양해질 수도 있다.

시장에서 직접 물품을 선택하여 구매하던 전통적인 상거래 방식에서 전자상거래로의 변화에 따라 소비자의 성향이나 형태가 급변하고 있다. 이러한 소비행동의 변화와 함께 소비자를 현혹시키거나 속이는 판매전략들이 갈수록 다양화되는 등 소비자의 피해는 매년 증가하고 있으며, 생산 및 판매 단계의 복잡한 유통구조로 인하여 소비자가 보상, 교환, 수리를 요구하는 등의 권리를 보장받기가 점점 더 어려워지고 있다.

이러한 상황에서 소비자들의 의사결정 매 과정에서 소비자상담은 더욱 필요해지고 있는데 지금까지의 소비자상담은 주로 소비자들의 구매 후 불만처리를 위한 상담 업무로 이루어졌다. 하지만 소비자상담은 구매 후 불만 및 피해구제를 위한 상담뿐만 아니라 소비생활과 관련된 전반적인 상담을 포함하므로 소비자의사결정 과정에 따른 소비자상담에 관해 살펴보는 것이 필요하다.

소비자의 구매의사결정과정에 대한 이론 중 대표적인 엥겔Engel의 의사결정모델에 의하면, 소비자구매의사결정과정은 문제 인식, 정보 탐색, 대안평가, 구매, 구매 후 행동의 5단계로 되어 있다. 그러나 이러한 5단계의 구매의사결정단계는 어떤 상황하에서나 동일하게 거치는 과정이 아니라, 문제해결의 유형이나 관여도에 따라 과정이 다르게 나타날 수도 있고 중간과정이 생략될 수도 있다. 또한 이 과정이 복합적으로 일어날 수도 있으므로 구매의사결정단계의 각 단계별로 소비자상담을 세분화시키는 것은 용이하지 않다.

반면, 칼라코타와 윈스턴Kalakota & Whinston은 전자상거래의 소비자 구매의사결정과정단계를 3단계로 정의하였는데(송미령·여정성, 2001), 이 장에서도 이들의 의사결정과정단계에 따라 소비자상담을 구분해 보고자 한다.

첫째 단계는 구매준비단계prepurchase determination로 엥겔모델의 문제 인식과 정보 탐색이 포함된 단계이며, 구매하고자 하는 제품을 발견하고 검색하는 과정이다. 둘째 단계는 구매완료단계purchase consummation로서 엥겔모델의 대안평가와 구매의 과정이 포함된 단계로 실제 거래를 하는 과정이라고 할 수 있다. 셋째 단계는 구매 후 처리단계postpurchase interaction로서 엥겔의 구매 후 행동에 해당하는 과정이다.

이에 근거해서 소비자상담을 3단계 의사결정단계에 따라 문제 인식과 정보 탐색이 포함된 구매 전 소비자상담, 대안평가와 구매의 과정이 포함된 구매 시 소비자상담, 그리고 구매 후 소비자상담으로 나누어 살펴보고자 한다.

1 구매 전 소비자상담

구매 전 소비자상담의 중요성은 더욱 커지고 있으며, 구매 전 소비자상담의 내용과 방법도 훨씬 다양해지고 광범위해지고 있다. 구매 전 소비자상담의 의의 및 그 내용에 관해 살펴보면 다음과 같다.

1) 구매 전 소비자상담의 의의 및 역할

소비자들은 계속적으로 변화되는 환경하에서 수많은 제품과 서비스 중에서 선택을 해야 하며 자신의 욕구를 충족시키기 위해 어떤 제품을 어떤 방법으로 선택해야 할지에 대해 어려움을 겪게 된다. 또한 소비자는 소비와 관련된 정보 탐색, 브랜드 선택 및 구매과정, 그리고 구매 후 제품 사용 및 구매 후 나타난 문제해결을 위한 다양한 의사결정을 내려야만 한다. 이러한 소비자의사결정과정에서 소비자들은 많은 갈등을 겪게 되며, 다른 소비자들과의 비교에서 상대적 박탈감 및 불만을 느끼기도 한다. 따라서 소비가 생활에서 차지하는 비중이 커짐에 따라 구매 전 소비자상담의 중요성도 커지고 있는데, 그 중요성을 미래사회의 커다란 변화인 세계화, 정보화, 유통혁명의 관점에서 살펴보고자 한다.

(1) 세계화와 구매 전 소비자상담의 필요성

소비자시장의 세계화는 시장을 더욱 경쟁적으로 만들고 소비자가 원하는 제품을 더욱 저렴한 가격으로 구매할 수 있는 가능성을 높여주며, 소비자의 제품 선택 기회의 확대를 가져와 소비자주권을 신장시킬 수 있다. 세계화는 기업의 분업화, 전문화를 더욱 활발하게 하여 사업자 간에 소비자의 욕구를 충족시키려는 경쟁적인 기업 활동을 일으켜 제품의 다양화, 고급화를 유도할 것이다. 또한 기업의 마케팅 수단이 다양해지고 정보 전달의 다양성, 새로운 판매방식 및 유통방법 등이 나타날 것이다.

세계화는 국내시장의 개방을 의미하며, 국내시장의 개방으로 시장은 더욱 경쟁적이 되고 소비자선택의 확대로 인해 다양한 제품을 선택할 수 있게 된다. 또한 다품종 소량생산체제로 전환되어 소비자의 취향에 맞는 제품과 서비스를 공급하게 하므로 소비자의 선택권이 넓어지게 된다. 이처럼 세계화는 소비자 선택의 확대, 경쟁적 시장구조로의 전환에 따른 소비자주권의 향상 가능성 등 소비자에게 유리한 점이 많이 있지만 또 다른 새로운 문제점을 야기할 수 있으며, 수입품의 급증 등으로 제품이 다양해지고 소비자들이 요구하는 정보가 훨씬 많아진다. 이는 소비자들의 현명한 선택 및 소비능력의 향상을 요구하며, 이를 도와줄 수 있는 구매 전 소비자상담의 필요성이 더욱 증가된다는 의미이다.

(2) 정보화 사회와 구매 전 소비자상담의 필요성

정보화 사회는 정보의 생산, 유통, 소비가 중심적 가치를 지니게 되고, 특히 정보의 다양화, 정보의 질적 고도화 등으로 정보기술이 소비생활에 미치는 영향은 절대적이다. 초고속정보통신망 등 새로운 정보통신수단에 의해 제공될 새로운 정보 및 정보 관련 제품은 소비생활에 많은 편익을 가져다 줄 것으로 기대되고 있으며, 정보화는 미래사회에 다음과 같은 변화를 야기할 것으로 보인다.

첫째, 소비자 선택범위의 증가를 들 수 있다. 정보화 사회에서 소비자들은 다양한 제품을 선택할 수 있게 된다. 정보화의 진전으로 인해 기업은 소비자의 다양한 욕구에 맞는 제품을 생산할 수 있는 정보를 얻게 되어 다품종 소량생산이 가능해진다.

둘째, 정보시장의 등장을 들 수 있다. 정보화는 소비자의 일상생활에 엄청난 변화를 초래할 것으로 예상된다. 이러한 정보화 사회에서는 정보지식이 중요한 자원이 되며 일반적인 소비재 정보에 대한 소비자 수요가 증가할 것으로 보인다. 일상생활에서 정보화의 영향은 다양하고 신속한 정보 획득으로 인하여 소비생활에 엄청난 파급효과를 가져올 것이다. 또한 기업들이 소비자의 수요에 부합하는 정보제품 등을 개발하여 자신의 제품을 전달하려는 기술이 더욱 다양해질 것으로 예상된다. 다품종 소량생산의 추세와 함께 소비자의 각종 제품에 관한 정보 수요도 다양화되고 있다. 따라서 정보화 사회에서는 소비재정보를 생산, 유통, 가공하는 회사의 증가는 말할 것도 없고 소비자의 특성에 관해 전문적으로 연구 및 조사하여 기업의 수요에 부응하는 소비자조사전문회사 등이 많이 생겨날 것으로 예상된다. 또한 새로운 제품과 기술적 평가가 어려운 제품에 관한 정보를 취급하는 기업들도 많이 생겨날 것으로 기대된다.

셋째, 프로슈머의 등장이다. 정보화 사회에서 기업은 생산단계에서부터 소비자의 참여를 유도할 수 있다. 앨빈 토플러Alvin Toffler는 프로슈머prosumer의 출현을 예고하였는데, 이는 생산자를 뜻하는 프로듀서producer와 소비자를 뜻하는 컨슈머consumer의 합성어로 소비자가 생산에 참가하여 필요한 제품을 만들 능력을 생기게 되는 것을 의미한다. 따라서 정보화 사회에서 기업은 소비자의 욕구와 필요가 반영된 제품을 생산하게 되며 정보의 공유와 투명성을 통해 좀 더 신장된 소비자주권이 확립될 것으로 예상된다. 정보화로 인한 유통구조의 변화는 소비자에게 많은 권한을 부여할 것으로 예상된다.

이러한 변화를 유도하는 정보화 사회에서 소비자들은 사회변화에 적응해야 하며 현명한 소비선택을 위한 의사결정을 해야 한다. 소비자의 합리적인 선택을 위해서는 각종 제품의 특성 및 거래조건에 대한 객관적인 정보 취득이 필수적인 요소이다. 정보화 사회가 진행될수록 소비문제는 복잡화, 다원화될 것이며, 이에 따라 소비자가 필요한 정보는 증가할 것이다. 정보화 사회로의 급속한 변화속도에 소비자들이 적응하지 못하기 때문에 선택의 문제가 심각하게 나타날 것이다.

따라서 고도성장사회로 진전되면서 소비자에 대한 정확한 정보 제공은 매우 중요하다. 정보는 소비자가 자신을 보호할 수 있는 힘이 되므로 소비자들이 정보를 제대로 활용할 수 있도록 도와주는 전략이 더욱 필요하다. 또한 정보화 사회는 소비자에게 새로운 소비자문제를 야기할 가능성이 있으므로 소비자들이 상담을 통해 필요한 정보를 획득하고 소비자문제를 해결해야 할 필요성이 커진다.

특히, 전자상거래 등에서는 소비자가 제품과 서비스를 구입할 때 충분한 정보 탐색을 하고 신중한 구매의사결정을 내려야 한다. 따라서 소비자들이 자신에게 필요한 정보를 탐색하고 분석하여 활용할 수 있는 능력을 갖추어야 한다. 또한 개인정보피해를 사전에 예방하기 위한 소비자교육 및 정보 제공 서비스가 필요하게 된다. 이 같은 교육 및 정보 제공과 상담 서비스의 효과를 높이기 위해서는 여러 관련 기관들이 연계하여 사업을 수행하는 시스템의 구축이 필요하며, 이를 통한 체계적인 소비자상담이 요구된다. 이로써 소비자들이 구매 전에 상담을 통하여 도움을 받을 수 있으며, 이는 소비자문제의 발생을 사전에 예방하는 데 많은 도움을 주고 소비생활의 향상에 기여할 것으로 예상된다.

(3) 유통혁명과 구매 전 소비자상담의 필요성

최근 미국·일본 등 선진국에서는 제조·유통업체들이 소비자확보를 위해 경쟁적으로 가격을 인하하여 기존 공급자 주도의 가격체제가 무너지는 소위 가격파괴 현상이 광범위하게 출현하고 있으며, 이러한 현상은 한국에서도 예외가 아니다.

과거의 가격경쟁은 주로 기술개발이나 자동화를 통해 대량생산체제를 구축하여 제조원가를 낮추는데서 비롯하였으나 최근에는 물류투자 확산과 판매관리비 감축, 유통마진 축소 등은 물론 값싼 외국산 수입 등에 의해 가격을 낮출 수 있다.

세계화시대의 유통업체는 상품 생산을 국내 제조업체에만 맡기지 않고, 생산원가가 보다 싼 인도·중국 등에서 주문하여 초저가 생산을 하고 있다. 따라서 앞으로는 소비자와 가장 가까운 위치에서 영업을 하고 있는 유통업이 제조업을 지배하는 시대가 도래할 가능성이 높아졌다. 최근 유통혁신은 근본 원인이 소비자중심의 새로운 유통구조를 창출하고 있다는 관점에서 소비자주권의 개막을 의미한다고 볼 수 있지만 소비자들이 복잡한 유통구조에서 선택해야 하며, 다양한 구매방법에 대한 의사결정 등 훨씬 어려운 선택을 해야 한다는 점에서 구매 전 소비자상담이 요구된다. 구매 전 소비자상담은 직접적인 구매현장이 아닌 시점에서 소비자들에게 다양한 정보 제공을 해주어 소비자들의 선택을 용이하게 해줄 뿐 아니라, 전반적인 소비생활에 관한 정보 제공 등을 통하여 소비자들의 합리적인 소비생활을 유도하므로 소비자 개인의 복지증진 및 소비자 전체의 복지증진을 위해서 필요하다.

2) 구매 전 소비자상담의 구성

구매 전 소비자상담의 내용은 크게 전반적인 소비생활에 관한 상담과 구매 관련 상담으로 나누어 볼 수 있다.

(1) 전반적인 소비생활에 관한 상담

구매 전 소비자상담은 구체적인 구매 관련 상담 이상의 것으로 소비생활과 관련된 의사결정을 위한 정보 제공 및 조언, 소비생활 수준의 향상 및 개선을 위한 다양한 정보 제공 등을 포함한다. 이러한 상담은 소비자의 개별적 상담을 통해 이루어지기도 하지만 소비자상담주체의 소비자교육 등을 통하여 집단적으로 이루어지기도 한다.

전반적인 소비생활에 관한 상담의 내용은 다음과 같다.

첫째 소비가치관 교육 및 상담을 포함한다. 구체적인 내용으로는 소비자의 권리 및 책임, 소비자윤리 및 소비환경의 변화 등에 관한 내용을 포함한다.

둘째, 소비생활 관련 지식을 포함한다. 소비생활 관련 상식, 소비 관련 법규 및 소비문제해결에 관한 지식을 포함한다.

셋째, 제품 사용에 관한 정보를 포함한다. 제품 사용에 관한 잘못된 정보는 소비자로 하여금 불필요한 제품에 대한 욕구 및 선택 시의 비합리성을 초래하므로 제품 사용에 관한 적절한 정보를 통해 소비자는 소비생활 수준의 향상 및 소비생활 만족도를 높일 수 있다.

넷째, 소비욕구불만으로 인한 소비심리상담을 포함한다. 물질주의사회에서 소비자는 충동구매 및 타인과의 비교 등에서 좌절감을 느끼기도 하며, 현재 생활에 대한 불만을 가질 수 있다. 전반적인 소비생활에 관한 상담에서는 이와 같은 소비욕구불만에서 나오는 소비심리상담을 다루어야 하며, 특히 청소년들을 위한 상담은 사회적으로도 요구된다.

다섯째, 인터넷 사이트 안내에 관한 정보 제공을 포함한다. 전반적인 소비생활에 관한 정보는 인터넷을 통해 얻을 수 있다. 그러나 실제 소비자들은 다양한 인터넷 사이트 중에서 어떤 사이트를 통해 그 정보를 얻을 수 있는지를 알 수 없는 경우가 많다. 따라서 이러한 정보원을 알려주는 것도 구매 전 소비자상담의 중요한 내용이 될 수 있다.

구매 전 소비자상담은 상담 업무를 제공하는 주체의 성격에 따라 그 내용이 다르게 구성될 수 있다.

중앙행정기관이나 한국소비자원, 지방자치단체, 소비자단체의 구매 전 소비자상담은 소비생활 전반에 걸친 다양한 정보와 소비자교육에 관한 내용을 포함하고 있다. 한편 기업의 구매 전 소비자상담은 기업의 생산제품 및 그 제품과 관련한 정보 제공, 관련 지식 제공 및 선택과 사용방법에 관한 정보 제공에 초점을 맞추고 있으나 요즈음은 인터넷 등의 활용으로 좀 더 폭넓은 소비생활정보를 소비자에게 제공하기도 한다.

(2) 구매 관련 상담

구매 관련 상담이란 소비자들이 최선의 구매선택을 할 수 있도록 소비자를 도와주는 과정이다. 이를 위해 소비자의 욕구를 정확히 파악하고 이를 충족시키기 위한 제품에 관한 정보 및 조언을 제공하여 소비자만족의 극대화를 유도한다.

① 대체안의 존재와 가용성

소비자들은 때로 자신의 욕구충족을 위한 제품이 시장에 존재하는지에 대해서도 알지 못하는 경우가 있다. 따라서 구매 관련 상담의 첫 번째 과제는 소비자들과의 상담을 통하여 소비자가 가지고 있는 제품에 대한 욕구를 파악하고, 욕구를 충족시켜줄 수 있는 대안들을 제시하는 것이다. 이를 위해서는 소비자의 막연한 욕구를 구체적인 제품에 대한 욕구로 구체화시키고, 이를 충족시켜줄 수 있는 많은 제품 중에서 소비자들이 선택할 수 있도록 도와주어야 한다.

② 대체안의 특성 및 평가기준에 관한 정보 제공

소비자들은 다양한 제품 중에서 선택을 하기 위해서 대체안을 비교해야 하는데 이때, 대체안을 평가하기 위해서 고려해야 하는 특성 및 이들에 대한 평가기준에 관한 정보 제공이 필요하다. 따라서 소비자는 구매 전 소비자상담을 통하여 대체안의 특성 및 장단점 등에 관한 정보를 제공받을 수 있도록 해야 한다.

③ 다양한 구매방법 및 가격에 관한 정보

최근에는 소비자가 상점에 가서 구매를 하는 방법 이외에 전자상거래 등 다양한 형태의 구매방법이 가능하다. 소비자들이 제대로 선택을 하기 위해서는 이러한 다양한 구매방법에 따른 가격정보, 특성, 장단점 및 문제점에 관한 내용을 알아야 하며 소비자상담을 통해 자신에게 적합한 방법을 찾아내어야 한다.

최근에 소비자들이 많이 이용하고 있는 인터넷 쇼핑몰의 경우 다양한 종류의 제품과 가격으로 인해 소비자들이 선택의 어려움을 겪고 있으므로 객관적인 가격 정보를 제공하는 것이 매우 중요하다.

현재 공정거래위원회의 스마트컨슈머나 한국소비자원의 티-게이트T-gate, 금융감독원의 금융소비자리포트, 소비자시민모임의 소비자리포트 등 소비자 관련 기관에서 다양한 소비자정보를 제공하고 있다.

그림 8-1 한국소비자원의 스마트컨슈머 홈페이지

자료: www.smartconsumer.go.kr

그림 8-2 한국소비자원의 티-게이트 홈페이지

자료: tprice.go.kr

④ 사용방법 및 관리방법

구매 전 상담을 통해 사용방법 및 관리방법에 관한 정보를 얻은 후 소비자는 자신에게 맞는 제품을 선택할 수 있다. 복잡한 기능을 지닌 새로운 제품과 모델들이 계속 판매되고 있는 상황에서 소비자가 자신에게 적합한 제품을 선택하는 것은 쉬운 일이 아니다. 따라서 사용방법 및 관리방법에 관한 정확한 정보를 통하여 소비자가 자신이 활용할 수 있는 범위 내에서 적정한 가격을 지불하고 제품을 선택하도록 도와주는 것은 경제적이고 효율적인 시장운용을 위해 요구된다.

3) 구매 전 소비자상담으로 활용하는 인터넷

소비자들은 제품이나 서비스의 구매와 사용에 대한 재정적·심리적 불확실성을 회피하고 구매위험을 감소시키기 위해 소비자정보가 필요하게 된다. 소비자들은 제품의 품질, 가격, AS, 계약조건 등에 관한 다양한 정보를 인터넷을 통해 쉽게 얻을 수 있게 되었다. 인터넷이 많이 사용되면서 인터넷을 통한 다양한 형태의 소비자주권 행사가 이루어지고 있으며, 이러한 인터넷은 각종 다양한 정보교류의 원천으로 활용되고 있다.

또한 다양한 구매 전 소비자상담의 방법 중에서 인터넷은 소비자에게 제품이나 서비스에 대한 일반적인 정보를 제공할 뿐만 아니라 더 나아가 소비자의 구매행동에 직접적으로 영향을 줄 수 있는 구체적인 제품 관련 정보를 제공하는 중요한 수단이 되고 있다.

인터넷쇼핑몰의 경우, 판매자가 제공하는 정보나 상담 서비스 외에 제품을 구매해서 사용해 본 소비자들의 제품평가가 많이 제공되고 있는데, 이러한 평가정보는 많은 소비자의 제품 선택 시에 중요한 정보원이 되고 있다. 소비자가 개인적으로 정보 제공 사이트를 운영하거나 같은 관심을 가진 소비자들이 서로 소비자 경험 및 체험정보를 교환하거나 소비자가 평가하는 제품의 품질에 대한 평가 정보 교류, 특정 정보를 제공하거나 공유하는 사이트를 운영하는 등 소비자들이 스스로 상담사의 역할을 하기도 한다.

2 구매 시 소비자상담

1) 구매 시 소비자상담의 의의

구매 시 소비자상담이란 소비자가 구체적인 제품과 상표를 선택하기 위한 구매시점에 필요한 정보를 제공해 주는 역할을 하는 것으로 그 역할은 주로 기업의 판매원이 담당하게 된다. 따라서 구매 시 소비자상담은 기업의 역할이나 비중이 크다고 볼 수 있다.

일반적으로 구매 시 소비자상담은 상점에서 소비자와 판매원의 대면상담으로 이루어지는 경우가 많지만 인터넷구매나 케이블 TV를 통한 구매의 경우에는 전화나 인터넷을 통해 상담이 이루어지기도 한다.

또한 구매 시 소비자상담에는 제품 구매와 관련한 구매 후 제공하는 서비스에 관한 계약조건 등에 관한 정보 제공을 포함한다. 구매 후 불만족은 소비자들의 기대불일치에서 오는 경우가 많으므로 구매 시 소비자와 기업 간의 거래에서 확실한 정보를 제공하는 것이 필요하다. 즉 기업은 자신들의 제품이 제공할 수 있는 사용용도 및 사후 서비스에 관해 소비자에게 솔직하고도 정확한 정보를 제공할 필요가 있다. 약관 등이 존재할 경우 기업은 소비자에게 약관의 존재 및 그 내용과 효력에 관해 구체적으로 정보를 제공해주어야 한다.

구매 시 소비자상담은 소비자의 입장에서 최종선택을 하는 순간이라는 점에서 매우 중요하며, 기업의 입장에서도 구매 시 소비자상담은 고객의 확보 및 유지라는 차원에서, 또한 소비자들의 의견을 구체적으로 얻을 수 있다는 점에서 매우 중요하다. 특히, 소품종 대량생산에서 다품종 소량생산으로 변하는 과정에 있는 현대사회의 기업에서 구매 시 소비자상담은 소비자와 기업 간의 매개적인 역할을 한다는 점에서 매우 중요하다.

2) 구매 시 소비자상담의 구성

소비자상담사는 구매 시 소비자의 욕구를 확인하고 효과적인 정보 제공을 통해 소비자만족을 증대시켜야 한다. 소비자상담사는 소비자로부터 제품에 대한 질문을 받았을 때 애매한 대답보다는 정확하고 풍부한 제품지식으로 소비자가 올바른 구매를 할 수 있도록 도와주어야 하며, 이를 위해 다음과 같은 다양한 지식을 가져야 한다(이기춘 외, 2000).

첫째, 일반적 지식으로, 회사에 관한 지식, 업계의 동향 및 일반 경제에 관한 지식, 다양한 제품에 관한 지식을 가져야 한다.

둘째, 제품에 대한 지식으로, 취급 상품에 관한 구별 및 상품의 기능, 용도, 사용방법, 조작, 유용성 및 상품의 장단점과 가치 등에 관한 정보를 가져야 한다.

셋째, 제품시장에 대한 지식으로, 관련 제품에 관한 내용 및 구매자의 사회통계학적 특성을 파악하고 구매목적에 관한 지식을 가지고 있어야 한다.

넷째, 소비자의 구매심리에 대한 지식으로, 소비자의 소비성향, 구매행동, 구매심리에 대한 지식 및 소비자들을 대하는 기술에 관한 지식 등을 가지고 있어야 한다.

이러한 지식을 바탕으로 다음과 같은 내용에 관한 상담을 해 주어야 한다.

(1) 소비자의 욕구 및 경제적 상황에 맞는 제품 파악 및 추천

소비자상담사는 소비자가 원하는 욕구를 파악하여 경제적 상태에서 가장 적합한 제품을 선택할 수 있도록 도와주어야 한다. 무조건 비싸고 좋은 제품을 추천하면 안 되고 소비자의 목표를 정확히 파악하여 그에 맞는 제품을 추천해 주어야 한다.

(2) 제품에 대한 객관적 평가자료 제공

소비자상담사는 소비자들에게 여러 대안을 제공해 주고 이 대안에 대한 비교 정보, 사용과정 및 사용 후의 장단점 등에 관한 객관적인 자료를 제공하여 소비자가 스스로 구매결정을 하도록 도와주어야 한다. 자사 제품에 대한 과다한 평가 및 타사 제품에 대한 잘못된 정보 제공을 하는 것은 바람직하지 못하며, 장기적인 관점에서 소비자의 신뢰를 잃을 수 있다는 점에서 유의해야 한다.

(3) 지불방법 및 계약조건에 관한 정보 제공

구매가 결정되면 소비자는 지불방법을 결정하게 되는데, 이 경우 지불방법에 따른 장단점을 설명해 주어야 하며 계약조건에 관한 자세하고 명확한 설명이 요구된다. 제품구매 시 계약서가 있다면, 계약조건에 관한 내용을 구체적으로 문서화하여 소비자와 판매자 간에 의견 일치를 얻을 수 있다. 계약서를 작성하지 않고 때로는 판매원이 구두로 소비자에게 계약조건으로 부가서비스를 약속한다든지, 구매 후 AS 관리에 대해 과장된 설명을 하게 되면 구매 후에 소비자와 기업 간의 갈등요인이 될 수 있으므로 명확하고 타당한 정보 제공이 요구된다.

3 구매 후 소비자상담

1) 구매 후 소비자상담의 의의

구매 후 소비자상담은 소비자가 제품이나 서비스를 사용하는 과정에서 생긴 문제와 구매 후 불만족에 대한 문제해결을 위한 도움을 주는 것이다. 상담 내용은 주로 불만처리와 피해구제, 타 기관 알선 등이며, 이를 통하여 소비자의 기본 권익 보호 및 소비생활의 향상과 합리화를 도모할 수 있다.

과거의 소비자상담은 주로 구매 후 불만족에 대한 처리였으나 점차 구매 전, 구매 시 상담의 비중도 커지고 있다. 그러나 아직까지 소비자상담의 주된 업무는 구매 후 발생한 문제에 대한 상담이라고 할 수 있다. 구매 후 소비자상담은 크게 사용에 대한 문의와 불만처리 및 피해구제에 관한 내용으로 분류할 수 있다.

소비자들이 구매 후 상담을 요청할 수 있는 기관은 대표적으로 기업 혹은 1372 소비자상담센터이며, 최근에는 인터넷을 통해 또는 제품 및 서비스와 관련된 상담을 할 수도 있다. 상담으로 문제가 해결되지 않을 때는 소비자피해구제나 소송을 통해 그 문제를 해결할 수 있다.

2) 구매 후 소비자상담의 구성

구매 후 소비자상담은 상담 내용에 따라 크게 사용에 관한 문의와 불만처리 및 피해구제에 관한 상담으로 나누어 생각해 볼 수 있다.

(1) 사용에 관한 문의

소비자들은 제품을 구입한 후 사용법에 관한 문의를 하는 경우가 많다. 제품 사용에 관한 문의는 주로 기업에게 하는 경우가 많으며, 제품의 기능이 복잡한 현대사회에서 기업의 소비자상담에서 많은 비중을 차지하는 것이 사용에 관한 문의이다.

(2) 불만처리 및 피해구제에 관한 상담

소비자피해란 소비자가 제품이나 서비스를 구입하여 사용하는 과정에서 품질의 결함으로 인하여 소비자가 입는 생명·신체상의 손해와 부당한 가격이나 거래조건, 그리고 불공정한 거래방법 등으로 인해 소비자가 입는 재산상의 손해를 총칭한다.

소비시장환경은 끊임없이 변하여 디지털사회에서 홈쇼핑, 인터넷 쇼핑, 휴대전화를 이용한 상거래가 보편화되고 있다. 이러한 전자상거래가 활성화되면서 국제 간의 소비자피해구제 문제 및 소액다수의 소비자피해구제에 대한 중요성이 부각되고 소비자피해는 다양하고 복잡하게 되었다.

3) 상담기관에 따른 피해구제 관련 소비자상담

피해구제의 제도적인 측면에서 소비자가 피해구제를 원활하게 받을 수 있는 구조는 일차적으로 소비자피해구제의 가장 바람직한 방안으로 인식된 사업자와 소비자 간의 자율적인 해결이므로 기업의 소비자상담이 중요하다. 그러나 이 단계에서 문제해결이 어려운 경우, 2차적으로 한국소비자원, 지방자치단체, 민간 소비자단체 등을 통해 피해구제 활동이 이루어지고, 그 다음 단계로 한국소비자원을 비롯한 각 기관에서 운영하고 있는 분쟁조정제도가 있으며, 만일 이곳에서도 피해구제의 도움을 받지 못한 소비자는 마지막으로 소송의 힘을 빌려 소비자피해구제 문제를 해결해야 한다.

(1) 소비자피해구제를 위한 제도적 구조 및 상담기관

현재 우리나라 소비자피해구제를 위한 제도적 구조를 보면 일차적으로 소비자와 사업자의 자율적 해결 방법을 들 수 있으며, 이 단계에서 모든 소비자피해가 원활하게 구제된다면 더 이상의 소비자피해구제 시스템은 이론적으로 필요 없게 된다.

대부분 대기업은 고객만족 경영방식의 중요성 인식과 함께 자사에서 소비자피해보상기구의 활성화를 위해 노력하고 있으나, 중소기업을 비롯한 상거래 환경의 변화와 함께 다양한 소비자피해구제 원활화에 대한 문제가 대두되면서 소비자기본법상 소비자피해보상기구의 부활이 요구되고 있다.

특히 2002년 7월 1일 제조물책임법 시행과 함께 기업의 'PL 신고센터' 운영은 소비자피해구제에는 매우 고무적인 일이나, 제품의 결함으로 인하여 신체적·재산상 피해가 있어야만 신고대상이 되기 때문에, 아직도 제품의 하자 여부를 소비자가 입증해야 하는 등의 문제점이 지적되고 있다.

소비자와 사업자 간의 원활한 피해구제가 이루어지기 어려운 경우, 소비자는 한국소비자원을 비롯하여 민간 소비자단체, 지방자치단체의 상담창구를 이용하게 되며, 전자상거래의 경우 전자거래진흥원을 이용할 수도 있으며 이 과정에서 각 기관 상담사는 소비자와 사업자 간의 합의가 이루어질 수 있도록 노력하게 된다.

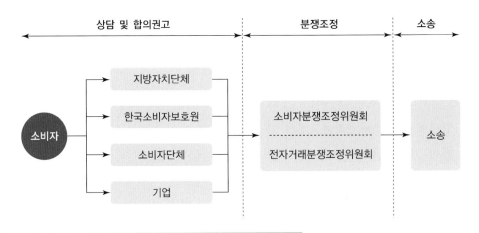

그림 8-3 소비자피해구제를 위한 제도적 구조 및 상담기관
자료: 김영신 외(2005). 새로 쓰는 소비자상담의 이해, p.215

소비자와 사업자 간의 합의가 이루어지지 못한 경우, 소비자피해구제 분쟁조정위원회의 도움을 받게 된다. 우리나라 소비자피해구제 분쟁조정위원회는 한국소비자원이 대표적이며 기타 관련 기관의 분쟁조정기구가 있고 전자상거래에 의한 소비자피해구제의 경우 전자거래진흥원을 들 수 있다.

분쟁조정위원회에서 소비자피해구제가 해결되지 못할 경우, 개인 소비자가 필요하다고 판단하면 일반 민사소송을 이용할 수 있다.

(2) 소비자피해구제를 위한 분쟁조정

소비자피해는 소규모의 피해이면서 피해 원인의 증명이 곤란한 특징이 있다. 따라서 소비자피해는 법적인 소송을 통한 복잡한 해결보다는 우선적으로 소비자와 사업자 간의 분쟁과 갈등에 합의하기를 권고하고 중재하는 것이 바람직하다.

뿐만 아니라 소비자피해의 특성이 점차 과학기술문제 등의 복잡화로 고도의 전문적 지식이 요구되고, 이에 따라 심리에서는 보다 많은 노력과 시간이 더 필요한 실정이므로 모든 소비자피해분쟁을 법에 호소하여 재판절차에 의하여 해결하기에는 어려움이 많이 따르고 있다.

이에 소비자피해구제를 위한 대체적 분쟁조정의 활성화가 요구되는데, 현재 우리나라에서 분쟁조정을 시행하고 있는 분쟁조정기구와 분쟁조정 내용을 살펴보면, 소비자피해구제를 위한 국내 분쟁조정기구 중 소비자피해구제와 직접적으로 관련된 기구로는 한국소비자원의 '소비자분쟁조정위원회'와 기획재정부 산하 '전자거래분쟁조정위원회'가 있다. 이 중 '전자거래분쟁조정위원회'는 전자상거래로 인한 소비자상담 및 피해구제만을 담당하고 있으므로 대체적 분쟁조정기관 중에서 소액다수의 일반적인 소비자피해와 관련이 깊은 분쟁조정기구는 한국소비자원의 소비자분쟁조정위원회이다. 새로운 거래 유형으로 급부상되고 있는 전자상거래의 소비자피해구제와 밀접한 한국전자거래진흥원의 전자거래분쟁조정위원회를 소비자분쟁조정위원회와 구체적으로 비교하면 다음 표 8-1과 같다.

표 8-1 우리나라 분쟁조정기관의 비교

구분	소비자분쟁	전자거래분쟁
담당 기구	소비자분쟁조정위원회	전자거래분쟁조정위원회
설립일	1987년 7월	2000년 4월
근거 법률	소비자보호법	전자거래기본법
전담기관	한국소비자원 (공정거래위원회)	정보통신산업진흥원 (기획재정부)
담당 기구의 법적 권한	사실 조사 권한 있음	사실조사 권한 없음, 자료 요청권 있음
분쟁조정 및 중재의 법적 효력	재판상의 화해와 동일한 효력	당사자 합의, 조정안 불수락 시에는 강제 불가
기타	ICPEN 가입	온라인 분쟁조정 및 사이버 시스템 실행

자료: 백경미·이희숙·김시월·김현(2003), 소비자피해구제 원활화를 위한 제도개선방안, p.13 재구성

이처럼 소액다수의 일반적 소비자피해와 관련된 분쟁조정 기구로 재판상의 화해와 동일한 법적인 효력을 발휘하는 곳은 한국소비자원의 소비자분쟁조정이다. 한국소비자원의 소비자분쟁조정은 소비자의 피해구제 차원에서 짧은 기간 동안 많은 성과를 거두었으나, 현재 소비자단체협의회 차원에서 이루어지고 있는 분쟁조정기구와 차별화가 필요하며, 또한 분쟁조정 요청 건수의 증가와 더불어 개선해야 할 점이 많다.

범세계적 네트워크와 전자상거래는 지리적 국경의 고려없이 국내 문화와 법적 구조를 넘어서 쉽게 거래를 할 수 있는 가능성을 현저히 증가시켜서 개인들과 기업체에 이익을 창출하였다. 그러나 이런 가능성은 또한 양쪽으로부터 발생하는 잠정적 분쟁을 형평성과 공정성의 보장하에 어떻게 동등하고 효과적으로 해결할 수 있을지에 대한 문제를 제기한다. 현재 OECD와 WTO, EU, WIPO 등의 국제단체를 비롯한 각국의 전자거래 지침에는 전자거래에서 발생하는 분쟁에 대해서는 조정절차를 이용할 수 있도록 적극적으로 권하고 있다. 전통적으로 대체적 분쟁조정에 의한 분쟁해결은 오프라인을 통해서 이루어져, 분쟁당사자는 우편 또는 물리적 만남을 통한 당사자 접촉에 의해서만 분쟁을 해결할 수 있었다. 즉, 이제까지는 법원을 비롯한 거의 모든 분쟁해결기관에서 물리적 방법에 의한 심리절차와 조서 작성 및 증거 제출 등에서 서면작성을 원칙으로 하고 있었다.

그러나 온라인 대체적 분쟁조정은 특정 분쟁(특히 전자상거래분쟁)을 인터넷을 통해 신속하고 적절하게 해결할 수 있다는 점에서 전통적인 대체적 분쟁조정방법을 보충하는 역할을 한다. 온라인 대체적 분쟁조정에는 전통적인 대체적 분쟁조정과 같이 중재나 조정처럼 소송이 아닌 방법으로 분쟁을 해결하고자 하는 다양한 방법들이 있으며, 보다 효과적으로 당사자들을 비소송적 분쟁해결에 끌어들이기 위한 수단으로 인터넷을 이용하고 있다.

(3) 소송을 통한 소비자피해구제의 필요성 및 소비자상담

일반적으로 소비자피해구제를 요청한 소비자는 빠른 시일 내에 보상 받기를 원한다. 따라서 상담, 피해구제, 분쟁조정과 같은 방법을 통해 피해구제를 받을 수 있는 제도가 마련되어 있지만 이러한 제도로 해결되지 않는 문제는 결국 소송을 통해 해결될 수밖에 없다.

사법적 소송을 통한 소비자피해구제는 최종적인 역할을 하게 되며, 다른 피해구제방법의 기준이 될 수 있다는 점에서 중요하다. 사법적 소송에 의한 소비자피해구제가 원활해지면 기업, 소비자단체, 한국소비자원의 상담 및 대체적 분쟁조정 등도 훨씬 효율적으로 활용될 수 있을 것이므로 이를 도와주기 위한 방안을 모색해야 한다.

소비자가 소송을 통해 피해구제를 받는 데에는 다음과 같은 점에서 한계가 있으므로 그러한 문제를 소비자상담을 통해 보완해주어 소비자소송을 활성화시킬 수 있다.

첫째, 소비자피해 입증의 문제가 있다. 소비자가 피해를 입은 경우 피해의 원인이 어디에 있는지를 밝혀야 하는데, 이는 매우 어려운 문제이다. 사업자 과실 입증의 어려움도 문제가 된다. 소비자가 피해구제를 받기 위해서는 사업자의 고의, 과실, 또는 위법성을 주장·입증해야 한다. 그러나 생산과정이 복잡하고 여러 유통과정을 거쳐 소비자에게 제품과 서비스가 제공되는 현대적 시장구조에서 소비자가 피해 원인을 규명한다는 것은 매우 힘들다.

둘째, 소송에 대한 소비자인식의 문제 및 기업과의 비대칭성은 소비자소송의 활성화에 장애가 된다. 우선 소비자는 기업에 비해 제품과 서비스에 관한 지식이 부족하다. 소비자는 일반적으로 소비의 대상인 제품이나 서비스에 대하여 무지한 개인인 경우가 많으며, 기업은 특정 상품에 대한 전문가이므로 소비자는 기업에 비하여 열악한 지위에 있다.

또한 소비자는 일생에 거의 1번 정도 소송 당사자가 되기 때문에 소송에 관한 지식 및 경험도 부족한데, 기업은 반복하여 분쟁에 임하면서 소송에 관한 지식이나 경험에 차이가 있을 수 있다. 소비자의 소송의지면에서도 우리나라의 법 정서상 소송을 통한 문제해결이 활성화되지 못하고 있으며, 특히 소비자피해 시 기업을 대상으로 소송을 제기하여 문제를 해결하려는 의지가 부족하다.

셋째, 소비자소송은 소비자의 측면에서 비경제적인 경우가 많다. 소비자소송은 소액의 청구를 다루는 경우가 많다. 그래서 소비자들이 소송을 통해 얻는 이득이 적으므로 소송까지 하지는 않으려 한다. 여러 명의 소비자가 공동으로 피해보상 소송을 제기하더라도 피해액은 수십만 원이나 기껏해야 수백만 원에 지나지 않을 수도 있을 것이다. 반면 소송에 드는 시간과 비용은 많이 들기 때문에 소비자피해를 소송으로 해결하는 것은 큰 문제가 된다. 일반적인 민사소송절차는 확정판결에 이르기까지 상당히 많은 시간이 소요되어, 판결에 이르기까지 1~2년이 걸리는 경우가 많으며, 소비자는 기업 측에 비하여 훨씬 큰 어려움을 겪게 된다. 소송에 드는 비용 측면에서도 기업은 소송비용을 다른 상품의 제조원가에 포함시켜 이를 다른 사람에게 전가할 수 있으나 소비자는 전가가 불가능하므로 대부분의 소비자가 끝까지 소송비용을 부담하면서 소송을 수행하기 어려운 경우가 많다. 따라서 소비자상담을 통해 그 문제를 소송으로 해결할 필요가 있을 경우 지원해 주는 것이 필요하다.

생각해 보기

학번 : _____ 이름 : _____ 제출일 : _____

노트북(또는 탭북)을 대상으로 구매 전, 구매 시, 구매 후에 가능한 소비자상담에 대해 조사해 보자.

01 구매 전 필요한 소비자상담의 내용에 대한 목록을 작성해 보고, 구체적으로 어떤 상담기관을 통해 무엇을 상담할 지에 대해 기술해 보자.

02 구매 시 소비자상담의 내용에 대한 목록을 작성해 보고, 구체적으로 어떤 기업체의 상담기관을 통해 무엇을 상담할 지에 대해 토의해 보자.

03 구매 후 소비자상담의 내용을 생각해 보고, 구매 후 만족과 불만족상황에 따라 구체적으로 어떤 상담기관을 통해 무엇을 상담할지에 대해 토의해 보자.

04 소비자의 구매의사결정 단계별 상담내용을 재구매의사결정에 어떻게 활용할 수 있는지 생각해 보자.

소비자유형별
소비자상담

Consumer Counselor

소비자유형별
소비자상담

소비자도 사람이다. 사람은 제각기 다르기 때문에 어떤 사람에게 통했던 전략이 다른 사람에게는 통하지 않을 수 있다. 이렇게 다양한 특성을 가지고 있는 소비자를 대상으로 효율적인 상담을 하기 위해서는 소비자의 마음을 이해하면서 욕구를 만족시킬 수 있어야 한다. 소비자를 이해하기 위하여 다양한 방법들이 개발되었다. 이 장의 궁극적인 목표는 소비자를 이해하여 보다 효율적이고 효과적으로 소비자상담을 하는 데 있다.

1 소비자행동유형−DISC

소비자의 행동을 유형화하기 위한 다양한 이론과 방법이 있다. 이 장에서는 윌리엄 마스턴William Marston이 1928년 자신의 저서 《정상인의 여러 가지 감정The Emotion of Normal People》에서 제시하여 누구나 자유롭게 사용할 수 있도록 한 DISC 행동유형을 사용하고자 한다. 이 유형은 4가지로 인간을 간단하게 유형화할 수 있고, 전문적인 검사 도구를 사용하지 않고도 비교적 쉽게 행동 특성을 파악하여 유형화하기 쉽기 때문이다(메릭 로젠버그 · 대니얼 실버트 저, 이미경 역, 2013).

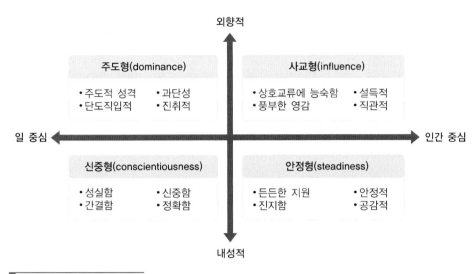

외향적

주도형(dominance)
• 주도적 성격 • 과단성
• 단도직입적 • 진취적

사교형(influence)
• 상호교류에 능숙함 • 설득적
• 풍부한 영감 • 직관적

일 중심 ←——————————→ 인간 중심

신중형(conscientiousness)
• 성실함 • 신중함
• 간결함 • 정확함

안정형(steadiness)
• 든든한 지원 • 안정적
• 진지함 • 공감적

내성적

그림 9-1 DISC 행동유형

1) DISC 유형의 특성

그림 9-1처럼 D_{dominance}, I_{influence}, S_{steadiness}, C_{conscientiousness} 유형은 외향적-내향적, 일 중심-인간 중심의 두 차원에 의하여 다음과 같이 4개의 유형으로 구분된다.

(1) 주도형_{dominance}

주도형은 계획보다 행동을 선호하고, 성과를 이루는 데 관심을 집중한다. 큰 보상을 얻기 위하여 도전하고 위험을 무릅쓰는 경우가 많다. 상황을 빨리 판단하고 과감하게 행동노선을 결정한다. 단호하고 단도직입적이고 경쟁적이며, 시간을 낭비하기 싫어하고 결론과 결과를 먼저 말하는 것을 선호한다. 있는 그대로 직접적인 대답을 듣기를 원한다. 그러므로 주도형을 상담할 때는 장황하게 설명하지 말고 분명하게 빨리 결론을 직접적으로 알려주어야 한다.

주도형은 자신의 생각이 정답인 양 밀어붙이는 경우가 많고 자신의 방식과 맞지 않으면 싸움도 불사한다. 주도형의 생각이 소비자상담사의 생각과 많이 다를 경우 '2보 전진을 위한 1보 후퇴 전략'이 주효할 때가 많다. 중국의 춘추전국시대 제나라 경공과 안영의 일화가 좋은 교훈을 준다. 성질이 급하고 독선적이었던 경공은 그가 아끼는 말이 죽자 불 같이 화를 내며 마구간지기를 처형하라고 명령했다. 안영은 묵묵히 경공의 명령을 따르는 척하면서 "너의 실수로 어진 임금의 성정을 흐트리뜨리고 백성들로 하여금 잔인한 임금이라는 비판을 듣도록 한 죄가 크다."라고 말하며 처형하려 했다. 이 말을 들은 경공은 화를 거두고 처형을 멈추게 했다고 한다(조병상, 2011). 이처럼 소비자상담사는 주도형과 맞서지 말고 먼저 충분히 경청하는 모습을 보여줘서 고객의 불같은 성격이 일단 가라앉기를 기다린 후에 자신의 생각을 말하는 것이 좋다.

(2) 사교형influence

사교형은 적극적으로 끝없이 자극을 찾아다니며 다른 사람들이나 주변 세계와 교류하고, 낙관적이고 천부적인 대인관계 기술이 있으며 다른 사람들을 잘 설득하면서 인생을 즐기고 웃음과 긍정적인 에너지가 넘친다. 미래중심적이고 모든 것에 흥미를 느끼며 무엇이든지 이룰 수 있다는 가능성을 믿는다. 일보다는 관계 형성을 더 중요하게 생각한다. 사교형을 상담할 때는 장점을 세워주고 칭찬을 아끼지 않아야 하며, 지금 상담하는 일이 미래지향적이고 인간관계 형성에 도움이 된다는 점을 알도록 해줄 필요가 있다. 사교형은 99%의 일을 다해놓고도 마지막 1%의 마무리를 못해 일을 수포로 돌아가게 하는 경우가 많다. 소비자상담사는 사교형의 이러한 약점을 보완해줄 수 있는 역할을 해줌으로써 고객과 서로 보완적인 관계를 형성할 수 있다.

(3) 안정형steadiness

안정형은 대세를 따르기 때문에 자기주장이 강하지 않고 튀는 것을 선호하지 않는다. 안정을 보장해 주는 실용적이고 검증된 절차를 선호하며 일관적이고 신뢰할 수 있는 결과를 도출하는 데 익숙하다. 대체로 한 우물만 파는 유형이기 때문에 한 분야의 전문가로 평가받는다.

춘추전국시대 오나라의 손권은 조조, 유비와 달리 지키는 것에 능한 인물로 후세에 평가를 받았다. 오나라가 조조와 유비가 세운 위나라와 촉나라보다 더 오래 명맥을 유지할 수 있었던 이유가 안정을 중시하는 손권의 성향 때문이라는 분석이다. 그러나 좀 더 깊게 분석해 보면 노숙, 제갈근, 여몽, 육손과 같은 전략가형 인물들이 안정추구형인 손권과 융합을 잘 이루었기 때문에 가능했다고 볼 수 있다(조병상, 2011). 전략가적 기질을 가진 소비자상담사는 안정형 고객을 상담할 때 훨씬 더 효율적이라고 말할 수 있다.

(4) 신중형 conscientiousness

완벽주의자에 가까운 신중형은 돌다리도 두들겨 보고 건너자는 유형으로 인도의 독립을 위하여 비폭력 불복종 운동을 이끌었던 마하트마 간디가 대표적인 인물이다. 모든 일을 정확하게 처리하는 데 관심이 집중되어 있다. 모든 일이 제대로 이루어졌는지를 확인하기 위하여 끊임없이 절차와 아이디어를 질문하며, 감정보다는 관찰할 수 있고 계량화할 수 있는 정보를 논리적으로 분석해서 실질적인 결정을 내린다. 이 유형을 상담할 때는 객관적이고 수량적인 정보와 신뢰할 수 있는 정보를 논리적이고 차분하게 제시할 수 있어야 한다. 자존심과 고집이 세다는 평가를 받는 경우가 많기 때문에 자존심을 건드리지 않아야 한다. 신중형은 개별 사항은 잘 파악하지만 통합적인 관점은 부족한 경우가 있기 때문에 소비자상담사는 전체적인 큰 그림을 놓치지 않도록 자존심이 상하지 않는 범위에서 고객에게 조언을 해줄 필요가 있다.

2) DISC 유형의 관찰 징후

4가지 유형의 사람들은 다음과 같은 징후를 보인다. 그러므로 소비자상담사는 상담을 시작하면서 고객이 보이는 다음과 같은 징후를 세밀하게 관찰하여 고객을 유형화하면 대응할 수 있는 효율적인 전략을 세울 수 있다.

(1) 주도형의 징후

주도형은 독수리같이 자신감을 발산한다. 즉 자신 있게 행동하고, 힘차게 악수하고, 흔들리지 않고 상대와 시선을 마주친다. 단호하고 직접적이며, 확신에 찬 어조로 새로운 아이디어를 말하고 전문가같은 인상을 풍긴다. 직설적으로 말하고 소소한 문제는 신경 쓰지 않는다.

(2) 사교형의 징후

앵무새의 기질을 가지고 있는 사교형은 환한 미소, 크게 뜬 눈, 방안을 가득 채운 시원한 웃음, 행복과 흥분 사이를 넘나드는 어조 등을 보인다. 사소한 좋은 일은 완전히 근사한 일, 좀 나쁜 일은 아주 끔찍한 일이 된다. 낯선 사람과 쉽게 관계를 맺고 어떠한 주제의 대화도 쉽게 끼어들고 리드한다.

(3) 안정형의 징후

비둘기의 차분한 느낌을 가지는 안정형은 부드러운 미소, 상냥한 손길로 온화하고 진지한 태도를 드러낸다. 다정하게 남을 보살피는 듯한 어조로 조용하게 말하고 아무리 화가 나도 언성을 높이지 않는다. 어떤 사람의 기분이 나쁘다는 사실을 감지하면 쉽게 그 사람의 감정에 공감하고 이야기를 들어준다.

(4) 신중형의 징후

올빼미처럼 감정을 드러내지 않고 절제된 행동을 하는 신중형은 무표정하고 냉정하며 일관적이고, 개개인의 공간을 중요하게 여긴다. 상대의 등을 두드리거나 끌어안는 행동을 한다. 상대방과 대화를 할 때도 곧은 자세를 취하고 상대방의 시선을 피하지는 않으나 고개를 끄덕이고 미소를 짓는 등 찬성이나 반대 의사를 엿볼 수 있는 실마리를 보이지 않는다. 감정보다 논리를 선호하고 사적인 이야기를 할 때도 사실과 자료를 제시하고 항상 자로 잰 듯 정확하게 말한다. 모호한 것을 싫어하기 때문에 무엇이든지 완벽하게 이해하려고 질문을 많이 한다.

3) DISC 유형이 선호하는 보상

다음은 각 유형이 선호하는 보상이다(메릭 로젠버그·대니얼 실버트 저, 이미경 역, 2013). 소비자상담사는 고객에게 각 유형이 선호하는 보상을 제공하여 상담을 보다 효율적으로 수행할 수 있다. 여기에 제시되어 있는 내용은 미국 문화와 기업에서 선호되는 내용이므로 우리나라의 문화와 상담 상황에 맞도록 소비자상담사가 조정하는 지혜가 필요하다. 또한 소비자상담부서에서는 소비자상담사의 유형에 적합한 보상을 제공하여 업무를 보다 효율적으로 추진할 수 있다.

(1) 자기주도적 D 유형의 보상

- 공개적인 칭찬 받기
- 찬사 받기
- 자기 이름이 적힌 상이나 명판 받기
- 자신의 성과가 상사에게 전달되기
- 능률제 승급
- 부가 급부
- 책임과 권한 증가
- 리더십 역할
- 더 나은 일을 맡기 위해 교육받는 것
- 더 높은 직급으로의 승진
- 높은 지위의 사람에게 보고하는 일

(2) 사교적인 I 유형의 보상

- 자신의 창의적인 아이디어가 실행됨
- 독특한 발명품과 장치들
- 자기가 관심 갖는 일을 선택하는 자유
- 팀 로고가 찍힌 재미있는 옷
- 유연한 업무 시간
- 흥미로운 곳으로 떠나는 여행이나 휴가
- 세세한 서류 작업을 줄이는 것
- 주말을 낀 3일 연휴
- 편하고 독창적인 액세서리
- 재미있는 장난스러운 선물
- 뮤지컬, 코미디 혹은 콘서트 티켓
- 업무를 즐겁게 해주는 일

(3) 안정적인 S 유형의 보상

- 업무 수행을 돕기
- 팀에 속하는 것
- 일대일 칭찬
- 타인을 이해하며 타인의 말을 경청하기
- 다정하고 인내심 있는 태도
- 자신의 질문이 진지하게 받아들여지는 것
- 더 많은 휴가
- 직접 만든 선물
- 친구들끼리 모이는 사교 모임
- 사려 깊고 개인적인 선물
- 의미 있는 사진
- 감사 편지

(4) 신중한 C 유형의 보상

- 자신이 동경하는 사람들 앞에서 칭찬 받기
- 명예 훈장인 푸른 리본 받기
- 가죽 수첩
- 의미 있는 책
- 역사적인 서류나 가보
- 조용하고 고립된 업무 환경
- 자신의 능력을 인정받기
- 자신의 명성을 높여주는 말과 자기 이름이 새겨진 필기도구
- 효율성을 높여주는 컴퓨터 프로그램
- 교향곡 연주회나 오페라 티켓

2 DISC 유형을 활용한 소비자상담 전략

DISC 유형을 활용하여 효과적으로 소비자상담에 활용하기 위해서는 다음과 같은 원칙을 준수해야 한다.

1) 제1원칙 - 자신의 유형 파악하기

자신의 행동유형이 소비자상담에 적합한지를 먼저 파악해야 한다. 일반적으로 소비자상담을 포함하여 고객을 지원하는 업무는 주도형보다는 사교형이 더 적합하다. 주도형은 소비자상담부서에서 전화를 받고 상담을 해주는 일이 너무 따분하고 지나치게 스트레스가 쌓이기 때문에 오히려 경쟁적인 목표를 세우고 위험도 감수할 수 있는 판매직이 더 적합할 수 있다.

2) 제2원칙 - 상대의 유형 알아보기

앞에서 제시한 행동유형의 징후를 잘 관찰해서 상대방이 어떤 유형에 근접하는 사람인지를 빨리 파악해야 한다. 새로운 사람을 볼 때마다 어떤 유형에 속하는지를 파악하고 관계를 계속하면서 수정하는 일을 반복하다 보면 보다 직관적으로 빨리 사람들의 행동유형을 파악할 수 있는 능력이 제고될 수 있다. 특히 거의 매일 새로운 사람들을 상대하는 소비자상담사는 상대방의 유형을 파악하게 되면 서로의 장점을 지렛대처럼 활용하여 진정한 협력관계를 만들 수 있다.

3) 제3원칙 - 유형을 고려한 기대치 정하기

인간은 누구나 자신의 행동유형을 통하여 세상을 바라보고, 다른 사람들에게도 자신의 유형에 부합한 기대를 한다. 예를 들면 자신이 좋아하는 것을 남들도 좋아하고 자신이 요구하는 것을 남들도 원하면 좋을 거라고 생각한다. 내가 할 수 있는 것은 다른 사람도 할 수 있고 다른 사람도 내가 반응하는 방식으로 반응할 것이라고 생각하는 경향이 있다. 더욱 문제가 되는 것은 내 자신의 욕구를 표현하지 않아도 남들이 나의 욕구를 파악해서 충족시켜줄 것이라고 기대한다. 이러한 비현실적인 기대는 좌절감, 나쁜 결과, 비효율적인 의사결정, 갈등 심화, 분노를 낳게 된다. 무엇보다 소비자상담사는 고객의 욕구를 정확하게 파악해서 충족시켜주는 일이 가장 중요한 업무이다. 그러므로 행동유형을 고려해서 현실적이고 합리적인 기대치를 설정하면 고객도 만족할 것이며 소비자상담사는 지나치게 힘들이지 않고 자신의 업무를 할 수 있다.

4) 제4원칙 - 행동과 의도 고려하기

사람들은 자신을 판단할 때는 자신의 의도를 고려하고, 다른 사람들을 판단할 때는 행동을 고려하기 때문에 갈등이 생길 수 있다. 소비자상담사가 상담하는 고객 중 자신의 성미를 건드린다고 받아들일 수 있는 많은 경우가 실제로는 성미를 건드리는 것이 아니라 고객이 자신의 욕구를 충족시키기 위한 것이다. 소비자상담사는 고객과 불편한 대화를 나누게 되거나 갈등을 빚게 되는 경우에는 고객의 진정한 의도가 무엇인지를 먼저 파악하려고 시도해야 한다. 고객은 소비자상담사를 괴롭히려는 것이 아니라 자신에게 이로운 결과를 얻기 위한 일이나 행동을 하는 경우가 더 많기 때문이다. 이렇게 상대방의 의도를 이해하면 소비자상담사가 화를 내는 고객으로부터 스트레스와 상처를 덜 받을 수 있다.

5) 제5원칙 - 장점을 활용하되 남용하지 않기

아무리 좋은 것도 지나치면 독이 된다는 사실을 명심해야 한다. 각 행동유형이 가지고 있는 장점은 기본적으로 좋은 것이지만 지나치면 해로워진다. 대부분의 사람들은 스트레스를 받거나 불안하면 극단적인 행동유형을 표출하게 된다는 점에서 DISC 유형을 너무 맹신하지 말아야 한다.

6) 제6원칙 – 적절할 때 합당한 유형 발휘하기

인간은 특정 행동유형 중에서 하나의 속성이 강한 경우도 있고, 강한 한 속성과 좀 덜 강한 또 다른 속성을 가지고 있는 경우도 있으며, 4개 속성을 모두 조금씩 가지고 있는 경우도 있을 수 있다. 그러므로 소비자상담사가 가져야 할 가장 적합한 자질 중 하나는 고객과 상황을 정확하게 읽어내고, 적당한 시점에 적절한 유형을 발휘하는 것이다.

7) 제7원칙 – 상대가 대우받아야 하는 방식 선택하기

소비자상담은 고객의 욕구를 충족시켜야 하는 업무이므로 고객이 대우받아야 하는 방식을 철저하게 따르려고 노력해야 한다. 고객을 있는 그대로 공경하고 존중해야 고객도 소비자상담사를 신뢰하고 상담을 진행할 것이다.

3 의사표현 형태별·불만 유형별 소비자상담기법

1) 소비자의 의사표현 형태에 따른 응대법

다음은 소비자의 의사표현 형태와 불만유형에 따라 상담원이 응대해야 할 방법을 제시하고 있으며, 특히 제품 혹은 서비스를 구매하고자 하는 고객이 상담을 원할 때 이용할 수 있는 응대법이다(최은미, 1999).

(1) 제품 혹은 서비스 구매 고객을 위한 응대법
① 남의 이야기를 비판 없이 무조건 그대로 받아들이는 소비자
상대방이 이야기하는 것에 대해 아무런 생각 없이 모두 맞는다고 받아들이는 사람으로 자신의 의견을 잘 말하지 않기 때문에 부관심한 사람처럼 보이는 경우가 많다. 소비자상담사는 이야기 도중에 가끔 소비자가 대화 내용을 이해하고 있는지 확인하면서 대응한다.

② 남의 이야기에 맞장구를 잘 치는 소비자

소비자의 맞장구에 사로잡혀 소비자상담사는 필요 이상의 말을 많이 하지 않도록 조심한다.

③ 말을 더듬는 소비자

소비자가 무슨 말을 하려는지 파악하고 소비자의 기분을 먼저 알아내면서 이야기의 보조를 맞추어 준다.

④ 주저하면서 말하는 소비자

소비자가 부담 없이 말할 수 있는 분위기를 조성해간다.

⑤ 비유를 잘하는 소비자

비유하는 내용을 정확하게 파악하려고 노력하고 가능하면 논리적이고 직접적인 화법으로 설득하는 것이 좋다.

⑥ 과장되게 말을 잘하는 소비자

소비자가 말하는 내용의 어디까지가 진의인지 파악하고 객관적인 자료로 대응한다.

⑦ 이치를 따지기 좋아하는 소비자

이론적으로 맞서지 말고 소비자의 의견에 동조한다.

⑧ 생각에 생각을 거듭하는 소비자

우유부단하게 이렇게 할지 저렇게 할지에 대해 망설일 때 소비자가 기분이 상하지 않도록 하되 소비자상담사는 딱 잘라 결론을 내는 화법이 좋다.

⑨ 빈정거리기 잘하는 소비자

소비자의 자존심을 존중해 주면서 대한다.

⑩ 말허리를 자르는 소비자

소비자상담사가 이야기하는 도중에 자신의 의견을 장황하게 늘어놓는 사람으로, 상담시간을 충분히 잡아 소비자의 이야기를 들어주면서 소비자상담사가 생각하는 것을 납득시킨다.

⑪ 유창하게 말하는 소비자

반론하지 말고 소비자가 말을 하면서 스스로 결론에 이르도록 소비자상담사는 유도성 질문으로 대화를 이끌어 간다.

⑫ 격렬한 어조로 말하는 소비자

소비자의 감정 때문에 소비자상담사의 감정이 격해지지 않도록 조심해야 하며 소비자보다 정신적으로 한 단계 우위에 서서 들어주는 것이 좋다.

⑬ 같은 말을 장시간 되풀이하는 소비자

소비자의 이야기에 지나치게 동조하지 말고 문제를 압축하여 요점을 정리한다.

⑭ 스스로 자신을 비하하는 소비자

칭찬화법으로 소비자의 마음을 열도록 한다.

2) 불만 유형별 소비자상담기법

(1) 불만족한 소비자

① 경청하기

사람들은 화가 났을 때 자신들의 생각을 알아주기를 원하기 때문에 적극적으로 충분히 들어주는 시간을 갖는다.

② 긍정적인 태도 유지하기

미소 지으며 긍정적인 이야기로 접근해 간다면 효과적인 결정을 유도하게 될 것이다.

③ 배려 해주기

소비자상담사가 소비자불만의 원인을 찾기 위하여 최선을 다하고 있다는 것을 느낄 수 있도록 하고, 소비자의 입장에서 감정을 충분히 이해하도록 애쓴다.

④ 개방형 질문하기

소비자에게 개방형 질문을 구체적으로 하여 서비스에 필요한 정보를 얻을 수 있다. 예를 들어 "이○○씨, 서비스 계약에서 무엇을 기대하시는지 정확하게 설명해 주실 수 있습니까?"라고 하면 바른 정보를 얻을 수 있게 된다. 오해와 곤란한 상황이 더욱 증가되는 것을 막기 위하여 정확한 메시지를 받도록 한다. 우리는 메시지를 잘못 해석하고 나서 그 메시지의 의미를 이해했다고 느끼는 경우가 많기 때문이다. 예를 들어 "이○○씨, 제가 만일 정확하게 들었다면 이 테이블을 배달해달라고 판매원에게 말했으나 운전기사가 거절하였습니다. 제가 들은 내용이 정확합니까?"라고 질문한다.

⑤ 적합한 행동 취하기
타당하고 객관적인 정보를 수집하여 분석한 것을 바탕으로 하여 소비자의 요구를 만족시키기 위해 노력한다.

(2) 화가 난 소비자
화가 난 사람들을 다룰 때는 감정 때문에 더 주의를 많이 기울여야 한다. 화가 난 소비자를 효과적으로 대하기 위해서는 화가 난 이유를 알아내야 하는 것이 무엇보다 중요하다.

① 화난 소비자의 감정상태 수용하기
격노한 소비자를 부정하려고 해서는 안 된다. 소비자가 화가 난 상태를 고려하지 않고 대화를 하게 되면 심한 언행이 오가고 싸우게 된다. "뭐 별로 화낼 필요는 없는 일이군요."라는 말 대신에 "저는 당신이 화가 나 있다는 것을 잘 알 수 있습니다. 문제를 해결하도록 도와주고 싶은데, 무슨 일이 일어난 것인지 제가 이해할 수 있도록 말씀해 주실 수 있습니까?"라고 시도할 수 있다. 이러한 접근법으로 화가 난 소비자들의 감정상태를 알아내어 적극적으로 도와 문제를 해결하는 과정에 소비자가 참여하도록 정중하게 요청한다.

② 안심시키기
소비자상담사가 나는 당신이 화가 난 이유를 이해할 수 있다고 소비자를 안심시키는 단어를 사용하면, 보다 쉽게 문제를 해결할 수 있게 될 것이다.

③ 객관성 유지하기

문제에 말려들게 되면 문제를 해결할 수 없게 된다. 심지어 소비자가 목소리를 높이거나 모욕적인 언행을 사용할수록 더 침착하게 행동한다. 소비자상담사가 아니라 회사와 제품과 서비스에 대해 화를 내는 것이라고 인식하면 소비자상담사 자신은 보다 쉽게 평정을 유지할 수 있을 것이다. 만약 소비자가 흥분을 가라앉히지 못할 경우에는 도움을 주고 싶지만 소비자가 계속 흥분하면 아무런 정보를 주지 못하게 되고, 또 도와주고 싶어도 도울 수가 없다는 점을 차분히 설명해 주어야 한다. 소비자상담사가 직접 해결할 수 없는 사안은 관리자와 상의하여 관리자가 상담에 임하도록 할 수도 있다.

④ 원인 규명하기

질문을 종합하고 들은 것을 피드백하고 데이터를 분석하여 근본적인 원인을 규명하도록 한다. 소비자가 단순히 오해를 하고 있을 수도 있으며, 이런 경우에는 약간의 설명만으로도 문제를 해결할 수 있다.

⑤ 귀 기울여 듣기

사람들이 화가 나 있을 때는 이야기를 끝까지 들어주어 화를 발산하는 기회를 줄 필요가 있다. 소비자가 이야기할 때 "에, 그러나…"라는 식으로 끼어들지 않는 것이 현명하다. 이러한 행동은 소비자를 더욱 더 화나게 할 뿐이기 때문이다.

⑥ 불만 줄이기

화가 난 소비자를 상담할 때는 다음과 같은 일을 절대로 해서는 안 된다. 소비자가 이미 몇 번에 걸쳐 여러 명의 전화 담당자와 통화했는데 다시 다른 전화 담당자로 바꾼다거나, 다른 소비자를 상대하느라고 전화를 중단하거나, 전화하는 소비자와 상관없는 다른 업무를 보거나, 다른 소비자를 상대하느라고 전화를 여러 번 대기시켜 놓는 경우이다.

⑦ 해결책 협의하기

화가 난 소비자에게 문제해결 방법을 물어본다. "고객님은 어떻게 해결해 드리기를 원하십니까?"라고 질문하여 소비자가 진정 원하는 해결대안이 무엇인지 분명하게 생각하도록 하고 확인한다. 만약 소비자의 의견이 현실적이고 실현 가능하다면 그대로 그것을 이행하도록 하되, 가능한 것이 아니라면 다른 대안을 협상해 본다.

⑧ 긍정적인 태도 가지기

소비자에게 불가능한 것보다 가능한 것이 무엇인지 설명한다. 만약 "우리 회사의 방침으로는 환불을 해 줄 수 없습니다."라고 말한다면 아마도 소비자는 화를 낼 것이다. 대신에 "도시 내의 대리점 12개 점포 어디에서든지 구입하신 상품을 교환하실 수 있는 교환권을 발급해 줄 수 있습니다."라고 말하는 것이 좋다. 이 때 주의할 점은 소비자를 대하기 전에 회사의 방침은 어떤 것인지, 소비자상담사가 재량으로 할 수 있는 의사결정의 권한 수준은 어느 정도인지 관리자와 점검해 둔다.

⑨ 지속적으로 소비자 점검하기

회사의 체계가 계획적으로 수행될 것이라고 가정해서는 안 된다. 만약 일이 잘못된다면 소비자는 소비자상담사의 이름을 거론하며 관리자에게 상황을 알릴 것이다. 또는 소비자는 불평하기보다는 경쟁 회사로 갈 수도 있다. 2가지 중 어느 것도 실패한 것이다. 일단 해결책이 정해지면 문제가 모두 잘 해결되었는지 점검하는 시간을 갖도록 한다. 소비자의 가치를 강조하고 소비자의 만족과 미래를 위해 전화를 하거나 편지를 쓰도록 한다. 또는 소비자상담사가 직접 상품을 운송하거나 배달하여 확실하게 신용을 쌓을 필요가 있다(이기춘 외, 1997).

(3) 악성 소비자

블랙컨슈머black consumer라고 언론에서 지칭되고 있는 악성 소비자는 기업의 약점을 공격하는 소비자, 과도한 보상을 요구하며, 악성 민원을 제기하는 소비자, 하자나 결함이 있는 제품을 찾아내 관련 업체에 과도한 보상을 요구하는 소비자 등으로 정의되고 있다. 그러나 현재 악성 소비자의 기준은 명확하지 않으며 보통 상식선을 벗어난 정도의 과도한 보상을 요구하는 악성 민원 소비자로 인식되고 있다(허경옥, 2012).

제품사용 후 반품 · 환불 · 교체 요구	58.6%
보증기간이 지난 제품의 무상수리 요구	15.3%
적정수준을 넘은 과도한 금전적 보상 요구	11.3%
인터넷 · 언론에 허위사실 유포 위협	6%
폭언 · 시위 등 업무 방해	4.9%
소비자단체 고발조치 및 법정소송 협박	3.9%

그림 9-2 **블랙컨슈머 악성 클레임 유형**
자료: 대한상공회의소(2013). 블랙컨슈머 대응실태

그림 9-2에는 블랙컨슈머의 악성 클레임 유형이 제시되어 있다. 58.6%가 제품을 사용한 후에 반품, 환불, 교체를 요구하였고, 15.3%가 보증기간이 지난 제품을 무상수리해달라고 하였다.

악성 소비자의 문제행동은 빠르게 증가하고 있는 것으로 나타났다. 특히 사회적 논란이 되는 이슈들이 여과되지 않고 빠르게 전파되는 SNS의 특성을 악용하여 자신들의 요구가 받아들여지지 않을 경우 SNS에 유포하여 손해를 입히겠다고 기업을 협박하는 사례도 증가하고 있다(이은권·박종필·최영은·오용희, 2012). 상담이나 수리, 교환, 환불 등 통상적인 방법으로 종결되지 않아 2005년부터 2007년까지 기업에서 법적 소송을 한 123건 중에서 78.9%가 기업이 승소하였으며, 7.3%만이 패소하였고, 기타는 13.8%를 차지하였다(박현주·백병성, 2008). 금융감독당국에 따르면 민원 건수는 2010년에는 7만 2169건이었는데 비해 2011년 8만 4731건, 2012년 9만 4794건으로 해마다 1만 건 이상씩 증가하고 있으며, 이 가운데 7~10% 가량이 악성 민원에 가깝다고 했다(토마토뉴스, 2013. 12. 8).

개별 소비자상담사가 악성 소비자의 문제행동을 효과적으로 대처하기는 현실적으로 매우 불가능한 상황이다. 대부분의 악성 소비자들은 상관에게 알리겠다고 소비자상담사를 협박하는 경우가 많기 때문이다. 이러한 악성 소비자의 문제행동 때문에 감정노동적 성격이 강한 소비자상담사의 고충이 더 가중되고 있는 실정이다. 그러므로 악성 소비자를 효율적으로 대처하기 위한 환경을 조성할 필요가 있다. 악성 소비자의 문제행동을 대처하는 방법은 다음과 같다(박현주·백병성, 2008; 이은권·박종필·최영은·오용희, 2012).

① 원칙적 처리

기업, 소비자상담기관 및 소비자단체에서는 악성 소비자의 행동에 대하여 사회 전반적으로 통용되는 합리적인 가이드라인을 도출해서 어느 기관과 단체를 통하여 동일한 상담을 하더라도 그 이상 보상이 불가능한 사회환경을 조성해야 한다. 이러한 환경이 마련되어야 소비자상담사가 규정에 의하여 원칙적으로 처리할 수 있고, 악성 소비자가 흔히 하거나 하겠다고 위협하는 쇼핑상담을 예방할 수 있다. 특히 중요한 점은 소비자상담사가 원칙적으로 대응을 하더라도 불이익을 받지 않는 업무평가시스템을 마련해야 한다. 소비자가 지나친 요구를 할 경우 소비자분 쟁해결기준과 해당 법령을 명확하게 설명해서 소비자의 이해를 유도하고 전문가 자문, 실험의뢰, 사실관계 확인 등을 통하여 객관적으로 처리한다.

② 전담인력, 시스템 구축 및 상담 능력 향상

소비자상담부서에서는 악성 소비자에 대한 구체적인 대응 매뉴얼을 작성하여 소비자상담사를 교육하여 적절하게 대처하게 해야 한다. 상담경력과 능력이 뛰어난 직원을 배치해서 대응하게 하는 전담팀을 운영해야 한다.

③ 상담표준화

각 사업장별로 처리 원칙이 모호하고 보상액수도 표준화되어 있지 않고 상품과 사례에 따라 차이가 크면 악성 소비자의 확대 보상기대를 부추기게 된다. 그러므로 악성 소비자를 대상으로 하는 상담을 표준화하고, 표준화된 상담 프로세스를 상세하게 규정하여 소비자에게 홍보하고 교육시키면 보다 객관적이고 공정한 소비자불만처리체계를 확보하고 악성 소비자의 문제행동을 예방하는 효과도 가질 수 있다.

생각해 보기

학번 : _____   이름 : _____   제출일 : _____

01   자신이 소비자상담사라고 가정하고 자신의 행동유형을 파악해 보자.

02   파악한 자신의 행동유형을 바탕으로 하여 4개 소비자행동 유형별로 효과적인 소
        비자상담을 할 수 있는 방안을 모색해 보자.

03   블랙컨슈머를 효과적으로 대처할 수 있는 상담절차를 만들어 보자.

매체별
소비자상담

Consumer Counselor

매체별
소비자상담

소비자상담을 얼마나 성공적으로 이끌 수 있는지는 상담사가 얼마나 소비자상담 기법을 숙지하고 실행에 옮기느냐에 따라 달려 있다고 해도 과언이 아니다. 매체에 따른 상담기법은 소비자를 직접 만나서 상담이 이루어지는 대면상담을 비롯하여 전화를 통한 전화상담, 인터넷상담, 문서상담 등으로 구분되며 상담을 성공적으로 이끌 수 있는 상담매체별 상담기법을 살펴보자.

1 대면상담기법

대면상담은 전화 혹은 인터넷상담에 비하여 상담사가 자신의 용모나 상담장소에 신경을 더 써야 하는 대신 비언어적 요소인 얼굴표정, 몸짓 등을 통하여 소비자의 감정까지도 쉽게 이해하여 상담진행이 쉽게 이루어질 수 있다는 장점이 있다.

대면상담기법에서 고려해야 할 요소는 상대방을 보면서 말하고 듣는 기법, 비언어적(보디랭귀지) 기법, 용모와 상담공간에 대한 사항으로 구성되며, 이들에 대한 내용은 이미 chapter 3에서 구체적으로 다루었기 때문에 여기서는 생략하기로 한다.

2 전화상담기법

전화상담은 상담을 원하는 사람의 입장에서는 언제든지 상담사가 있는 곳까지 직접 방문해야 하는 불편 없이 쉽게 서비스를 받을 수 있다는 점 때문에 상담의 접근성이 좋다는 장점을 갖고 있다. 그러나 상담사의 입장에서는 대면상담처럼 상대방의 얼굴표정, 태도, 용모 등 시각적이고 비언어적인 정보를 얻을 수 없고 목소리만을 통하여 고객의 요구를 파악해야 한다는 어려움이 있다. 더욱이 고객이 상담하고자 하는 내용을 조리 있게 설명하지 못할 경우나 상담에 필요한 자료인 계약서가 없거나 상품 등에 대한 상식이 부족할 경우 더욱 대면상담보다 어려움이 생기게 된다. 이미 설명한 것처럼 전화를 통한 의사소통의 기본 요소는 대면상담의 경우처럼 비언어적 요소가 없고, 말하기speaking와 듣기listening만으로 구성된다는 점 때문에 전화상담에서는 방문상담에 비하여 상대적으로 말하기와 듣기의 중요성이 강조된다. 전화상담 시 말하기와 듣기에 필요한 일반적 기법은 chapter 3에서 살펴본 내용과 크게 다르지 않으나 특히 효율적인 전화상담을 위해 필요한 사항 몇 가지를 알아보자.

1) 전화상담사의 말하기기법

택시 운전기사가 운전기술과 함께 잘 정비된 최상의 차량이 필요하듯이, 전화상담사는 고객과의 성공적인 의사소통을 위해 상담 기술과 동시에 건강하고 매력적인 목소리가 필요하다. 전화상담에서 말할 때의 어조, 즉 말할 때의 목소리 특징(음색), 음의 고저, 억양 등은 대면상담에서의 얼굴표정이나 보디랭귀지에 해당될 정도로 중요하며, 이들에 관하여 우선 살펴보고자 한다.

(1) 어조
① 음색
소비자가 매력을 느끼는 음성은 친근감 있고 편안한 목소리이며, 이러한 음색을 갖기 위해서는 다음과 같은 훈련법을 생각해 볼 수 있다.

• 근육이완을 통한 음성훈련

얼굴과 목구멍, 목의 근육이 긴장되어 있으면 발성기관이 그 역할을 적절히 하지 못하며 호흡도 불안정하게 된다. 또한 긴장 때문에 귀에 거슬리는 목소리가 나오고 말도 자연스럽지 못하게 되며, 이러한 신체적 긴장은 듣는 사람에게까지 그대로 전달된다. 따라서 전화상담사는 근육이완을 통해 편안한 음성을 내는 훈련을 해야 하고, 매일 첫 번째 전화를 하기 전 2~3분 정도 긴장완화 운동과 함께 목소리를 가다듬는 것이 좋다. 근육이완을 통한 음성훈련은 다음 순서로 한다.

이 운동은 전화상담사의 목소리와 기분을 좋게 하는데 효과적이며, 스트레스가 심할 때 다음 방법을 사용하면 편안하고 탄력 있는 목소리를 내는 데 큰 도움을 주고 상담성과를 높일 수 있을 것이다.

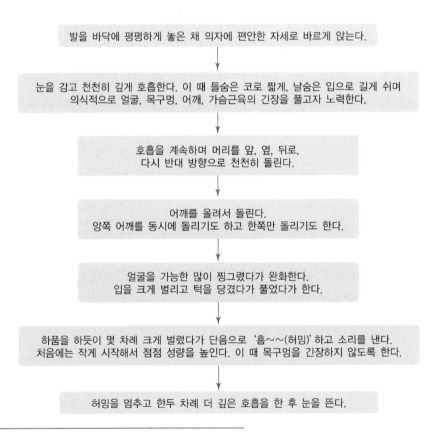

발을 바닥에 평평하게 놓은 채 의자에 편안한 자세로 바르게 앉는다.

↓

눈을 감고 천천히 깊게 호흡한다. 이 때 들숨은 코로 짧게, 날숨은 입으로 길게 쉬며 의식적으로 얼굴, 목구멍, 어깨, 가슴근육의 긴장을 풀고자 노력한다.

↓

호흡을 계속하며 머리를 앞, 옆, 뒤로, 다시 반대 방향으로 천천히 돌린다.

↓

어깨를 올려서 돌린다. 양쪽 어깨를 동시에 돌리기도 하고 한쪽만 돌리기도 한다.

↓

얼굴을 가능한 많이 찡그렸다가 완화한다. 입을 크게 벌리고 턱을 당겼다가 풀었다가 한다.

↓

하품을 하듯이 몇 차례 크게 벌렸다가 단음으로 '흠~~(허밍)' 하고 소리를 낸다. 처음에는 작게 시작해서 점점 성량을 높인다. 이 때 목구멍을 긴장하지 않도록 한다.

↓

허밍을 멈추고 한두 차례 더 깊은 호흡을 한 후 눈을 뜬다.

■ 그림 10-1 근육이완을 통한 음성훈련 절차와 방법

자료: manpro.co.kr 재구성

• 폐활량 늘리기

폐활량을 늘리는 방법으로 폐활량이 커질수록 음색이 더욱 기름지게 되고 목소리도 더욱 굵어지게 되며 음량도 더욱 풍부하게 된다.

폐활량을 늘리려면 숨을 깊게 들이쉰 후에 속삭이듯이 아주 천천히 숫자를 센다. 숫자를 1부터 세기 시작해서 차츰 늘려가도록 노력한다. 예를 들면, 처음에는 1부터 6까지 세다가 그 다음부터는 차츰 늘려가면서 나중에는 30 혹은 그 이상까지 셀 수 있도록 연습하면 폐활량이 커지게 된다.

② 억양

억양이란 말할 때 마치 파도를 타듯이 높낮이를 주는 것이다. 말할 때 높낮이를 주면 상대방에게 그들이 말하고 있는 것에 대해 얼마나 관심이 있는지 아니면 관심이 없는지를 알 수 있게 해준다. 억양이 없는 목소리는 표정이 없는 얼굴모습과 같다. 변화 없이 무미건조한 목소리를 듣고 싶어 하는 고객은 없으며 이미 너무 지루해서 곧 지치게 될 것이다.

좋은 억양을 갖기 위해서는 다음과 같은 훈련이 필요하다.

• 전화로 이야기할 때 미소 짓기

전화를 할 때 미소를 지으면 목소리 억양을 한층 개선할 수 있다. 이는 심리적이기보다는 생리적인 이유 때문이다. 사람의 인체구조는 미소를 지으면 입 안쪽 천장의 연구개가 올라가면서 소리 흐름을 보다 부드럽게 해준다. 합창단에서 노래를 불러본 경험이 있는 사람이면, 이를 환히 드러내고 입을 크게 벌릴수록 음을 더 좋게 변조시킬 수 있다는 사실을 알고 있을 것이다. 전화통화를 할 때도 똑같다.

미소를 짓는 만큼 목소리는 친근하고 따스하게, 그리고 한결 듣기 좋게 들린다. 따라서 전화를 이용해 상품을 판매하는 회사의 전화판매사원들은 통화하면서 미소를 잃지 않도록 책상머리에 거울을 두고 있다.

• 필요한 낱말에 강세를 두는 법 익히기

낱말들의 강세를 달리해서 이야기하는 훈련을 하면 대화가 밋밋하지 않고 억양이 살아나게 된다. 예를 들어, "그 문제에 대해 우리가 어떻게 조치하는 것이 좋겠습니까?"라는 말도 다음과 같이 강세를 어디다 두느냐에 따라 느낌과 의미가 달라진다.

▶ 방어적으로 말하는 경우: '어떻게'를 강조한다.

"그 문제에 대해 우리가 **어떻게** 조치하는 것이 좋겠습니까?"

▶ 심각하게 말하는 경우: '우리가'를 강조한다.

"그 문제에 대해 **우리가** 어떻게 조치하는 것이 좋겠습니까?"

▶ 냉담하게 말할 때: 어떤 낱말도 강조하지 않는다.

"그 문제에 대해 우리가 어떻게 조치하는 것이 좋겠습니까?"

● 말하기 전에 깊게, 길게, 천천히 숨쉬기

숨을 깊게, 길게, 그리고 천천히 들이마시고 내쉬면 목소리 억양을 상당히 개선할 수 있다. 대부분 사람은 스트레스를 받으면 의식적으로 자신의 숨쉬기가 얕아지고 가빠지는 것을 깨닫게 된다. 숨쉬기가 이런 식으로 변하면 성대가 경직되면서 목소리가 올라가고 부자연스럽게 들리게 된다. 특히 스트레스를 많이 받는 상황에서는 자신의 숨쉬는 상태를 확인한 후 숨을 천천히 들이마시고 내쉬면 긴장된 성대를 이완시켜 부드러운 억양을 유지할 수 있다.

● 리듬과 성량에 변화주기

좋아하는 시를 크게, 강조할 부분은 띄어서, 그리고 단어를 늘여 읽거나 짧게 끊어 읽으면서 리듬과 성량에 변화를 주는 연습을 하도록 한다.

● 어조 과장하기

다음과 같은 3단계를 통해 어조를 과장하는 연습을 하면 단조로운 목소리의 억양을 고칠 수 있다.

▶ 1단계: "꽃이 예쁘군요."와 같이 짧고 간단한 문장을 사용하고, 그것도 평소보다 큰소리로 이야기한다.

▶ 2단계: 우선 본인 나름대로 억양이 단조로운 것을 수준 1이라고 설정하고, 억양의 변화를 최대로 주어 말하는 것(음악 DJ처럼 말하는 것을 예로 들기도 함)을 10으로 설정한다. 그런 다음 1과 10 사이의 중간에 약간씩 차별을 두면서 모두 10단계의 과장 수준을 마음속으로 설정한다. 그런 다음 똑같은 문장을 반복하되, 과장수준 1부터 과장수준 10까지 본인이 설정한 수준으로 말해 본다.

▶ 3단계: 이번에는 똑같은 문장을 8 정도로 과장된 억양으로 말해 본다. 그리고 다시 5나 6 정도로 낮춰서 말해 본다. 일반적으로 전화를 할 때는 5 또는 6 정도 수준으로 과장하는 것이 적당하다고 한다. 그러나 시간이 지나면서 억양이 다시 밋밋해지면 처음 1단계로 되돌아가 다시 위 3단계를 반복해서 연습해 본다.

(2) 성량

적절한 크기의 성량을 내는 것은 전화상담사에게 꼭 필요한 기술이다. 그러나 자신의 성량을 들을 수 없기 때문에 이 점에 특별히 신경 써야 한다. 버스를 타고 가는데 맨 뒷자리에서 갑자기 커다랗게 떠드는 소리가 들려온다고 생각해 보자. 아마도 무슨 일인지 알고 싶어 소리가 난 방향으로 주의를 돌릴 것이다. 또한 동료와 이야기하는데 동료가 점점 나지막한 소리로 말을 하고 있다고 생각해 보자. 왠지 우리도 나지막한 소리로 맞장구를 쳐야 될 것 같지 않은가? 이것이 바로 성량조절이 지닌 끌어당기는 힘이다.

전화상담 시 상대가 화가 나 큰 소리로 퍼부어대더라도 똑같이 큰소리로 맞대응하지 않고 그대신 상대방의 목소리보다 조금 더 낮은 소리로 이야기를 시작해 상대의 목소리를 자신의 목소리에 맞추어 점차 낮추게 하는 것이 현명하다. 혼란에 빠지거나 당황한 상대를 대할 때는 평상시보다 조금 높은 목소리로 이야기하면 상대가 주의를 집중할 수 있도록 도와줄 수 있고, 또 그렇게 하면 서로의 대화를 보다 쉽게 조절하는 데도 이롭다.

(3) 말하는 속도

상대의 말하는 속도에 보조를 맞추는 것은 상대와 일치감을 형성하는 최상의 도구라고 할 수 있다. 말할 때 보조 맞추기란 상대가 말하는 속도와 느낌의 강도에 자신을 맞추는 것을 말한다. 일반적으로 전화로 대화할 경우에는 대면하여 대화하는 경우보다 대화를 통해서 서로 이해하는 속도가 느리며, 따라서 말의 속도가 서로 너무 빠르면 의사소통 문제가 생길 수 있다. 전화상담사는 의식적으로 너무 느리게 말하는 느낌만 없으면 될 수 있는 대로 천천히 말하는 습관을 갖는 것이 좋다.

(4) 목소리의 고저

전화상담 시에 목소리의 높이는 너무 날카롭거나 너무 낮지 않은 중간 음이 가장 효과적이다. 아이 목소리와 같이 너무 높은 목소리는 고객을 편안하지 않게 하고 신뢰성을 떨어뜨리게 된다. 의식적으로 가볍지 않고 깊은 음조로 말하도록 연습해야 하며, 일반적으로 음계 중 '솔' 음이 가장 듣기에 편안하고 경쾌하게 들리는 음의 높이라고 한다.

(5) 발음

정확한 발음은 메시지 전달을 명확하게 하기 위해 필수적인 요소이다. 빠르게 말하거나 우물거려서 발음이 분명하지 못하면 의사전달의 정확도가 떨어지게 되며, 명확한 발음을 위해서는 큰소리로 반복해서 연습하는 것이 효과적이다. 목을 트이게 하기 위해 물을 한 컵 마시거나 근육을 풀기 위해 깊은 호흡을 한다. 초시계를 가지고 분당 약 200단어를 속도에 변화를 주어가면서 발음 연습을 하는 것도 좋은 방법이다.

(6) 적절한 언어표현

현명한 전화상담사는 같은 말이라도 다른 표현을 써서 소비자가 상담에 효율적으로 임할 수 있도록 유도한다. 가령 "제가 잘못했나요? 왜 이렇게 나한테 화를 내십니까? 정말 어이가 없군요."라는 말 대신 "화가 난 것은 이해하지만 차분하게 말씀하셔야 제가 도와드릴 수가 있습니다."라는 표현이 소비자로 하여금 화난 마음을 추스르고 상담에 차분하게 임하도록 하는데 도움이 될 것이다.

(7) 적절한 휴식시간과 음료

전화상담사는 긴장완화를 위한 운동을 하거나 목소리를 가다듬을 수 있도록 휴식시간을 자주 가져야 하며, 자극이 있는 커피나 탄산음료보다는 목에 좋은 차를 마시거나 사탕류를 먹는 것도 많은 도움이 된다.

2) 전화상담사의 듣기기법

상대방의 말을 듣고 이해하는 정도는 대면상담보다 전화상담 시에는 매우 낮아진다. 그 이유는 물론 얼굴표정, 입모양 등의 보디랭귀지가 결여된 상태에서 대화가 이루어지기 때문이다. 따라서 전화상담 시의 경청기법은 대면상담 시와 크게 다르지 않지만 대면상담 시보다 더 주의를 기울여야 할 점은 무엇인지 살펴보자.

(1) 메모 준비하기

계속되는 소비자의 전화상담에 자칫하면 소비자의 이름을 혼돈하거나 상담 내용 자체가 뒤바뀌는 경우도 발생할 수 있다. 따라서 전화상담사는 상담 내용을 메모할 수 있는 준비를 항상 한다.

(2) 적당한 응대의 말을 진행하기

상담을 요청한 사람의 문제를 적극적으로 경청하고 도와줄 자세가 되어 있다는 의미와 또 그 사람의 감정까지도 공감하고 있다는 의미로 상담을 진행해가면서 적극적이고 적합하게 응대한다. 예를 들면, 상품 사용 시의 불만족에 대한 불쾌감을 토로하는 소비자에게 "충분히 이해합니다." 혹은 문제를 설명하는 소비자에게 "네, 그렇군요." 등으로 응대한다.

(3) 전화로 받은 용건은 복창하기

전화는 상대방의 목소리에 의존하는 의사소통 수단이기 때문에 특히 주의를 기울여야 한다. 소비자로부터 걸려오는 전화 가운데는 서비스 제공 요구나 불만호소 등을 접수하는 것이 상당수이다. 이런 때 가장 주의를 해야 하는 것이 바로 불만 혹은 피해내용의 확인이다. 만약 문의한 내용과 다른 내용을 안내하게 된다면, 이는 소비자에게 폐를 끼치는 결과를 가져오게 될 것이며, 따라서 전화로 상담하는 경우에는 소비자의 상담 내용을 복창하여 실수를 방지해야 한다.

(4) 숫자를 전할 때에는 읽는 방법을 바꾸어 2번 말하기

전화로 전하는 용건은 그것을 받는 경우나 전하는 경우 모두 마지막에는 서로가 복창하는 것이 전화의 매너이다. 그러나 숫자의 경우는 복창했다고 해서 반드시 실수를 방지할 수는 없다. 예를 들면 '1'과 '2', '3'과 '4' 등은 아무리 확인했다고 해도 쌍방이 잘못 알고 있는 경우가 발생할 수 있다. 전화로 전하는 중요한 숫자는 그냥 단순하게 반복할 뿐만 아니라 처음과 읽는 방법을 바꾸어 말하면 잘못 말하는 거나 잘못 들어서 일어나는 착오를 막을 수 있다. 가령 전화번호 안내의 경우처럼 '234-467'을 처음에는 '이백삼십사'에 '사백육십칠'로 읽는 방법과 반복할 때에는 '이삼사'에 '사육칠'이라고 읽는 방법을 예로 들 수 있다.

(5) 왼손으로 수화기를 바르게 잡고 오른손으로 메모하기

전화의 내용을 바르게 듣고 이에 대한 응답을 바르게 하기 위해서는 수화기를 왼손으로 바르게 잡는 것이 우선되어야 한다. 수화기를 귀와 어깨 사이에 끼고 듣거나 말을 하면 소비자가 말하는 것을 정확하게 듣고, 또한 상담사의 이야기가 소비자에게 정확하게 전달되기 어려울 수 있기 때문이다. 또한 수화기를 왼손으로 잡는 것은 오른손으로 메모를 하기 위함이며, 전화상담 시에 메모를 하는 것은 필수요소이다.

(6) 전화 받는 일과 다른 일을 동시에 하지 않기

전화하는 동안 먹거나 담배를 피거나, 껌을 씹거나, 음료를 마시거나, 다른 사람과 눈짓으로 이야기하거나 읽는 것, 또는 다른 작업, 즉 서류를 기입하거나, 스탬프를 찍거나, 검인을 찍거나 봉투를 봉인하는 등의 일은 하지 않아야 소비자가 이야기하는 것을 바르게 들을 수 있다.

3) 전화상담사의 태도

전화상담시 누군가와 대화를 시작하는 순간 상담사의 기분은 전화목소리에 반영된다. 얼굴을 맞대고 대화할 경우라면 서로의 얼굴표정, 눈동자의 움직임, 몸짓 등과 같은 말로 표현되지 않은 메시지를 보고 그것에 반응하게 될 것이다. 그러나 전화를 통해 대화할 경우에는 전화상대가 그와 같은 몸짓들을 볼 수는 없지만 상담사의 기분, 생각이나 견해 따위가 말의 어조나 음성의 고저, 말의 속도, 사용하는 단어를 통해서 즉각 전달된다. 이러한 의미에서 전화 받는 태도를 바르게 가져야 할 필요성이 강조되며 유의할 점을 살펴보면 다음과 같다.

(1) 얼굴에 항상 미소 짓기

전화를 거는 동안 얼굴에 항상 미소를 지을 수 있고 또 상대에게도 그 미소를 전화를 통하여 보낼 수 있다면 전화대화를 통해 훨씬 훌륭한 성과를 올릴 수 있다. 사람을 직접 만날 때 미소를 지으면 상대가 여러분에게 친근감을 느끼듯이 전화로 대화할 때도 미소를 지으면 마찬가지로 상대는 우리에게 친근감을 느끼게 될 뿐 아니라 앞에서 언급한 것처럼 미소를 지으면 근육 운동으로 억양도 좋아진다.

전화를 걸 때 웃는 것을 잊지 않는 좋은 방법은 자신의 웃는 모습을 지켜볼 수 있도록 책상 위에 작은 거울을 놓아두는 것이며, 미소는 긍정적인 사고방식을 가지는 행동의 표출인 만큼, 전화상담사의 몸에 자연적으로 배어 있어야 한다는 점을 유의해야 한다. 이렇게 되면 상담사의 목소리는 자연스럽게 항상 생기와 활력과 정감이 넘칠 것이다.

(2) 열의 가지기

고객의 일이 곧 나의 일이라는 마음가짐으로 열의를 가지고 임한다면 이러한 상담사의 태도는 고객으로 하여금 상담사가 소비자를 이해하려고 노력하고 있고, 어떤 어려움도 해결해 줄 수 있을 것이라는 신뢰감을 느낄 수 있게 해준다. 왜냐하면 상담사의 열의가 전화목소리로 전달되어 생기가 넘치기 때문이다. 바꾸어 말하면 실제 열의 있는 목소리를 내려면 상대방을 대하는 태도에 실제로 열의가 있어야 한다는 의미이다.

비록 하루에 수십 번 똑같은 말을 되풀이 하더라도 절대 매너리즘에 빠져 틀에 박힌 듯한 대응태도를 갖지 않도록 해야 한다. 상담사를 연극무대에 선 배우라고 상상해 보자. 지난 1년간 일주일에 6차례씩, 주말에는 낮 공연까지 하면서 대사를 전달했더라도 오늘밤 공연 티켓을 산 사람은 한 번도 그 연극을 본 적이 없으며 또한 최상의 연기를 감상할 권리가 있는 것이다. 즉, 상담사에게는 너무 많이 접해 보았던 일이지만 고객에게는 처음 접해 보는 일이기 때문에 자칫하면 상담사가 열의를 가지고 상담에 임하지 않는 것처럼 고객의 눈에는 비추어지고 따라서 상담사에 대한 신뢰감을 잃을 수 있다.

4) 전화예절

전화예절은 소비자로부터 전화를 받을 경우, 반대로 소비자에게 전화를 걸 경우, 걸려온 전화를 다른 사람에게 돌려줄 경우, 전화메시지를 받을 경우, 그리고 전화를 끊을 경우로 나누어 살펴보고자 한다.

(1) 전화를 받을 경우

상담사가 전화를 받을 때 바람직한 태도는 알아두기 10-1과 같이 일반 기업의 콜센터를 중심으로 많이 개발되었다. 한 회사의 직원들이 전화를 어떻게 받는지에 따라 곧 고객이 그 회사에 기대할 수 있는 서비스 수준을 대표하기 때문에 올바른 순서에 따른 전화응답은 상대방에게 회사에 대한 좋은 첫인상을 심어줄 수 있다는 점에서 중요하다.

알아두기 10-1

힐튼호텔 '스마일 온 더 라인(smile on the line)' 운동
서울 힐튼호텔은 전화 받는 예절로 '스마일 온 더 라인'이라는 슬로건 아래 다음과 같은 10개 항목을 제시하였다.

- 메모지와 필기도구를 항상 준비해 둔다.
- 전화는 왼손으로 받고 오른손으로 메모한다.
- 벨이 3번 울리기 전에 받는다.
- '미소 띤 음성'으로 인사말, 소속, 이름순으로 첫인사를 한다.
- 첫인사 때 목소리의 높이는 '솔' 음을 유지한다.
- 통화 중이어서 고객을 기다리게 할 경우는 반드시 사과의 말을 한다.
- 다른 번호로 돌릴 경우에는 다음과 같이 설명한 뒤 연결한다. "혹시 연결 도중 끊어지면 317-****번으로 전화해 주시기 바랍니다. 감사합니다."라고 말한다.
- 전화를 끝낼 때는 반드시 "감사합니다."라고 인사한다.
- 고객이 먼저 끊은 것을 확인한 뒤 수화기를 내려놓는다.
- 고객에게 자신의 전화번호를 안내할 경우 꼭 직통 전화번호를 알려준다.

① 신호가 3번 울리기 전에 수화기 들기

전화상담 성공을 위한 방법 중 하나는 항상 두 번째나 세 번째 벨소리에 응답하는 것이다. 이것은 상담사가 소비자에게 자신을 돕는데 기꺼이 준비가 되어 있다는 비언어적 메시지를 보내는 것이다. 또한 전화벨이 여러 번 울려도 받지 않으면 전화를 건 소비자에게 짜증을 불러일으키는 원인으로 작용할 수 있다. 이렇게 되면 소비자는 통화하기 이전부터 짜증이 난 상태가 되어 성공적으로 상담하기 어렵다.

② 전화를 건 상대방에게 인사하기

전화를 통해 대화를 나눌 때는 항상 인사로부터 출발해야 한다. 인사는 상대방에게 자신의 친절과 열린 마음을 곧장 전달해 주기 때문이다. 수화기를 들면 자기 이름이나 회사를 밝히기에 앞서 "여보세요, 안녕하세요?"라는 인사말부터 먼저 건넨다. 인사를 건너뛰고 용건부터 말한다면 상대방은 상담사가 무언가 바쁜 일로 서두르고 있다는 인상을 받게 된다.

③ 전화를 받은 자신의 이름 밝히기

상대방에게 자신을 밝혀 바르게 전화하였다는 것을 알려주며, 자신을 밝히는 방법은 다음과 같이 상황에 따라 차이가 난다.

• 자기 소유 또는 직통전화를 받을 때

대개 전화를 건 사람이 상대를 알고 있게 마련이고, 따라서 전화를 받은 사람은 이름만 밝히면 된다.

• 회사의 대표전화를 받을 때

회사 대표전화를 받으면 자신의 이름 대신 회사 이름을 밝힌다.

• 부서전화를 받을 때

부서명과 자신의 이름만 밝혀도 충분하다. 그러나 외부에서 곧바로 연결된 전화일 경우, 부서명과 자기 이름을 밝히기 전에 회사 이름을 먼저 알려주는 것이 좋다.

④ '무엇을 도와 드릴까요?'라고 묻기

'무엇을 도와 드릴까요?'라는 말은 전화를 받은 당사자(혹은 회사)가 전화를 걸어 온

고객이 원하는 것을 언제든지 도와줄 준비가 되어 있다는 것을 암시한다.

(2) 전화를 걸 경우

전화상담은 소비자로부터 상담요청을 받는 경우가 많지만 해결책을 즉시 구하지 못할 경우 상담사가 소비자에게 전화를 걸어야 할 경우도 많이 발생한다.

전화를 걸기 전에 미리 심사숙고하면서 다음과 같이 준비를 한다.

첫째, 논의할 항목의 목록을 만들어야 한다.

둘째, 가장 중요한 항목을 먼저 논의할 수 있도록 우선순위를 정해야 한다.

셋째, 참고가 필요한 파일이나 문서를 곁에 두어야 한다.

넷째, 중요하거나 까다로운 용건 때문에 전화를 하려는데 무슨 말을 어떻게 해야 할지 잘 생각이 나지 않는 경우에는 모든 내용을 미리 종이에 적어두어야 한다.

(3) 전화를 다른 사람에게 돌려줄 경우

전화를 걸었을 때 자신이 통화하고자 하는 당사자는 좀처럼 받지 않고 계속 다른 사람에게만 연결될 때 몹시 짜증이 난다. 미꾸라지 같이 부서에서 저 부서로 전화받는 사람만 계속 바뀌면, 전화를 건 사람은 이 회사직원들은 지나치게 매너리즘에 빠져 고객이 진정 원하는 것은 해주지 못한다든지, 아니면 회사 자체가 고객의 요구에 전혀 관심을 두지 않는다고 생각할 수 있다.

① 전화를 다른 사람에게 돌려야 하는 이유와 받을 사람 밝히기

전화를 받고 이를 다른 사람에게 돌려야 할 때 전화를 건 사람에게, 직원 중 누구에게, 그리고 왜 전화를 돌려야 하는지 밝혀서 전화를 건 사람이 (마음의) 준비를 하도록 한다.

② 전화를 다른 사람에게 돌려도 괜찮은지 물어보기

전화를 건 사람이 원하지도 않았는데 다른 사람에게 전화가 돌려진다면, 이는 소비자를 화나게 하는 일이며 전화가 몇 차례 잘못 연결되어 휴대전화 또는 장거리 전화를 걸은 상대방을 기다리게 하는 것은 금전적인 손해를 입히는 것이기도 하다. 상대방이 통화하기를 원하는 사람을 바꿔줄 때에는 일방적으로 전화를 돌리기 전에 항상 그럴 의향이 있는지 상대방에게 먼저 물어 보아야 한다.

③ 수화기를 내려놓기 전에 바꿔 줄 당사자에게 먼저 전화를 걸어 확인하기

만일 상담사가 다른 부서 혹은 사람에게 전화를 돌리고 그냥 끊어버렸는데, 그 부서에서 개인 당사자는 물론 아무도 전화를 받지 않을 경우, 다시 전화를 걸 수밖에 없는 상대방은 화가 날 것이다. 따라서 자리에 있지 않은 사람에게 전화를 돌려서 전화를 건 상대방을 당혹스럽게 만들지 않도록 조치해야 한다.

④ 전화를 돌려받을 사람에게 전화를 건 사람의 이름과 용건 전달하기

전화를 내부직원에게 돌려 줄 때는 누구로부터 무슨 용건으로 전화가 걸려 왔는지를 간단히 전해주어야 한다. 전화를 돌려받은 직원이 자기 이름과 기본적인 정황을 전혀 모르고 있다면, 전화를 건 사람은 똑같은 소리를 다시 몇 번이고 반복해야 하기 때문이다. 전화를 돌려받은 사람이 기본적인 정황을 알고 있다면 전화의 상대방은 당연히 상대방 회사가 자신을 그만큼 소중하게 대하고 있다는 느낌을 갖게 될 것이다.

(4) 전화메시지를 남길 경우

자리를 비웠다가 돌아와 누군가 책상머리에 남겨둔 쪽지를 보았을 때, 워낙 휘갈겨 쓴 까닭에 이름을 제대로 알아볼 수도 없고, 전화번호의 지역번호마저 빠져 있을 경우에 느끼는 낭패감은 이루 말할 수 없을 것이다. 이런 경우 쪽지를 전해받은 사람은 당연히 '도대체 어떻게 읽으라고 쪽지를 이렇게 썼지?'라는 불만을 가질 수밖에 없다.

　전화메시지를 전달할 경우, 전화를 건 소비자에게 신뢰감을 잃지 않으면서 동시에 동료에게는 힘을 북돋아주려면 다음 몇 가지 단계를 빠뜨리지 않고 실행한다.

① 동료가 지금 자리에 없다고 알려주기

전화를 건 소비자는 자신이 원하는 사람과 왜 지금 통화할 수 없는지 그 이유를 구체적으로 듣고 싶어 하지 않는다. 마찬가지로 직원들 역시 동료직원이 자신의 사생활을 낯선 인물에게 전화로 이야기해 주는 것을 달가워하지 않는다. 따라서 부정적인 인상을 심어 줄 수 있는 행동은 절대 삼가야 하며, 부정적인 인상을 줄 수 있는 사례를 몇 가지 들면 다음과 같다.

- "OO는 아직 도착하지 않았습니다." → OO가 지각했다는 것을 암시한다.
- "어! OO가 조금 전까지 있었는데 어디 갔는지 모르겠군요." → OO는 워낙 설렁설렁 일하는 사람이라서 회사에서도 어떻게 해 볼 도리가 없는 인물이라는 인상을 준다.
- "OO에게 급한 일이 생겨서 어디 좀 갔습니다." → 개인적인 문제를 많이 갖고 있는 인물이라는 인상을 심어 준다.

또한 메시지를 전달해 주겠다는 평범한 말을 사용하여 동료의 부재를 알려주면서도 동시에 동료의 개인적인 정보를 너무 많이 드러내지 않을 수 있는 요령 있는 대화방식에는 다음과 같은 것이 있다.

- "OO는 지금 전화를 받을 수 없습니다."
- "OO는 잠시 자리를 비웠습니다."
- "OO는 오늘 비번입니다."
- "OO는 지금 회의 중입니다."

② 이름을 묻기 전에 통화하려는 담당자의 처지를 먼저 알려주기

관리자, 부사장 또는 사장이 받을 만큼 중요치 않다고 여겨지는 전화인 경우 전화를 건 소비자가 원하는 대로 연결해 주는 대신, 전화 받은 상담사 차원에서 처리하는 것을 '중간차단'이라고 말한다. 소비자는 자신이 통화하려는 사람과 통화가 가능한지의 여부를 알려주기 전에, 상담사가 소비자의 이름 혹은 전화를 건 용건부터 먼저 물어본다면, '중간에서 전화를 차단하려는구나.'라고 생각할 수 있다.

부하직원은 상대방에게 통화하려는 사장이 사무실 내에 있긴 하지만 회의 중이라서 당장 전화 받기 곤란하다고 말하면 상대방의 기분을 상하지 않게 하면서 전화를 중간차단할 수 있다.

③ 동료가 자리로 돌아올 시간을 추정해서 전해주기

상대방이 통화하려는 동료직원이 자리로 돌아올 시각을 알 수 있을 때는 대략 그 시간대를 추정해서 알려주는 것이 좋다. 그렇게 해야 상대방은 언제 다시 전화하면 통화할 수 있을지, 그리고 메시지를 남길 경우에는 상대가 언제쯤 받아보고 전화를 걸어올지 짐작할 수 있기 때문이다.

④ 소비자를 도와줄 의사 밝히기

소비자가 통화하기를 원하는 동료가 전화를 받을 수 없을 때는 그 사실을 밝히면서 곧장 메시지를 남기거나 아니면 다른 사람에게 돌려줄지 묻는 것이 예의이다. 메시지를 남기고자 할 때에는 다음의 내용을 정확하고 상세하게 남기도록 한다.

첫째, 상대방의 성과 이름, 둘째, 지역번호를 포함한 전화번호(받아 적은 후 상대방에게 전화번호를 불러 틀림없는지 확인함), 셋째, 전화를 건 용건을 간략하게 정리한 것, 넷째, 상대방이 전달해 주기를 원하는 직원의 이름을 상세히 남긴다.

(5) 전화를 끊을 경우

수화기를 들고 통화하는 동안 완벽한 전화예절을 보였다고 해서 끝난 것은 아니다. 유종의 미를 거두기 위해서는 전화를 끊는 요령도 중요한 것이다. 전화를 끊으면서 보여야 할 전화예절의 마지막 핵심행동으로는 다음과 같은 것이 있다.

첫째, 앞으로 취할 행동단계를 되풀이해서 상대방과 자신이 앞으로 처리하기로 합의한 내용을 확인한다.

둘째, 전화를 걸은 상대방에게 더 도와줄 일은 없는지 물어본다. 이렇게 하여 상대방에게 통화 도중 논의해야 했을 내용 가운데 빠뜨린 것이 없는지 점검할 수 있는 기회를 제공하게 되는 셈이다.

셋째, 소비자에게 전화해 주어서 고맙다는 인사와 함께 문제(사안이 있었을 경우)를 자신에게 들고 온 점에 대해서도 고맙게 생각하고 있다는 것을 알려준다.

넷째, 소비자에게 먼저 수화기를 내려놓을 때까지 기다린다. 그렇지 많을 경우, 상대방은 말하는 도중에 전화가 갑자기 끊어지는 낭패스런 경우를 당할 수 있기 때문이다.

3 인터넷상담기법

인터넷상담이란 의미 그대로 컴퓨터의 가상공간을 활용한 상담활동을 말한다. 현재는 소비자가 1372 소비자상담센터 홈페이지www.ccn.go.kr에서 인터넷상담 메뉴로 들어가서 인터넷상담을 신청할 수 있도록 되어 있다. 소비자상담사 입장에서 인터넷상담의 유의점과 특성을 살펴보자.

1) 인터넷상담의 유의점

첫째, 상담사는 매일 일정한 시간에 접수된 상담 내용을 읽고 그에 대한 적절한 답을 소비자에게 통보한다. 인터넷을 사용하는 소비자들은 참을성이 없는 경향을 가지며 하루에도 몇 차례씩 자신의 메일을 확인하는 특성이 있기 때문에 자신에게 발생한 소비자문제가 신속 정확하게 해결되기를 바란다.

둘째, 응답 시 상담사 이름, 연락처, 처리기간 및 처리계획 등을 상세히 알려준다.

셋째, 답변은 소비자가 이해할 수 있도록 상세하고 명확하게 설명한다.

넷째, 소비자의 주요 질문 내용은 다시 반복하여 확인할 수 있도록 적고 그에 따른 해결책을 제시해준다. 예를 들면, "고객님께서 상품이 파손되어 배달되었다고 하셨는데 새로운 상품으로 교환하여 드리겠습니다." 등으로 응답한다.

다섯째, 즉시 처리가 어려운 경우는 처리절차와 예상되는 소요기간 등을 안내한다. 상담실에서 처리가 곤란한 경우에는 이유, 법적 근거 등을 상세히 알리고 처리할 수 있는 기관을 친절히 안내한다.

여섯째, 따뜻한 인사말로 끝맺음을 한다.

일곱째, 각 상담 내용은 날짜별, 주제별로 정리한 후 저장 보관한다. 이는 상담 후에 소비자와의 상담 내용에 서로의 오해가 있을 경우 상담 내용을 증명할 수 있는 자료가 될 수 있을 뿐만 아니라 상품개발 혹은 상담기법의 개발을 위해 주요한 자료가 될 수 있기 때문이다.

2) 인터넷상담의 특성

(1) 상담사와 소비자 관계의 독특성

인터넷상담에서는 상대방의 얼굴도 볼 수 없고 목소리도 들을 수 없이 상대방에 대한 정보를 상대방이 표현하는 문자를 통해서만 얻을 수 있게 되므로 상대방이 실제로 어떤 사람인지 판단하기 어렵다. 이러한 점만 생각하면 상담사와 소비자 간의 신뢰관계를 형성한다는 것이 매우 어려울 것처럼 보인다. 그러나 인터넷상 담에서 소비자는 상담사가 어떤 사람인지에 초점을 두는 것이 아니라 자신의 문제해결에 더 초점을 둔다. 따라서 인터넷상담에서는 대면상담에서보다 상담사와의 신뢰관계 형성에 시간과 노력을 덜 기울이고도 기본적인 상담관계가 쉽게 맺어질 수 있으며, 상대방의 표정이나 모습과 같은 정보가 주어지지 않으므로 문자로 표현된 내용에 더 초점을 맞춰서 상담하게 된다.

(2) 익명성

인터넷상담에서는 상담요청자의 익명성이 보장되기 때문에 대면상담이나 전화상담에서보다 훨씬 더 개방적이고 솔직해질 수 있다. 특히 상담실을 찾는다거나 상담사와 직접 대화하기가 꺼려지는 소극적이고 예민한 소비자의 경우 보다 편안하게 이용할 수 있는 상담방법이다. 반면, 인터넷 공간의 익명성은 소비자로 하여금 무책임하게 행동하거나 왜곡된 정보를 상담사에게 제공하는 경우도 종종 발생하게 된다.

(3) 통신언어의 독특성

인터넷상담에서는 문자를 통해서만 의사소통을 해야 하기 때문에 대면상담에서처럼 많은 내용을 자유롭게 주고받기는 어렵다. 그래서 일상적인 언어표현과 다른 '통신언어'가 발달하고 있다. 예를 들면, 어솨요(어서 와요), 방가(반가와요), 중딩(중학생), 고딩(고등학생), 그럼 20000(그럼 이만), 멜(메일) 등과 같이 일상적인 언어가 축약되거나 변형되어 사용된다. 또 얼굴을 볼 수 없기 때문에 표정이나 감정을 기호로 표시하기도 한다. 예를 들면 ^^(눈웃음), ^_^(웃는 얼굴), ;(식은 땀을 흘리는 모습), -_-;;;(억울해요)와 같이 표현한다.

(4) 상담의 용이성

소비자의 입장에서 대면상담이나 전화상담을 받기 위해서는 상담사가 일하는 시간 내에 전화하거나 방문해야 한다. 이러한 이유 때문에 직장인이나 학생의 경우 상담시간을 자신이 정할 수 있는 인터넷상담이 매우 유용할 수 있다.

상담사의 입장에서도 인터넷상담을 통하여 소비자에게 서비스를 제공할 때에는 용이성을 찾을 수 있다. 예를 들면 전화상담이나 대면상담의 경우에는 항상 대기하고 있거나 미리부터 일정 시간을 비워놓고 있어야 하지만 인터넷상담의 경우, 시간여유가 있을 때 답장을 보내면 되고, 상담 프로그램을 데이터베이스화해서 올려놓으면 시간에 구애받지 않고 수많은 소비자에게 도움을 줄 수 있다.

(5) 복수상담 가능

인터넷상담은 2명 이상의 상담원이 협력해서 상담하거나 초심 상담원이 경험이 많은 상담원의 감독을 받으면서 상담을 진행할 수 있다. 인터넷상담은 2명 이상의 상담사가 함께 모니터를 보면서 1명의 소비자와 상담을 진행하는 방법이 대면상담의 경우보다 훨씬 용이할 뿐만 아니라, 초심 상담원의 경우 경험 있는 상담사와 함께 앉아서 소비자의 문제에 대한 이해를 서로 나누고 어떤 반응을 하는 것이 더 적절할지 상의하는 것이 가능하다는 장점이 있다. 좀 더 나아가서, 간단한 자문을 받고 싶은 경우 상급자에게 이메일을 보내서 손쉽게 지도를 받을 수도 있다. 또 집중적이고 구체적인 도움을 받고 싶다면 관련 자료를 파일로 보내고 함께 보면서 대화방 기능을 이용하여 직접 대화하면서 상담사문을 받을 수도 있다.

(6) 상담의 경제성

인터넷상담은 소비자 입장에서 전화 혹은 방문상담에 비해 비용이 전혀 들지 않으며, 상담시간에 구애를 받지 않는 문서상담과 비교할 때 상담 속도가 매우 빠르다는 점에서 경제적인 상담을 가능하게 해준다. 상담사의 입장에서도 상담하면서 상담 내용을 그대로 저장·보관할 수 있기 때문에 자료를 정리·보관하는데 걸리는 시간과 비용이 따로 들지 않는다는 점에서 경제적이라고 할 수 있다.

(7) 방대한 정보 제공 가능

대면 혹은 전화상담을 통해서는 소수의 소비자에게 상담 서비스를 제공할 수밖에 없지만, 인터넷상담에서는 1372 인터넷상담의 '모범상담 사례 찾기'나 '스스로 답변 찾기'처럼 소비자에게 도움을 줄 수 있는 자료를 데이터베이스화하여 인터넷상에 올려놓으면 수많은 사람들에게 전달될 수 있으며, 데이터베이스화된 프로그램은 어느 시간에나 접속해서 볼 수 있으므로 24시간 상담 서비스가 가능하고 문제해결뿐만 아니라 문제예방에도 효과적인 프로그램이 될 수 있다.

실제 1372 소비자상담센터의 '모범상담 사례 찾기'와 '스스로 답변 찾기' 데이터베이스를 이용하는 소비자는 매우 많다.

특히 '스스로 답변 찾기'에서는 우선, 그림 10-3처럼 주어진 품목 메뉴(식생활, 문화용품 등)에서 소비자가 원하는 품목을 클릭한 후, 그림 10-4의 화면이 나타나면, 본인의 경우와 유사한 주제를 클릭한다. 그러면, 그림 10-5와 같이 이미 만들어 놓은 예상 질문이 나타나며 이 중 자신에게 가장 적합한 질문에 클릭하면 최종적으로 소비자 자신이 원하는 답이 그림 10-6처럼 나타난다.

그림 10-2　1372 소비자상담센터 홈페이지 모범상담사례 찾기 화면

그림 10-3 1372 소비자상담센터 홈페이지 '스스로 답변 찾기' 화면

그림 10-4 1372 소비자상담센터 홈페이지 '스스로 답변 찾기'의 상담주제 화면

그림 10-5   1372 소비자상담센터 홈페이지 '스스로 답변 찾기'의 스스로 질문하기 화면

그림 10-6   1372 소비자상담센터 홈페이지 '스스로 답변 찾기'의 최종 답변 화면

4 문서상담기법

문서상담은 상담 내용이 전화나 인터넷으로 상담하기에는 내용이 길고 복잡하며, 그렇다고 직접 방문하기에는 여건이 허락하지 않을 경우, 소비자가 상담에 필요한 자료, 즉 사건경위를 비롯하여 그와 관련된 영수증, 계약서 등을 자세하게 상담사에게 모두 제공하기 위한 방법으로 이용하고 있다.

문서상담의 대부분은 전화 혹은 이메일 등을 통하여, 추가 질문하여 다시 사정을 들으면서 상담 내용을 파악하는 경우가 많으므로 특히 문서상담 자료를 상담사가 참고하면서 전화상담으로 이어지는 경우가 대부분이다.

문서상담에서 유의할 사항을 간단히 살펴보면 다음과 같다.

첫째, 모든 우편물에 접수번호를 부여하고 발신 날짜와 도착 날짜, 소비자 이름, 연락처를 확인하여 문서 접수대장에 기록하도록 한다.

둘째, 소비자 1명 당 혹은 사건 1개 당 파일을 따로 만들어 그 사건이 해결될 때까지 진행된 모든 사항을 계속 누적하여 보관하도록 하되, 우편물 보관은 받은 자료뿐만 아니라 겉봉투지도 버리지 말고 함께 보관하도록 한다.

셋째, 상담 내용을 주제별로 우편물을 분류하되 스티커 등을 이용하여 표시하거나 숫자를 파일 겉에 표시하여 두면 매우 편리하다.

넷째, 꼭 해결되어야 할 중요 문제를 눈에 띄게 표시하며 정리한다.

다섯째, 가능하다면 즉시 정보를 찾아보고 적절한 조치를 취하도록 한다.

여섯째, 경과조치 혹은 처리결과를 소비자에게 알리며, 가능하다면 고객이 문의한 결과를 문서를 통해 개별적으로 통지하도록 한다.

일곱째, 소비자로부터 문서자료를 받은 후 상담 시에 필요한 자료로 부족한 부분을 체크하여 리스트를 만들어 놓는다.

여덟째, 만일 소비자에게 연락하기 쉬운 전화번호 혹은 이메일이 없으면 소비자에게서 다시 연락이 오기만을 기다리지 말고, 소비자의 연락주소로 안내문을 보내되, 안내문은 '상담원의 전화번호 혹은 이메일과 함께 상담원에게 연락해주기 바란다'는 내용으로 한다.

아홉째, 상담요청 내용이 접수되면 될 수 있는 한 빠른 시일 내에 관련 법규 등을 파악하고 소비자에게 해결방법을 제시하기 위해 노력한다. 대면 혹은 전화상담과는 다르게 서면상담은 직접 소비자와 만나지 않기 때문에 바쁜 다른 일을 먼저하고 다음 순서로 미루기 쉽다.

열째, 상담결과를 알려 줄 때에는 반드시 내용증명으로 보내고 후에 결과통보 등에 문제가 발생할 경우를 대비한다.

5 소비자상담 처리 순서와 방법

전화, 인터넷, 방문, 문서 등 상담매체와 상관없이 소비자상담은 상담사건을 접수하고 처리경과와 결과 등을 정리하여 보관하게 되며, 일반적으로 다음 순서를 거쳐 상담처리가 이루어지게 된다.

1) 접수 후 상담카드 기록

전화, 방문 혹은 문서로 받은 상담 내용을 접수하여 상담카드에 기록한다. 최근에는 컴퓨터 프로그램을 이용하여 상담카드를 작성해 보관하는 것이 일반적이며, 특히 방문 혹은 전화상담 시에는 상담 내용을 직접 상담카드에 기록하지 말고 메모용지에 기록한 것을 정리한다. 이때 메모용지도 함께 보관하면 상담하는 과정에 많은 도움을 받게 된다.

접수 시 상담사는 다음의 내용을 빠뜨리지 않고 체크하여 상담이 원활하게 이루어지도록 한다.

첫째, 소비자의 이름, 주소, 전화번호, 성별 등을 알아두되, 상담에 필요하다고 판단되면 조심스럽게 연령, 직업 등도 함께 알아둔다. 이때 상담사가 주의할 것은 사무적으로 소비자의 이름 등을 묻게 되면 매우 불쾌하게 생각할 수 있으므로 왜 이러한 개인적인 정보가 상담에 필요한지를 설명한 후 질문하도록 한다.

둘째, 사업자명, 주소, 전화번호 등을 질문한다.

셋째, 소비자불만 내용과 소비자가 사업자와 문제해결을 위해 직접 노력한 그동안의 경과 내용을 질문한다.

넷째, 불만 제품의 종류, 상표명, 구입날짜, 구입가격 등을 알 수 있는 팸플릿, 계약서, 영수증, 청약철회서, 약관 등에 대해 질문한다.

2) 접수시 소비자문제의 해결 가능성 확인

상담사가 근무하는 해당 기관에서 해결 가능한 소비자문제인지를 확인하고 불가능할 경우에는 상담을 받을 수 있는 곳을 소비자에게 안내해 주는 것으로 접수한 사건을 종결해야 한다.

일반적으로 한국소비자원을 비롯한 지방자치단체의 소비생활센터 혹은 민간 소비자단체에서 상담 가능한 소비자문제인지를 확인하기 위해서는 다음 사항을 체크한다.

(1) 상담요청자가 소비자기본법상의 소비자 범위에 포함되는지 여부

소비자기본법에서의 '소비자'는 사업자가 제공하는 물품 및 용역을 소비생활을 위하여 사용하거나 이용하는 자로 한정하고 있으며, 소비자기본법 시행령에서는 구체적으로 다음과 같이 '소비자'를 정의하고 있다.

첫째, 제공된 물품이나 용역을 최종적으로 사용하거나 이용하는 자, 다만 제공된 물품을 원재료(중간재를 포함한다.) 및 자본재로 사용하는 자를 제외한다. 따라서 사업자가 생산을 목적으로 혹은 판매를 목적으로 상품을 구매한 경우는 소비자의 범위에서 제외된다.

(2) 소비자의 상담 내용이 업무 범위에 포함되는지 여부

일반적으로 다음 분야는 소비자상담 대상이 아니다.

첫째, 전월세를 포함한 개인 간의 임대차 관련 분쟁, 둘째, 상가, 사무실 등 비주거용 건축물 관련 분쟁, 셋째, 화물운송 차량, 영업용 택시, 버스 등 관련 분쟁, 넷째, 프랜차이즈 계약 등 대리점과 본사와의 분쟁, 하도급 분쟁, 다섯째, 임금 등 근로자와 고용 인간의 노동 분쟁, 개인과 개인 간의 분쟁 등이다.

3) 상담사건 분류방법

상담사건을 분류하는 방법으로는 소비자의 이름에 따라 가나다순으로 혹은 접수한 날짜순 등 여러 가지 있겠지만, 상담사가 각 상품별로 세분화되어 업무를 맡고 있다면 상품별로 상담 내용을 분류하는 것이 효율적이다.

4) 상담진행 과정과 최종결과의 상세한 기록

상담과정에 관한 모든 자료는 동일한 상담요청을 받았을 때 상담사에게 많은 도움을 줄 뿐 아니라, 동일한 소비자문제가 계속적으로 다수 발생할 때 한국소비자원을 비롯한 정부기관에서는 해당 사업자에게 시정조치 명령 혹은 관련 법규 내지 규정을 제정하여 소비자를 근본적으로 보호할 제도를 제정할 수 있는 기본 정보가 될 수 있다. 또한 기업에게는 소비자에게 제공되는 상품 혹은 서비스 생산 시 중요한 정보로 작용할 수 있기 때문에 상담진행 과정과 최종결과 등을 꼼꼼히 기록하는 것이 중요하다.

5) 소비자문제와 관련된 물품 예치 시 예치증 발급

제품의 기능상 하자, 세탁물 하자, 의류제품 하자 등에 관한 피해구제를 상담하기 위해서는 실제 제품을 상담사가 확인해야 하는 경우가 발생하며, 때로는 전문인의 특별 검사 및 시험을 의뢰할 경우가 발생한다. 이를 위해 소비자로부터 문제가 발생한 제품을 예치할 때 상담사는 소비자에게 반드시 물품예치증을 발급하고 복사본을 상담카드 혹은 파일에 첨부하여 놓는다.

6) 상담과정에서 필요시 시험·검사 의뢰

상담과정에서 물품의 성능, 성분, 함량, 안전성, 기능성 등에 관한 시험, 검사 의뢰가 필요한 경우에는 기업 이외의 민간 소비자단체에서는 한국소비자원의 검사실을 이용할 수 있으며 검사 의뢰 시 상담사가 유의해야 할 사항은 다음과 같다.

첫째, 고발상품(검사의뢰상품)에 소비자의 의도적 행위가 있었는지 섬검한다.

둘째, 고발품의 보관상태(보관법 등)가 검사하기에 적절하게 유지되었는지에 대해 타당성을 검토한다.

셋째, 다음의 경우에는 고발상품 이외에 제조일자가 동일한 새상품(검사자료)을 몇 개 더 구입하여 의뢰한다. 즉 미생물 검사가 필요한 경우, 동종의 상품에 대해 비교·분석한 후에야 판정이 가능한 상품의 경우, 문제의 발생소지가 소비자의 의도적 행동에 있다고 의심이 되거나 소비자의 보관 및 처리가 잘못됐다고 판단되는 경우 등에는 고발상품과 제조일자가 동일한 새상품을 준비하여 검사를 의뢰한다.

7) 공적인 목적이 아닐 때 소비자상담 내용의 비밀 엄수

일반 심리상담뿐만 아니라 소비자상담의 경우도 개인정보를 비롯한 개인과 관련된 상담 내용이 노출되어 예상외의 문제가 발생할 수 있기 때문에 소비자상담 내용에 대한 비밀을 지킨다. 가족이라고 해서 예외는 아니다. 상담사가 배우자에게 무심코 이야기한 상담 내용이 바로 배우자의 친구 혹은 학교 선후배일수도 있으므로 가족에게도 상담 내용에 대한 비밀을 지켜야 할 것이다.

생각해 보기 1

학번 : ＿＿＿＿＿＿＿＿＿　　이름 : ＿＿＿＿＿＿＿＿＿　　제출일 : ＿＿＿＿＿＿＿＿＿

친구와 함께 짝을 지어 모의 전화상담을 실시하여 보고 이를 녹음한 뒤 녹음한
자신의 목소리를 분석해 보자. 또 분석한 내용을 바탕으로 개선할 점은 무엇이
며 어떠한 방법으로 개선할 수 있는지를 생각해 보자.

01　　모의상담 내용을 애기해 보자.

02　　목소리 평가기준은 아래와 같다.
　　　• 이해와 관심을 보이는 억양으로 말했는가?

　　　• 상대의 주의를 끌 정도의 음량으로 말했는가?

　　　• 말하는 속도를 조정하여 상대와 보조를 맞추었는가?

　　　• 느낌의 강도를 상대방이 느끼는 수위에 맞추어 상대방과 보조를 맞추었는가?

03　　목소리 개선점을 말해 보자.

생각해 보기 2

학번 : _____   이름 : _____   제출일 : _____

1372 소비자상담센터 홈페이지를 방문하여 실제 인터넷상담을 시행해 보자.

01 '스스로 답변 찾기'를 방문해 보고 좋은 점과 개선점을 생각해 보자.

02 '모범상담 사례 찾기'를 방문해 보고 좋은 점과 개선점을 생각해 보자.

03 다음은 인터넷 상담사례이다. 이를 참고로 하여 여러분 스스로 가상의 상담사례를 제시해 보고 소비자상담사가 되어 인터넷상담을 해 보자.

• 소비자의 인터넷 상담 신청내용 예시

품목	영화관람

11월 13일 화요일 수업 후에 저희 학생들에게 영화시사회 카드를 판매하러 왔어요. 3만 원에 12회를 볼 수 있는데 그 자리에서 바로 현금으로 거래한다면 14회를 준다고 해서 바로 했습니다.

그러고 나서 카드를 받고 나중에 곰곰이 생각해 보니 제가 사용할 시간이 없을 것 같고 충동구매를 해서 환불하고 싶어 11월 14일에 그쪽에 전화를 한 다음 환불을 요구하였더니 환불은 안된다고 합니다. 아직 한 번도 사용하지 않았고 카드만 받은 상태이고요. 자기 회사에서는 설명할 때 환불은 불가하다고 말했다는데요.

제가 못 들은 건지 환불 얘기는 통화 시 처음 들었네요.

일단은 제가 14일 이내에 환불 어쩌고 얘기를 막 꺼내서 최대한 환불해 줄 수 있도록 알아보겠다는 말은 들었는데 궁금해서 질문할게요.

질문 1. 이 상황에서 제가 환불을 받을 수 있는 건지 궁금하고요.
질문 2. 14일 이내에 소비자 단순변심에 의해서도 환불이 가능하다고 들었는데 확실한 정보인지도 궁금합니다.
질문 3. 새 자동차 구매 시에는 사용한 적이 단 한번도 없더라도 환불이 안되는 건가요? 저보고 이런 예를 들면서 막 뭐라고 하더라고요.

• 소비자상담사의 인터넷 상담 내용 예시

안녕하세요. 한국소비자원입니다. 올려주신 상담 내용은 잘 읽어보았습니다. 방문판매로 계약을 한 경우 「방문판매 등에 관한 법률 제8조」 의거 계약서를 교부받은 날부터 14일, 다만 그 계약서를 교부 받은 때보다 재화 등의 공급이 늦게 이루어진 경우에는 재화 등을 공급받거나 공급이 개시된 날부터 14일 이내 위약금 없이 청약철회가 가능합니다.

　단, ① 소비자에게 책임 있는 사유로 재화 등이 멸실 또는 훼손된 경우(다만, 재화 등의 내용을 확인하기 위하여 포장 등을 훼손한 경우는 제외한다), ② 소비자의 재화 등의 사용 또는 일부 소비자에 의하여 그 가치가 현저히 감소한 경우, ③ 시간의 경과에 의하여 재판매가 곤란할 정도로 재화 등의 가치가 현저히 감소한 경우, ④ 복제가 가능한 재화 등의 포장을 훼손한 경우, ⑤ 그 외 개별적으로 생산된 재화 등은 청약철회가 제외됩니다(그러나 청약철회 등을 할 수 없는 재화의 경우에는 그 사실을 포장이나, 그밖에 소비자가 쉽게 알 수 있는 곳에 분명하게 표시해야 합니다).

1. 따라서 상담해주신 내용의 경우 현재 서비스를 전혀 이용하지 않으셨고, 계약일로부터 14일 이내이므로 위약금 없이 청약철회 요청이 가능합니다.
2. 특수판매로 계약을 체결한 경우(방문판매, 전화권유 판매 등) 소비자의 단순 변심에 의한 청약철회가 가능하며, 일반 거래(예: 서점 등 상점에 소비자가 직접 찾아가 물품 등을 고르고 구입한 경우)는 단순 변심에 의한 계약해제는 어렵습니다.
3. 새 자동차 구입의 경우는 ②와 같이 매장에 소비자가 찾아가 문의 후 구매를 하거나 자동차는 구입 후 바로 가치가 현저히 감소한 경우, 재판매가 곤란한 경우 등에 해당되므로 방문판매법에 적용이 제외됩니다. 그러나 소비자분의 방문판매에 의한 서비스 계약 건과 자동차 구매 사례를 사업자가 동일 사례로 제시하여 청약철회를 거부하는 것은 부당행위로 볼 수 있겠습니다. 사업자와 구두상 협의가 어렵다면, 해당 홈페이지가 있는 경우 게시판을 통하여 이의제기해 주시기 바랍니다(또는 내용증명 발송).

　내용증명 작성 및 발송방법은 한국소비자원 홈페이지(www.kca.go.kr) → 좌측 상단 '피해구제마당' → '관련양식' → '내용증명 안내 및 작성' → '내용증명 작성하기'를 참고하시기 바랍니다.

　본원의 피해구제 접수 시 (1) 피해구제 신청서(소비자와 사업자의 성명, 상호, 주소, 전화번호 등 상세기재) (2) 계약서(회원증 앞뒤 복사), 이용약관, 결제내역 등 증빙자료(사본) 등을 첨부하여 접수해 주십시오. 해당 팀에서 검토 후 연락드리겠습니다. 피해구제 접수방법은 피해구제 신청서 및 증빙자료를 1372 소비자상담센터 인터넷상담의 첨부파일에 올려주시거나, 첨부파일의 용량이 클 경우 아래의 방법으로 보내주시기 바랍니다.

• 관련 자료 보내실 곳
　팩스: 02)529-0408 또는 02)3460-3180
　우편: 서울 서초구 양재대로 246 한국소비자원 정보통신팀 1층(우편번호 137-700)

피해구제신청서는 한국소비자원 홈페이지(www.kca.go.kr) → 좌측 상단 '피해구제마당' → '관련양식' → '일반 피해구제신청서'를 다운로드하여 작성하시기 바랍니다. 한국소비자원을 이용해주셔서 감사드리며 행복한 하루되시길 바랍니다. 감사합니다. 끝

Chapter 11

소비자분쟁해결기준과 소비자피해구제

Consumer Counselor

소비자분쟁해결기준과
소비자피해구제

소비자상담 내용 중에는 소비자에게 단순히 정보를 제공해 주는 경우도 많이 포함되어 있지만, 소비자불만 및 소비자피해보상 과정에서 사업자와 소비자 간의 분쟁을 소비자 스스로 해결할 수 있도록 안내를 해주거나, 직접 조정을 해주어야 하는 내용이 중요한 부분을 차지한다. 소비자상담사가 이러한 역할을 훌륭히 해내기 위해서는 소비자피해구제와 관련된 기준, 제도 등에 대한 이해가 필요하다. 이 장은 소비자상담사의 역할 중 소비자불만을 비롯한 소비자피해를 해결하는데 가장 기본이 되는 소비자분쟁해결기준을 주로 살펴보되, 소비자소송과 관련된 제도를 함께 간단히 살펴보고자 한다.

1 소비자분쟁해결기준의 개관

우리나라 소비자분쟁해결기준은 세계에서 유일한 것이며 그동안 소비자피해 구제 과정에서 기여한 역할이 매우 크다고 평가받고 있다. 실제 한국소비자원을 비롯한 각 지방자치단체의 소비생활센터, 민간 소비자단체에서 이루어지고 있는 소비자피해구제 상담은 공정거래위원회가 고시한 '소비자분쟁해결기준'에 기초하여 이루어지고 있다.

1) 소비자분쟁해결기준의 필요성과 근거 규정

기본적으로 소비자가 상품거래 과정에서 피해를 입었다면 당사자인 소비자와 사업자 간의 상호교섭에 의해 보상을 받는 것이 가장 바람직하며, 많은 경우 이런 방법을 통하여 해결된다. 그러나 그렇지 못할 경우, 소비자는 행정기관(전국 각 지자체 소비생활센터), 민간 소비자단체, 한국소비자원 중 어느 곳에서든지 도움을 받아 보상을 받게 된다. 이 때 동일한 내용의 소비자피해 보상을 해결하는 과정에서 사업자마다 또는 소비자피해보상을 도와주는 기관마다 서로 다른 보상기준을 제시한다면 소비자피해보상의 공정한 해결이 어렵고 실효성을 거둘 수 없게 될 것이다.

이러한 문제점을 해결하기 위하여 공정거래위원회에서는 '소비자분쟁해결기준'을 제정하여 고시하고 있다. 그리고 '소비자분쟁해결기준'의 법적 근거는 소비자기본법 제16조(소비자분쟁의 해결)에 두고 있다. 즉, 소비자기본법 제16조는 3개의 항으로 구성되어 있으며, 제1항은 '국가 및 지방자치단체는 소비자의 불만이나 피해가 신속·공정하게 처리될 수 있도록 관련 기구의 설치 등 필요한 조치를 강구하여야 한다.'라고 하여 정부가 적극적으로 소비자피해구제를 위해 노력해야 한다고 강조하고 있다. 제2항은 '국가는 소비자와 사업자 사이에 발생하는 분쟁을 원활하게 해결하기 위하여 대통령령이 정하는 바에 따라 소비자분쟁해결기준을 제정할 수 있다.'라고 되어 있으며, 제3항은 '제2항의 규정에 따른 소비자분쟁해결기준은 분쟁당사자 사이에 분쟁해결방법에 관한 별도의 의사표시가 없는 경우에 한하여 분쟁해결을 위한 합의 또는 권고의 기준이 된다.'라고 명시하고 있다.

2) 소비자분쟁해결기준의 효력과 문제점

(1) 소비자분쟁해결기준의 효력

소비자분쟁해결기준은 행정기관이 결정한 사항 등을 국민에게 널리 알리기 위해 공고하는 고시(告示)이므로, 원칙적으로는 사업자에 대한 법적 강제력은 없다. 그러나 소비자기본법시행령 제8조 제4항에 따르면, '공정거래위원회는 품목별 소비자분쟁해결기준을 제정하여 고시하는 경우에는 품목별로 해당 물품 등의 소관 중앙행정기관의 장과 협의하여야 하며, 소비자단체·사업자단체 및 해당 분야 전문가의 의견을 들어야 한다.'라고 명시하여 소비자분쟁해결기준은 보상기준으로 실질적인 지침이 되고 있다. 실제 소비자피해구제 상담 현장에서 소비자분쟁해결기준은 중요한 표준이 되고 있기 때문에, 소비자분쟁해결기준 자체는 재판규범이 되지는 못하지만, 소비자피해로 인한 소송이 제기된 경우, 판사의 판단에 중요한 자료가 될 수 있다.

그리고 소비자기본법 제16조 제3항에 근거하여 대부분 사업자는 판매하는 제품에 부착하는 품질보증서에 '본 제품은 공정거래위원회가 고시한 소비자분쟁해결기준에 따라 보상을 받을 수 있습니다.'라고 표시해 놓고 소비자가 피해를 입었을 경우 이 기준에 준하여 보상을 해주고 있다. 이러한 측면에서 소비자분쟁해결기준은 계약내용으로서 구속력을 갖는다. 우리가 구매하는 제품의 품질보증서에 관심을 갖고 살펴보면 거의 모든 제품의 경우, 위와 같이 소비자분쟁해결기준을 표시해 놓은 것을 쉽게 발견할 수 있다.

(2) 소비자분쟁해결기준의 문제점

소비자분쟁해결기준은 법원 판결과 같이 확정적이고 최종적인 의미를 갖기보다는 소비자와 사업자 간의 분쟁을 원활하게 해결하기 위한 보상의 최저기준이다. 이를 참조해 사업자는 기준 이상을 보상해 주고 분쟁조정기관은 기준 이상의 합의 권고 또는 조정을 해줄 수 있어야 한다. 그러나 소비자분쟁해결기준이 최저수준인데도 불구하고 사업자들은 소비자분쟁해결기준의 보상기준을 방어수단으로 삼고 있어 소비자의 불만이 제기되고 있다. 그리고 피해로 인한 정신적 손해, 즉 위자료에 대해서는 정하고 있지 않다. 따라서 소비자분쟁해결기준에 따라 손해배상이 이루어져도 위자료 소송이 배제되는 것은 아니다.

3) 소비자분쟁해결기준의 적용

소비자기본법시행령 제9조(비자분쟁해결기준의 적용)에 따르면 소비자분쟁해결기준 이용 시에 다음의 사항을 적용한다.

첫째, 다른 법령에 근거한 별도의 분쟁해결기준이 소비자분쟁해결기준보다 소비자에게 유리한 경우에는 그 분쟁해결기준을 소비자분쟁해결기준에 우선하여 적용한다.

둘째, 품목별 소비자분쟁해결기준에서 해당 품목에 대한 분쟁해결기준을 정하고 있지 아니한 경우에는 같은 기준에서 정한 유사 품목에 대한 분쟁해결기준을 준용할 수 있다.

셋째, 품목별 소비자분쟁해결기준에서 동일한 피해에 대한 분쟁해결기준을 2가지 이상 정하고 있는 경우에는 소비자가 선택하는 분쟁해결기준에 따른다.

예를 들어 의복의 염색이 잘못되었을 때 소비자가 다른 의복으로 교환 혹은 환급할 수 있다고 소비자분쟁해결기준에 명시되어 있다면, 소비자는 의복을 교환하거나 환급을 받거나 소비자가 보상방법을 선택할 수 있다는 의미이다.

2 소비자분쟁해결기준의 구성

소비자분쟁해결기준의 구성은 일반적 소비자분쟁해결기준과 품목별 소비자분쟁해결기준으로 구분한다. 일반적 소비자분쟁해결기준은 말 그대로 특정 품목에 대한 분쟁을 해결하기 위한 기준이 아니라, 어느 품목에나 공통적으로 적용될 수 있는 기준이다. 그리고 품목별은 해당 품목에 특정하여 적용될 수 있는 기준이다. 이외에도 소비자분쟁해결기준에는 품질보증기간과 부품보유기간, 그리고 품목별 내용연수가 명시되어 있다.

1) 일반적 소비자분쟁해결기준

일반적 소비자분쟁해결기준은 소비자기본법 시행령 제8조 별표 1에 제시되어 있으며 내용을 구체적으로 살펴보면 다음과 같다.

(1) 소비자기본법 시행령 제8조 별표 1에 제시된 기준

사업자는 물품(혹은 서비스)의 하자 혹은 기타 소비자피해에 대하여 다음 기준에
따라 수리, 교환, 환급 또는 배상을 하거나 계약의 해제·해지를 하거나 계약을
이행해야 한다.

① 품질보증기간이란 사업자가 '고장 없이 새것처럼 사용할 수 있다고 보장하는
  기간'이다. 따라서 품질보증기간 이내에 발생한 수리·교환·환급에 소요되는
  비용은 사업자가 부담한다. 다만, 다음의 경우에는 소비자가 부담해야 한다.
  • 소비자의 취급 잘못으로 인한 고장의 경우
  • 천재지변으로 인하여 인한 고장의 경우
  • 제조자가 지정한 수리점이 아닌 곳에서 수리하여 문제가 발생한 경우

② 품질보증기간 내의 고장에 대해 사업자는 무료로 수리를 해 주어야 한다. 품질
  보증기간이 지난 경우는 유상수리, 즉 소비자가 수리비를 내야한다.

③ 수리는 지체 없이 하되 불가피하게 지체사유가 있을 때는 이를 소비자에게 알
  려야 한다. 소비자가 수리를 의뢰한 날부터 1개월이 지난 후에도 도난 등의
  이유로 사업자가 수리된 물품을 소비자에게 되돌려 주지 못할 경우는 다음과
  같이 보상한다.

그림 11-1 보상순서

100만 원짜리 냉장고가 품질보증기간이 지났고 5년 동안 사용하였다. 사업자의 잘못으로 수리를 하지 못할 경우, 환급해 주어야 하는 금액은 얼마일까?

정답 우선, 냉장고의 내용연수(수리를 하면 정상적으로 사용이 가능한 기간)를 알아야 한다. 냉장고의 내용연수가 10년이라고 가정하면, 이제 냉장고는 매년 10만원의 가치(100만원/10년)를 가진다. 이는 단순히 100만 원짜리 냉장고를 10년 동안 사용할 수 있으니까 1년에 10만원의 가치를 갖는다고 계산하는 것이다. 이것이 정액 감가상각 계산법이다. 여기에서 감가상각은 물품을 사용할 때 그 가치가 줄어드는 것을 의미한다.

냉장고를 5년 동안 사용하였으니, 감가상각은 50만원이다. 따라서 소비자는 나머지 50만원을 환급받게 된다. 그러나 소비자가 내용연수 이상으로 사용할 수 있는 경우를 고려하여 구입가 100만원의 10%(100분의 10)인 10만원을 더해서 소비자는 최종 60만원을 환급받을 수 있다.

● 품질보증기간 이내의 경우

  ▶ 새것으로 동일한 물품으로 교환해 주어야 한다.

  ▶ 만일 동일한 물품이 없을 경우, 유사한 종류의 물품으로 교환해 줄 수 있으나 반드시 소비자의 동의를 구해야 한다.

  ▶ 만일 소비자가 동의하지 않으면 새 물품가격 수준으로 환급해주어야 한다.

● 품질보증기간 이후의 경우

  ▶ 구입가를 기준으로 정액 감가상각한 금액에 100분의 10을 더하여 환급한다.

④ 물품을 유상으로 수리한 경우 그 유상으로 수리한 날부터 2개월 이내에 소비자가 물품을 정상적으로 사용하는 과정에서 종전과 동일한 고장이 재발한 때에는 무상으로 수리해 주어야 한다. 만일 수리가 불가능한 때에는 종전에 받은 수리비를 환급해야 한다.

⑤ 할인 판매된 물품을 교환하는 경우

  ● 정상가격과 할인가격의 차액발생과 관계없이 같은 종류의 물품으로 교환한다.

  ● 같은 종류의 물품 등으로 교환하는 것이 불가능한 경우, 같은 종류의 유사물품으로 교환한다.

  ● 같은 종류의 물품으로 교환이 불가능하고 소비자가 이를 원하지 않을 경우에는 환급한다.

⑥ 환급금액은 거래 시 교부된 영수증 등에 적힌 물품가격을 기준으로 한다.

- 다만, 영수증에 적힌 가격에 대하여 다툼이 있는 경우에는 영수증에 적힌 금액과 다른 금액을 기준으로 하고자 하는 자가 이를 입증해야 한다.
- 영수증이 없는 등의 사유로 실제 거래가격을 알 수 없는 경우에는 그 지역에서 거래되는 통상적인 가격을 기준으로 한다.

(2) 사은품(경품류)에 대한 사항

① 물품거래에 따른 경품으로 인한 소비자피해 보상은 앞의 (1)항에서 설명한 경우와 동일하다.

② 소비자의 귀책사유로 계약이 해제·해지되는 경우에도 사업자는 소비자로부터 그 경품을 반환받는다.

③ 반환이 불가능한 경우, 해당 지역에서 거래되는 같은 종류의 유사제품을 반환받거나 같은 종류의 유사제품의 통상적인 가격을 기준으로 환급받는다.

(3) 물품의 판매 시의 품질보증서 교부

① 사업자는 물품에 품질보증기간, 부품보유기간, 수리·교환·환급 등 보상방법 등을 표시한 증서(품질보증서)를 교부해야 한다. 이제 가방이나 옷을 구입했을 때 물품에 붙어 있는 작은 종이 조각에 이상과 같은 내용이 적혀 있는 것을 눈여겨보기 바란다. 이것이 바로 품질보증서이다.

② 품질보증서를 따로 붙일 수 없는 경우 물품에 직접 품질보증기간 등의 위의 내용을 직접 적어야 한다. 화장품, 약품 등을 구입했을 때 용기에 직접 적혀 있는 품질보증기간 등을 살펴보자.

③ 다만, 별도의 품질보증서를 교부하기가 적합하지 않거나 보상방법을 일일이 표시하기가 어려운 경우에는 소비자분쟁해결기준에 따라 피해를 보상한다는 내용만을 표시할 수 있다. 이 역시 사업자가 물품에 '본 제품은 공정거래위원회가 고시한 소비자분쟁해결기준에 따라 보상을 받을 수 있습니다.'라고 표시하여 근거를 제공하고 있다.

부품보유기간의 정의

사업자는 생산한 물품을 수리하기 위해 필요한 부품을 일정기간 보유해야 한다. 이를 부품보유기간이라고 한다. 그리고 부품보유기간은 해당 물품의 생산을 중단한 때부터 기산한다. 사업자가 부품을 보유해야 하는 이유는 소비자가 물품을 구매하여 사용하는 과정에서 발생한 고장을 수리하기 위한 것이다. 부품보유기간 역시 소비자분쟁해결기준에서 품목에 따라 정해져 있다.

　　만일 사업자가 부품을 보유하지 않아 수리가 불가능할 경우, 앞서 살펴본 대로 품질보증기간 전에는 새로운 제품으로 교환 혹은 환급을 해주어야 한다. 그리고 품질보증기간이 지난 경우에는 구입가를 기준으로 감가상각한 금액에 10%를 더해서 환급해주어야 한다.

(4) 품질보증기간 및 부품보유기간 기준

① 해당 사업자가 품질보증서에 표시한 기간으로 한다.

- 다만, 사업자가 정한 품질보증기간 및 부품보유기간이 소비자분쟁해결기준에서 정한 기간보다 짧은 경우에는 소비자분쟁해결기준에서 정한 기간으로 한다.
- 사업자가 품질보증기간 및 부품보유기간을 표시하지 않은 경우 소비자분쟁해결기준에 따른다.
- 소비자분쟁해결기준에 품질보증기간 및 부품보유기간이 정해져 있지 않은 품목은 유사 품목에 따르며, 유사 품목이 없는 경우에는 품질보증기간은 1년, 부품보유기간은 당해 제품의 생산을 중단한 때부터 기산하여 내용연수에 해당하는 기간으로 한다.

② 중고품에 대한 품질보증기간 역시 소비자분쟁해결기준에 의한다.

③ 품질보증기간은 소비자가 물품을 구입한 날 혹은 사업자로부터 물품을 제공받은 날부터 기산한다.

- 계약일과 물품 인도일(용역의 경우에는 제공일)이 다른 경우 인도일을 기준으로 한다.
- 교환받은 물품의 품질보증기간은 교환받은 날부터 기산한다.
- 품질보증서에 판매일자가 적혀 있지 아니한 경우, 품질보증서 또는 영수증을 받지 아니하거나 분실한 경우 또는 그 밖의 사유로 판매일자를 확인하기 곤란

한 경우에는 해당 물품의 제조일 또는 수입통관일부터 3개월이 지난 날부터 품질보증기간을 기산한다. 다만, 물품 또는 물품 포장에 제조일 또는 수입통관일이 표시되어 있지 않은 경우, 사업자가 그 판매일자를 입증해야 한다.

2) 품목별 소비자분쟁해결기준

품목별 소비자분쟁해결기준은 소비자가 주로 사용하는 물품에 따라 예상되는 소비자피해에 대한 보상기준을 구체적으로 제시하고 있다. 품목별 소비자분쟁해결기준 내용은 그 분량이 교재에 포함시키기에는 너무 과다하다. 그래서 흥미가 있는 몇 가지만을 제시하여 품목별 소비자분쟁해결기준이 어떻게 이루어져 있는지에 대한 이해만을 높일 수 있도록 하고자 한다.

소비자상담사는 품목별 소비자분쟁해결기준을 모두 기억하고 있기는 어렵겠지만 대략 어떠한 내용으로 되어 있는지 알도록 노력해야 한다. 다만 품목별 소비자분쟁해결기준은 해마다 '삐삐'와 같이 소비자가 더 이상 사용하지 않는 품목은 삭제하고 '산후조리원', '공연' 등과 같은 새로운 품목을 포함시키고 있다. 따라서 소비자상담사는 항상 새로운 소비자분쟁해결기준을 이해하도록 노력하되, 상담을 받은 시점에서 해당 품목의 보상기준을 먼저 충분히 이해한 다음 상담에 임하면 된다.

(1) 결혼정보업 소비자분쟁해결기준

결혼정보업은 현대판 중매쟁이이다. 사회의 모든 흐름이 빠르게 움직이면서 적령기의 남녀가 바쁜 사회생활로 인해 결혼 상대방을 만나기 어려워지면서 결혼정보업체를 이용하는 소비자가 증가하게 되었다. 따라서 소비자분쟁도 증가하게 되었으며, 이를 위하여 소비자분쟁해결기준에 명시된 내용은 다음과 같다.

우선, 분쟁의 사유가 '사업자의 귀책사유', 즉 결혼정보업체(사업자)가 잘못하여 발생한 것인지, '소비자의 귀책사유', 즉 소비자가 잘못하여 발생한 것인지를 확인한다. 다음으로 분쟁시점을 고려해야 한다. 즉, 분쟁시점이 누군가를 소개받기 전인지 아니면 소개받은 후인지를 고려해야 한다.

표 11-1 결혼정보업의 소비자분쟁해결기준

분쟁유형		해결기준	비고
사업자의 귀책사유로 인한 계약해제 및 해지	회원가입계약 성립 후 사업자의 소개개시 전에 해지된 경우	가입비 환급 및 가입비의 20% 배상	귀책사유는 일반 당사자의 고의·과실로 명백히 객관적으로 판별할 수 있는 사항[예: 결혼정보, 직업, 학력, 병력(病歷) 등]에 관한 정보를 상대방에게 허위로 제공한 경우 등을 말한다.
	1회 소개개시 후 해지된 경우	가입비×(미소개 횟수/총 횟수) +가입비의 20% 환급	
소비자의 귀책사유로 인한 계약해제 및 해지	회원가입계약 성립 후 사업자의 소개개시 전에 해지된 경우	가입비의 80% 환급	
	1회 소개개시 후 해지된 경우	가입비의 80%× (잔여횟수/총 횟수) 환급	

먼저 사업자의 귀책사유로 인한 계약해제일 경우, 누군가를 소개받기 전이면 회원 가입비에 가입비의 20%를 더해서 환급을 받을 수 있다. 그러나 누군가를 이미 소개받은 후라면 가입비에서 이미 소개받은 횟수에 해당되는 비용을 빼고 거기에 가입비의 20%를 더해서 환급받을 수 있다. 예를 들면 결혼정보업체에 200만 원의 회비를 내고 10번의 결혼상대방을 소개받기로 했는데 5번 소개받은 후 분쟁이 발생하였다면 [200만 원×(5회/10회)]+[200만 원×20%]로 계산하여 140만 원을 환급받을 수 있다.

(2) 소셜커머스 소비자분쟁해결기준

젊은 층을 중심으로 소셜커머스의 이용은 매우 크게 증가하고 있으며 예상되는 분쟁유형과 이에 따른 분쟁해결방법은 다음과 같다.

소셜커머스의 경우 역시 분쟁유형이 사업자의 귀책사유인지 소비자의 귀책사유인지 구분하여 살펴보아야 한다. 우선, 사업자의 귀책사유로 계약을 해제할 경우 서비스 구매대금을 모두 환급해주어야 한다. 특히 사업자가 소비자의 청약철회를 못하도록 방해한 경우에는 서비스 구매대금에 10%를 더해서 환급해 주어야 한다. 그러나 소비자의 귀책사유로 인하여 전자상거래 청약철회기간인 7일 이내에 계약을 해제하게 되는 경우 청약철회와 동일하게 간주하여 서비스 구매대금을 그대로 환급해 주어야 한다. 그 외에 사업자가 소비자의 쿠폰 사용을 제한하는 경우, 상

표 11-2 소셜커머스의 소비자분쟁해결기준

분쟁유형		해결기준	비고
사업자의 책임 있는 사유로 인한 계약해제·해지		서비스 구매대금 환급	
사업자가 소비자의 청약철회를 제한하거나 방해하는 행위		서비스 구매대금 환급 및 서비스 구매대금의 10% 배상	
소비자의 책임 있는 사유로 인한 계약해제·해지 (청약철회 기간인 구입 후 7일 이내)		서비스 구매대금 환급	
사업자가 소비자의 쿠폰 사용을 제한하는 경우 —일반 이용자와의 고의적으로 차별		서비스 구매대금 환급 및 서비스 구매대금의 10% 배상	분쟁해결기준에 관련 기준이 있는 품목에 대해서는 그 품목의 기준을 우선 적용
상품구매 쿠폰 유효기간	유효기간 명시 불명확	서비스 구매대금 환급	
	쿠폰 사용기간 내 매진	서비스 구매대금 환급 및 서비스 구매대금의 10% 배상	
상품구매 쿠폰 관련 기타 사항	쿠폰발송 지연	서비스 구매대금 환급	
	소비자가 청약철회 기간 내에 미사용 쿠폰의 일부 환불 요구 시	서비스 구매대금에서 사용쿠폰의 서비스 구매대금을 제외하고 환급	

품구매 쿠폰 유효기간을 명확하게 하지 않았거나 쿠폰 사용기간 내 매진이 되는 등 사업자의 잘못으로 소비자가 불이익을 받게 되는 경우, 사업자는 소비자에게 서비스 구매대금을 환급하거나 혹은 여기에 10%를 더해서 환급해야 한다고 명시하고 있다.

(3) 자동차운전학원 소비자분쟁해결기준

일상생활의 편의는 물론 직장생활의 역동성을 높이기 위한 수단으로 자동차는 이제 선택재가 아니라 필수재가 되고 있다. 이 때문에 자동차운전면허증을 따는 일은 대학 졸업하기 전 혹은 사회 초년생들에게 꼭 필요한 일이 되고 있다. 다음은 운전면허증을 따기 위해 이용하는 자동차운전학원과 관련된 소비자분쟁유형에 따른 해결기준을 명시하고 있다.

자동차운전학원 소비자분쟁유형은 크게 면허를 따기 전에 중도계약해지를 하는 경우와 교육을 받기로 한 예약을 위반하는 경우 등 2가지로 구분해 볼 수 있으며 각각 사업자 귀책사유와 소비자 귀책사유의 경우로 구분하여 해결기준을 살펴볼 수 있다.

우선 운전학원과의 계약이 면허를 따기 전, 중도에 계약해지하는 경우, 사업자의 귀책사유로 인한 것이라면, 납부한 수강료에서(시간당 수강료×계약해지 전까지 받은 교육시간수)를 뺀 금액의 2배를 배상하도록 되어 있다. 예를 들어 수강료 100만 원을 납부하고 5시간만 수강하였다면(시간당 수강료 4만 원), 160만 원[(100−20만 원)×2]을 배상받을 수 있다. 이에 비해 소비자의 귀책사유라면 위와 같이 계산한 금액의 50%를 환급받을 수 있다.

다음으로 교육 시의 예약을 위반할 경우, 손해배상액을 지급하고 보강을 하도록 되어 있으며 손해배상액은 학원의 귀책사유인지, 소비자의 귀책사유인지에 따라 다르다. 즉, 학원의 귀책사유일 경우, 수강자와 사전협의 없이 교육예약시간을 지키기 않았을 때는 (시간당 수강료×지키지 않은 교육시간수)를 배상하도록 되

표 11-3   자동차운전학원의 소비자분쟁해결기준

분쟁유형		해결기준	비고
중도 계약해지	사업자 사정으로 인한 경우	〔기납부 수강료의 전액−(당해 교육과정의 시간당 수강료×당해 사유 발생 시까지의 교육시간수)〕×2 배상	수강자가 교육 기간이 종료되기 이전에 운전면허시험에 합격한 경우에는 학원은 미교육시간수에 대한 수강료 등의 환급 의무 없음
	소비자 사정으로 인한 경우	〔기납부 수강료의 전액−(당해 교육과정의 시간당 수강료×수강 포기 의사표시 시까지의 교육시간수)〕×50% 반환	
교육의 예약 위반시		손해배상액을 지급하고 보강	
학원의 귀책	수강자와 사전 협의 없이 예약시간을 지키지 않은 경우	당해 교육과정의 시간당 수강료×지키지 않은 교육시간수 배상	
	수강자와 사전 협의를 거쳐 예약시간을 지키지 않은 경우	(당해 교육과정의 시간당 수강료×불참한 교육시간수)×20% 배상	
소비자 귀책	예약시간 24시간 전에 불참을 통지한 경우	손해배상책임을 면함	
	예약시간 24시간 전 이후부터 예약시간 12시간 전까지의 사이에 불참을 통지한 경우	(당해 교육과정의 시간당 수강료×불참한 교육시간수)×10% 배상	
	예약시간 12시간 전 이후부터 예약시간까지의 사이에 불참을 통지한 경우	(당해 교육과정의 시간당 수강료×불참한 교육시간수)×20% 배상	
	예약시간 이후에 불참을 통지하거나 무단으로 불참한 경우	(당해 교육과정의 시간당 수강료×불참한 교육시간수)×50% 배상	

어 있다. 그러나 수강자와 사전협의를 하였을 때는 (시간당 수강료×지키지 않은 교육시간수)의 20%만 배상하면 된다. 그러나 소비자가 귀책사유인 경우, 소비자는 사업자에게 얼마나 미리 교육불참을 통지하였는지에 따라 사업자에게 배상을 해야 한다. 즉, 예약시간 24시간 전에 불참을 통지했을 경우는 전혀 문제가 없지만 그 이후에 통지하였을 경우에는 소비자가 사업자에게 배상해야 한다.

(4) 자동차 소비자분쟁해결기준

자동차 소비자분쟁해결기준은 앞에서 살펴본 품목과는 다르게 자동차의 품질보증기간과 부품보유기간이 매우 중요한 요인으로 작용한다. 따라서 자동차와 관련한 소비자분쟁은 먼저 품질보증기간이 지났는지 아닌지를 기준으로 분쟁해결기준이 달라진다.

우선 품질보증기간 이내의 경우는 소비자분쟁해결기준으로 고장 시에는 무상수리를, 중대한 결함이 발견되었을 때에는 제품교환 또는 구입가 환급이 이루어진다. 다만 자동차의 경우는 다른 품목과 다르게, 품질보증기간 이내이더라도 자동차를 이용한 기간이 12개월 이내일 경우에만 제품교환 또는 구입가 환급을 받을 수 있으며, 12개월 이후에는 부품 혹은 기능장치를 교환해주는 것을 원칙으로 하고 있다. 그리고 자동차는 제품교환이나 구입가 환급을 받아 다시 제품을 구입하게 되는 경우, 번호판, 취득세, 등록세 등의 비용이 다시 필요하게 되기 때문에 제품교환 및 구입가 환급 시 새로운 자동차에 필요한 부대비용 역시 보상받을 수 있다.

다음으로 사업자가 수리용 부품을 보유하지 않아 수리가 불가능한 경우 역시 품질보증기간 이내와 이후로 구분하여 분쟁해결기준 내용이 달라진다. 즉, 품질보증기간 중 자동차를 이용하기 시작하여 12개월이 지나지 않은 경우에는 필수제비용을 포함한 구입가 환급 또는 제품교환을 할 수 있으나, 12개월이 초과되면 필수제비용을 포함한 구입가에서 정액감가상각비를 뺀 금액에 10%를 더하여 환급받거나 또는 제품교환을 받을 수 있다. 품질보증기간을 경과한 경우에는 필수제비용을 포함한 구입가에서 정액감가상각비를 공제한 금액에 10%를 가산하여 환급해주는 것으로 보상이 마무리되며 제품교환은 이루어지지지 않는다.

표 11-4 품질보증기간 이내의 자동차 소비자분쟁해결기준

분쟁해결	해결기준
재질이나 제조상의 결함으로 고장이 난 경우	무상수리(부품교환 또는 기능장치교환)
차량인도일로부터 1개월 이내에 주행 및 안전도 등과 관련한 중대한 결함이 2회 이상 발생하였을 경우	제품교환 또는 구입가 환급
주행 및 안전도 등과 관련한 중대한 결함이 발생하여 동일하자에 대해 3회까지 수리하였으나 하자가 재발(4회째)하거나 중대한 결함과 관련된 수리기간이 누계 30일(작업일수기준)을 초과할 경우	제품교환 또는 구입가 환급
• 차령 12개월 이내	제품교환 또는 필수제비용을 포함한 구입가 환급
• 차령 12개월 초과	일차적으로 부품교환을 원칙으로 하되 결함 잔존 시 관련 기능장치교환(예 : 원동기, 동력전달장치 등)

품질보증기간기준
- 차체 및 일반부품: 2년 이내
  - 주행거리가 4만km를 초과한 경우에는 기간이 만료된 것으로 함
- 원동기(엔진) 및 동력전달장치: 3년 이내
  - 주행거리가 6만km를 초과한 경우에는 기간이 만료된 것으로 함
- 수리는 제조자, 판매자 또는 그의 대리인(직영 또는 지정정비업소)에 의해 수리한 경우로 한정함
- 수리 소요기간 계산
  - 소비자가 서면으로 제조자, 판매자 또는 그 대리인에게 하자수리신청을 한 경우에만 누계일수에 포함 (제조자, 판매자 및 그 대리인은 수리신청서를 비치 · 교부해야 함)
  - 당일로 수리가 될 때는 수리소요기간을 1일로 계산하고 1일 이상 수리 기간이 소요될 때는 초일을 산입하여 수리 소요기간을 계산함(단, 공휴일 및 파업, 천재지변 등에 의해 수리가 불가능한 경우는 누계일수에서 제외)

표 11-5 부품보유기간 이내 수리가 불가능한 경우 자동차 소비자분쟁해결기준

분쟁유형		해결기준	비고
품질보증기간 이내 정상적인 사용 상태에서 발생한 경우	차령 12개월 이내	필수제비용을 포함한 구입가 환급 또는 제품교환	수리용 부품 미보유시 피해보상에서 제외되는 경우: 화재, 충돌 등에 의한 사고차량 중 수리가 불가능한 차량

	차령 12개월 초과	필수제비용을 포함한 구입가에서 정액감가상각비를 공제한 금액에 10%를 가산하여 환급 또는 제품교환	• 교환 및 환급에 따른 제비용 계산
			  - 임의비용(종합보험료, 할부대비용, 공증료 등)을 제외한 제비용(필수 비용: 등록세, 취득세, 교육세, 번호판대 등)은 사업자가 부담
			  - 차량 임의 장착비용 제외

품질보증기간 이내 사용상 소비자 과실로 인하여 발생한 경우		구입가에서 정액감가상각비를 공제 후 환급 또는 제품교환	

(계속)

분쟁유형	해결기준	비고
품질보증기간 경과 후	필수제비용을 포함한 구입가에서 정액감가상각비를 공제한 금액에 10%를 가산하여 환급	감가상각방법은 정액법에 의하되 내용연수는 품목별 내용연수표(월할계산)를 적용 • 감가상각비 계산 $$\frac{\text{사용연수}}{\text{내용연수}} \times \text{구입가}$$ (필수제비용 포함: 등록세, 취득세, 교육세, 번호판대 등)로 한다.

3) 품목별 품질보증기간 및 부품보유기간

품목별 품질보증기간 및 부품보유기간은 공산품의 경우 매우 중요한 거래조건인데도 불구하고 사업자가 이를 서면으로 교부하지 않는 경우가 많아 계약 이후 이에 대한 분쟁이 자주 발생하고 있다. 이에 소비자분쟁해결기준에 이를 명시하여 사업자와의 분쟁해결에 도움을 주고 있다.

대부분 품목의 품질보증기간은 구매한 시점부터 기산하여 경과된 기간으로 계산하지만 다음의 특정 품목은 경과기간 이외에 다른 기준을 함께 적용하여 품질보증기간을 계산하고 있다.

자동차, 모터사이클처럼 주행거리가 중요한 요인으로 제품의 감가상각에 영향을 미치는 경우, 연도와 함께 주행거리를 함께 고려하고 있다. 즉, 자동차의 경우 1년에 해당되는 주행거리는 2만km이며, 모터사이클은 1만km이다. 따라서 자동차 품질보증기간 2년이 되지 않았어도 주행거리가 4만km가 초과되면 품질보증기간이 만료된 것으로 간주한다.

또한 농업용기기는 1년 내내 사용하는 것이 아니라, 농사철에만 이용하는 경우가 많아 사용기간, 주행거리, 사용시간을 함께 고려하여 품질보증기간을 계산한다. 즉, 농업용기기의 주행거리가 5천km 또는 사용시간이 총 1천시간(콤바인의 경우에는 400시간)을 초과한 경우에는 품질보증기간이 만료된 것으로 하고 있다.

복사기의 경우는 품질보증기간이 6개월이지만, 복사한 매수가 감가상각에 큰 영향을 미친다는 점에서 복사 매수가 복사기종에 따라 각각 3만매(소형), 6만매(중형), 9만매(대형)를 초과한 경우에는 기간이 만료된 것으로 하고 있다. 그리고 개인 소비자에 따라 사용량이 일정하지 않은 TV, 세탁기, 에어컨 등의 핵심부품 역시 사용시간을 사용기간과 함께 고려하여 품질보증기간을 계산하고 있다.

그리고 소비자분쟁해결기준에서 품질보증기간을 별도로 정하지 않은 경우에는 품질보증기간을 1년으로 명시하고 있다는 것을 기억해 두자.

부품보유기간은 소비자분쟁해결기준의 일반적 기준에서 명시해 놓은 것처럼, 사업자가 해당 제품의 생산을 중단한 시점부터 기산하며 소비자분쟁해결기준에서 부품보유기간을 별도로 정하지 않은 경우 해당 품목의 내용연수와 동일한 기간으로 한다. 따라서 소비자분쟁해결기준에 부품보유기간을 별로도 명시하지 않은 경우 내용연수와 동일한 5년을 부품보유기간으로 하고 있다(표 11-7 참조). 특히 부품보유기간에서 이해해두어야 할 것은 동일한 부품이 아니더라도 성능·품질상 하자가 없는 범위 내에서 유사부품 사용이 가능하기 때문에 유사부품을 보유하여도 무방하다는 점이다.

표 11-6 품목별 품질보증기간 및 부품보유기간

품목	품질보증기간	부품보유기간
자동차	• 차체 및 일반부품 : 2년 이내. 다만, 주행거리가 4만km를 초과한 경우에는 기간이 만료된 것으로 함 • 원동기(엔진) 및 동력전달장치 : 3년 이내. 다만, 주행거리가 6만km를 초과한 경우에는 기간이 만료된 것으로 함	8년(단, 성능·품질상 하자가 없는 범위 내에서 유사부품 사용가능)
모터사이클	• 1년 이내. 다만, 주행거리가 1만km를 초과한 경우에는 기간이 만료된 것으로 함	3년(단, 성능·품질상 하자가 없는 범위에서 유사부품 사용가능)
보일러	• 2년	7년
농·어업용기기 1) 농업용기기	• 원동기 및 동력전달장치 : 2년 단, 주행거리가 5천km 또는 사용시간이 총 1천시간(콤바인의 경우에는 400시간)을 초과한 경우에는 기간이 만료된 것으로 함 • 기타 장치 : 1년. 단, 주행거리가 2천500km 또는 사용시간이 총 500시간(콤바인의 경우에는 200시간)을 초과한 경우에는 기간이 만료된 것으로 함	9~14년(농업용기기에 따라 내용연수 포함하여 4년까지 생산·공급. 다만, 성능·품질상 하자가 없는 범위 내에서 유사부품 사용 가능)

(계속)

품목	품질보증기간	부품보유기간
2) 어업용기기	• 1년	
가전제품, 사무용기기, 전기통신기자재, 광학기기, 주방용품 등 1) 완제품 − 에어컨	• 2년	7년
− 시스템에어컨	• 1년	7년
− 난로(전기, 가스, 기름), 선풍기, 냉풍기, 전기장판	• 2년	5년
− TV, 냉장고	• 1년	8년
− 전축, 전자레인지, 정수기, 가습기, 제습기, 전기청소기	• 1년	7년
− 세탁기, 비디오플레이어, DVD 플레이어, 전기(가스)오븐, 비데, 전기압력밥솥, 가스레인지, 유·무선전화기, 믹서기, 전기온수기, 냉온수기, 캠코더, 홈시어터, 안마의자, 족욕기, 망원경, 현미경	• 1년	6년
− 내비게이션, 카메라, 디지털피아노	• 1년	5년
− 퍼스널컴퓨터(완성품) 및 주변기기, 노트북 PC, 휴대폰, 스마트폰, 휴대용 음향기기(MP3, 카세트, CD 플레이어)	• 1년	4년
− 전기면도기, 전기조리기기(멀티쿠커, 튀김기, 다용도 식품조리기, 전기토스터, 전기냄비, 전기프라이팬 등), 헤어드라이어	• 1년	3년
− 복사기	• 6개월, 다만, 복사 매수가 복사기종에 따라 각각 3만매(소형), 6만매(중형), 9만매(대형)를 초과한 경우에는 기간이 만료된 것으로 함	5년
− 신발	• 가죽제품(가죽이 전체 재질의 60% 이상): 1년 • 천 등 그 외의 소재: 6개월	
− 우산류	• 1개월	
− 전구류	• 1개월	
2) 핵심부품 − 에어컨 : 콤프레서	• 4년	

(계속)

품목	품질보증기간	부품보유기간
─ LCD TV, LCD 모니터(단, LCD 노트북 모니터는 제외), LCD 패널, PDP TV 패널	• 2년(단, 소비자가 확인 가능한 타이머가 부착된 제품으로 5,000시간을 초과한 경우에는 기간이 만료된 것으로 함)	
─ LED TV 패널	• 2년	
─ 세탁기(모터), TV(CPT), 냉장고(콤프레서), 모니터(CDT), 전자레인지(마그네트론), VTR(헤드드럼), 비디오카메라(헤드드럼), 팬히터(버너), 로터리히터(버너)	• 3년(단, 모니터용 CDT의 경우에는 소비자가 확인 가능한 타이머가 부착된 제품으로서 10,000시간을 초과한 경우에는 기간이 만료된 것으로 함)	
─ 퍼스널컴퓨터 : 마더보드	• 2년	
별도의 기간을 정하지 않은 경우	• 1년	5년

표 11-7 품목별 내용연수

품목	내용연수
농업용기기	14년
침대, 책상, 장롱, 장식장, 책장	8년
보일러, 에어컨, TV, 전축, 냉장고, 정수기, 가습기 · 제습기, 전기청소기, 식탁, 신발장, 문갑, 전자레인지	7년
비디오플레이어, DVD 플레이어, 전기(가스)오븐, 비데, 전기압력밥솥, 가스레인지, 유 · 무선전화기, 믹서기, 전기온수기, 냉온수기, 캠코더, 홈시어터, 안마의자, 족욕기, 망원경, 현미경, 자동차, 소파, 화장대, 찬장	6년
선풍기, 냉풍기, 전기장판, 세탁기, 모터사이클, 카메라, 디지털피아노, 내비게이션, 난로(전기, 가스, 기름)	5년
퍼스널 컴퓨터(완성품) 및 주변기기, 노트북 PC, 휴대용음향기기(MP3, 카세트, CD 플레이어)	4년
휴대폰, 전기면도기, 전기조리기기(멀티쿠커, 튀김기, 다용도 식품조리기, 전기토스터, 전기냄비, 전기프라이팬 등), 헤어드라이어	3년
별도의 기간을 정하지 않은 경우	5년

3 소비자소송제도

소비자는 사업자와의 분쟁이 1372 상담, 한국소비자원의 소비자분쟁조정 절차를 통해서도 해결되지 않으면 결국 소송을 통해 해결할 수밖에 없을 것이다. 이러할 경우, 소비자분쟁해결에 도움이 될 수 있는 소비자소송제도에 대해 살펴보고자 한다.

1) 소액심판제도

소액심판제도는 소액사건심판법에 기초하고 있으며 거래금액 2,000만원 이하인 경우에만 가능하다. 재판을 생각하면 복잡하고 기간도 오래 걸리는 등 꺼려지기 쉬우나, 소액심판제도는 절차가 간편하다. 즉, 변호사를 선임할 필요가 없으며 소송비용은 청구금액의 1,000분의 5에 해당되는 인지대와 송달료가 전부이다. 그리고 재판은 1회로 끝이 나기 때문에 당사자는 모든 증거를 첫 재판일에 제출하여야 한다.

소액심판을 제기하고자 하는 소비자는 관할 법원 민사과 소액계에 비치된 소액심판 소장 서식 용지에 해당사항을 기입하거나 임의로 서류를 작성하여 제출하면 된다. 그리고 소액심판을 제기한 원고가 바쁘거나 노인 혹은 교육수준이 낮아 스스로 진행하기 곤란한 경우, 법원의 허락이 없어도 원고의 부모, 배우자, 자녀, 형제자매 등이 대리 출석하여 재판을 수행할 수 있다.

2) 선정당사자제도

동일한 피해를 가진 다수의 소비자(선정자라고 함)가 함께 모여서 대표 2~3명 (선정당사자라고 함)을 뽑아 소송을 진행하는 제도이다. 소송에서 승소하면 함께 모인 다수의 소비자(선정자) 모두 승소하는 효과가 있지만 패소하면 모두 패소하는 효과가 있다. 요즈음 동일한 피해를 입은 소비자들이 인터넷을 통해 연락을 하여 모여서 공동으로 소송을 하는 사례가 이에 해당된다.

예를 들어, A회사에서 제조한 식품을 먹고 식중독에 걸린 약 500여 명의 소비자가 각자 일일이 식품제조업체를 대상으로 동일한 손해배상 소송을 제기한다면, 500여 명의 소비자가 지불하는 소송비용도 엄청날뿐더러 재판에 필요한 판사, 재판장소 등도 엄청날 것이다. 이 때문에 선정당사자제도는 동일한 소비자피해 구제를 위한 소송으로 경제성 측면에서 매우 바람직한 것으로 평가된다.

3) 단체소송제도

법률에서 정한 일정한 자격을 갖춘 소비자단체에게 소비자 전체의 이익을 위하여 소송을 제기할 권한을 인정하는 제도이다. 소비자단체소송제도는 소비자피해가 확산되는 것을 막기 위하여 판매중지의 소송을 제기할 뿐, 현재 소비자피해를 입은 소비자 당사자에게 손해배상이 될 수 있는 제도는 아니다. 즉, 소비자의 피해구제를 위한 손해배상을 청구하는 소비자단체소송을 법원에 제기할 수 없다.

단체소송을 할 수 있는 소비자단체는 반드시 일정한 자격을 갖추고 있어야 하며 우리나라의 경우, 공정거래위원회 등록된 소비자단체이어야 하며, 정관에 따라 상시적으로 소비자의 권익증진을 주된 목적으로 하는 단체이어야 하고, 단체의 정회원 수가 1천 명 이상이며, 공정거래위원회에 등록한 후 3년이 경과한 단체이어야 한다.

생각해 보기

학번 : _____ 이름 : _____ 제출일 : _____

다음 사례와 같은 피해를 본 소비자를 대상으로 소비자피해구제 상담을 한다고 가정할 경우, 분쟁해결기준 중 어떤 내용을 적용해야 하는지, 어떠한 소비자피해구제 상담결과를 기대할 수 있는지 등에 대하여 설명해 보자.

01　여름용 흰색 스커트 정장 한 벌 중 커피얼룩이 있는 스커트만을 세탁소에 맡겼다. 세탁이 끝난 스커트를 확인한 소비자는 위 재킷 색과 비교해 보았을 때 스커트의 흰색이 많이 오염되어 있었다. 옷은 2년 전에 구입하였으며 구입가격은 30만 원이었다.

02　자동차를 구입한지 5년이 되었는데 차에서 자꾸 이상한 소리가 들려서 해당 자동차 지정 서비스센터를 방문하였더니 부품을 교환해야 한다고 한다. 그런데 안타깝게도 해당 부품을 보유하고 있지 않으니, 유사부품이라도 소비자가 구해오면 수리해 주겠다고 한다. 자동차 구입비는 5년 전 가격으로 2,200만 원이다.

03　핸드폰을 구입한지 2년이 되었는데 정상적으로 사용하다가 고장이 났다. 그런데 부품도 없고 리퍼폰 교환도 되지 않는다고 한다. 핸드폰은 2년 전에 50만 원에 구입하였다.

소비자상담사의
자격제도와 전망

Consumer Counselor

소비자상담사의
자격제도와 전망

소비자상담은 기본적으로 기업 혹은 정부와 소비자(시민)의 의사소통 통로이다. 이러한 의사소통의 중심에 있는 소비자상담사의 전문직으로서의 자격제도와 그 전망을 살펴보고자 한다. 그리고 소비자상담사가 개인 소비자와의 관계에서 사적인 내용이나 개인정보를 다룰 기회가 많다는 측면에서 소비자상담사의 윤리에 대하여 살펴보고자 한다.

1 소비자상담 자격제도

소비자상담 자격제도는 1372 소비자상담센터를 비롯하여 기업 소비자상담실의 전문화와 활성화를 위한 방안 중의 하나로 중요성이 점차 더해 가고 있다. 국내 소비자상담 자격제도는 국가자격제도인 '소비자전문상담사'가 있으며, 민간자격제도인 '소비자업무전문가'가 있다. 국외에서는 일본의 경우 '소비생활어드바이저', '소비생활전문상담원' 등의 자격제도가 있으며, 미국의 경우 소비자상담 업무 담당자에 대한 자격증 부여 제도는 없고 이와 유사한 활동으로 HEIBhome economists in business의 역할을 찾아볼 수 있다(이기춘, 1997).

1) 국내 소비자상담 자격제도

(1) 국가자격 소비자전문상담사 자격제도

'소비자전문상담사'는 국가자격제도로서 1급과 2급으로 구성되어 있으며 2002년에 제정되었다. 현재 한국산업인력공단에서 운영하고 있고, 2003년 8월에 제1회 2급 자격시험이 처음으로 시행되었다.

① 응시자격

소비자전문상담사 시험응시자 대상은 2급의 경우, 제한 없이 누구나 응시가 가능하나, 1급은 소비자전문상담사 2급 취득 후 해당 분야 실무경력 3년 이상, 대학졸업자로서 관련 분야 실무경력 3년 이상, 소비자상담 관련 실무경력 5년 이상을 가진 자이다.

② 취득방법

자격취득은 시험을 통하여 일정수준 이상의 점수를 취득해야 한다. 시험은 객관식 필기시험과 주관식 실기시험이 있으며 이를 모두 통과해야 한다. 그리고 필기시험 합격자에 한하여 실기시험을 볼 수 있는 자격이 있다. 필기교과목은 과목

표 12-1 소비자전문상담사 자격시험

		시험과목	시험방법
1급	필기	• 소비자법과 정책 • 소비자상담론 • 소비자정보 관리 및 조사분석	• 필기: 객관식 4지선다형 • 실기: 복합형(소비자정보 사이트 활용 및 문서작성 프로그램)
	실기 (고급소비자 상담 실무)	• 소비자상담 자료의 분석과 활용능력 • 소비자상담부서의 기획과 운영능력 • 소비자조사 능력 • 소비자교육 및 연수의 기획과 수행 능력	
2급	필기	• 소비자상담 및 피해구제 • 소비자 관련 법 • 소비자교육 및 정보 제공 • 소비자와 시장	
	실기 (소비자 상담 실무)	• 소비자 관련 자료의 기획과 분석 • 유형별 소비자상담 적용능력 • 소비자 관련 자료 및 보고서 작성 능력	

당 100점 만점에 40점 이상, 전 과목 평균 60점 이상을 받아야 한다. 그리고 실기는 100점 만점에 60점 이상을 받아야 자격을 취득할 수 있다.

소비자전문상담사 시험교과목에 대한 구체적인 내용은 표 12-1에 제시되어 있으며, 시험에 대한 자세한 정보는 산업인력공단의 홈페이지www.hrdkorea.or.kr 혹은 한국소비자업무협회www.kcop.net에서 찾을 수 있다.

(2) 민간자격 소비자업무전문가 자격인증제도

소비자상담 담당자의 업무능력을 전문화하고 그 자격을 제도화할 필요성에 대한 인식이 이루어지면서 한국소비자학회에서는 1995년부터 '소비자상담사' 자격인증제도를 실시해 왔다. 이러한 소비자상담사 자격인증제도는 2002년 국가자격제도로써 '소비자전문상담사'가 제정되면서 기존의 '소비자상담사' 인증제도는 '소비자업무전문가' 인증제도로 명칭을 변경하였다. 현재 '소비자업무전문가' 인증은 (사)한국소비자업무협회에서 운영하고 있으며 2013년에 민간자격제도로 정부에 등록되었다(등록민간자격: 2013-1513). 자세한 사항은 (사)한국소비자업무협회 홈페이지www.kcop.net에서 찾을 수 있다.

① 인증자격

인증자격은 4년제 대학 이상 또는 전문대 졸업자(졸업예정자)로 소비자학 관련 교과목 중 표 12-2에 명시되어 있는 필수와 선택 교과목을 이수하고 현장실습을 마친 자로 제한하고 있다. 그리고 이수교과목의 학점기준은 개별교과목은 C학점(70점/100점 만점 환산) 이상, 필수와 선택 총 교과목의 전체 평균이 B학점(80점/100점 만점 환산) 이상이어야 인정한다. '소비자업무전문가consumer affair professionals' 인증에 필요한 필수 및 선택 교과목은 다음 표 12-2에 제시되어 있다.

② 취득방법

소비자업무전문가 인증자격을 가진 자는 '소비자상담' 교과목에 대한 필기시험에 합격해야 하며, 필기시험 합격자는 1년에 2번(2월, 9월경) 인증발급 신청 기간에 다음의 구비서류를 갖추어 제출하면 된다.

- 자격인증심사 신청서(협회 소정양식, 지도교수 추천 필수)

표 12-2 소비자업무전문가 자격인증

내용		교과목	비고(대체인정과목)
이수 교과목	필수 (5과목, 총 14학점)	• 소비자학(소비자와 시장) • 소비자의사결정 • 소비자법과 정책 • 소비자상담 • 소비자조사법 • 소비자교육	• 소비자학의 이해, 소비자와 시장, 소비자교육론 • 소비자의사결정론, 구매론, 소비자행태론, 소비 자교육론 • 소비자정책론, 소비자보호론 • 소비자상담 및 피해구제 • 연구방법론(사회조사방법론)
	선택 (6학점 이상)	경영학, 경제학, 가계경제, 가계재무설계, 기업고객상담, 마케팅, 민법, 미시경제, 상품학, 소비자정보론, 소비자와 금융, 소비자와 유통, 소비자트렌드분석, 소비문 화론, 식품학, 의류학, 주거학	
현장 실습	기관	기업체 소비자상담실, 소비생활센터, 민간 소비자단체 등	
	시간	최소 40시간, 교과목의 경우 1학점 이상 이수	

- 성적증명서
- 현장실습확인서(협회 소정양식, 수료증 사본으로 대체 가능)
- 사진: 반명함판(3×4) 1매

2) 외국 소비자상담사 자격제도

(1) 일본

일본에서 소비자 관련 전문상담 업무를 수행하는 자격제도에는 기업 내에서 소비자문제를 취급하는 '소비생활어드바이저' 자격과 소비생활 전반에 관한 상담 업무를 전문적으로 다루는 '소비생활전문상담원' 자격이 있다(이승신 외 3인, 2000). 이들 자격은 민간부문에서 시행 및 운영되고 있으며, 행정부처가 공신력을 부여하는 공적 자격으로 통용되고 있다.

① 소비생활어드바이저

소비생활어드바이저는 (재)일본산업협회 주관으로 시행하는 민간자격으로, 통상산업 대신에 인정하는 공적 자격으로 통용되고 있다. 자격취득자는 주로 기업체 상담실 내에서 소비자상담을 하고 처리해주며 제품개발 등에 관해 조언하고 소비자를 위한 자료 작성 및 검토 등을 한다.

자격은 28세 이상인 자가 응시할 수 있으며, 28세 미만인 자는 소비자 관련 분야에서 1년 이상 주 2회 이상 근무한 실무경험자만이 시험에 응시할 수 있다. 여기에서 소비자 관련 분야는 소비자와 직접 대면하는 분야(판매 업무를 포함), 소비자 대상 홍보업무, 제품개발 기획업무, 상품검사업무 등을 말한다.

1차 시험은 소비자문제, 소비자를 위한 행정, 법률지식, 소비자를 위한 경제지식, 생활지식 과목을 필기시험으로 보며, 2차 시험은 논문, 면접으로 시행되며 최종 합격자는 5일간 연수를 받아야 한다. 자격유효기간은 5년이며 자격을 갱신하기 위해서는 (재)일본산업협회가 실시하는 연수를 받고 시험을 보아야 한다. 1차 합격자는 다음 해에 한하여 1차 시험이 면제된다.

② 소비생활전문상담원

소비생활전문상담원은 일본의 국민생활센터가 시행하는 민간자격으로, 경제기획청장이 인정한 공적 자격으로 통용되고 있다. 이 자격은 국민생활센터 및 각 지방의 소비생활센터에서 소비자상담을 실시하는 상담사의 능력, 자질의 향상을 지원하기 위하여 개발된 것으로 자격취득자는 사업자와 소비자의 중간에서 전문적이고 공정한 차원에서 소비자 업무를 지원한다.

자격을 취득하기 위해서는 시험에 합격하고 실무 강습을 이수해야 하며 최종적으로 자격심사위원회의 심의를 거쳐 인정을 받아야 한다. 자격인정 유효기간은 5년이며, 실무경험 또는 논문 심사를 통해 자격갱신을 받을 수 있다.

이 자격은 만 23세 이상인 자만 취득할 수 있도록 연령제한을 하고 있다. 자격 시험 내용은 소비자문제와 일반 상식, 소비자행정과 관련 법규, 소비자문제 관련 기초 법률지식, 소비경제 관련 지식, 소비생활상의 상품·서비스 관련 지식, 소비생활상담 관련 기초 지식 등 6개 분야로 구성되어 있다.

시험은 3차에 걸쳐 이루어지는데 1차 시험은 필기(선택), 2차 시험은 필기(기술직) 및 소논문(선택), 3차 시험은 면접으로 실시된다. 3차 시험에 합격한 자는 2년 이내에 실무 강습을 받고 자격인정을 받게 된다.

결국 일본에서 시행되는 소비자상담관련 자격제도는 자격 응시요건으로 최소 연령을 제한하고 있으며, 5년 간의 유효기간을 두어 지속적으로 능력개발을 수행해 나갈 수 있다. 이와 함께 자격취득 시 실무 강습 및 연수를 받도록 하여 자격취득자의 실무능력을 중시하고 있다. 이들 자격제도는 모두 민간단체가 주도하는 민간자격이지만 국가가 공신력을 부여하는 공적 자격으로 통용된다.

(2) 미국

미국의 경우 소비자상담 업무 담당자에 대한 자격증 부여 제도는 없고, 이와 유사한 활동으로 HEIBhome economist in business의 역할을 찾아볼 수 있다. 미국가정학회AHEA는 HEIB를 다음과 같이 정의하고 있다. '남녀를 불문하고 가정학사로서 각자의 지식과 경험을 민간기업이나 공익대리업사회시설 등을 돕는 집단으로 가정학회에 속한다'라고 하며, 또한 '소비자교육에 정통한 가정학사로서 기업 측에 고용되며, 적극적으로 활동하고 실적을 올릴 뿐만 아니라 긍지를 가지고 근무하는 가정학사'라고 하였다. 1923년 12월 AHEA 내의 8개 분야 중 하나의 분야section로 HEIB가 독립되었으며, 계속적인 회원 증가와 지부 신설 등을 통해 발전을 거듭하고 있다. HEIB 분야 내에는 직업별로 8개 직종으로 분류되어 직종별로 체계적으로 활동하고 있다. 1920년경부터 시작된 HEIB은 1985년 현재 미국 전역에서 3,000여 명의 회원이 활동하고 있으며, 이들의 기능은 다음과 같다(한상순, 1989).

첫째, 소비자에게 상품에 관한 바른 정보를 제공하고 알기 쉽게 소비자교육을 하는 한편 소비자로부터의 문의, 고발, 불만 등을 처리한다.

둘째, 지역사회에 소비생활에 관련된 광범위한 지도와 조언을 한다.

셋째, 소비자의 참된 욕구와 소비자행동을 파악하고 이를 기업에 피드백시켜 유익한 제품의 개발과 개량에 대한 제언을 한다.

이러한 HEIB의 활동은 소비자의 권익과 교육을 발전시키는 데 중심적인 역할을 하고 있다고 볼 수 있다. 미국 HEIB의 활동은 일본과 우리나라에서 소비자상담 업무의 역할과 동일한 것으로 간주된다(이기춘 외 5인, 2000).

2 소비자상담사와 윤리

직업윤리란 정직하게 소비자의 입장에서 최선을 다해 소비자를 돕고, 소비자를 돕는 과정에서 수집된 소비자의 사적인 개인정보에 대한 비밀을 유지하는 것이 기본이다.

소비자상담사는 주로 소비자의 불만, 피해를 다루게 되거나 소비자에게 필요한 정보를 제공해 주는 등 심리상담과는 달라서 소비자 개인의 사적인 내용이 필요하지 않다. 그럼에도 불구하고 상담과정에서 소비자의 개인정보를 비롯하여 사적인 내용을 포함할 경우가 있어 소비자상담사의 윤리가 요구된다.

소비자상담에서 기본적으로 지켜야 할 윤리기능을 살펴보면 다음과 같다.

첫째, 윤리는 상담사가 상담 직무 수행 중에 있을 수 있는 갈등을 어떻게 처리할 것인지에 대한 기본적 입장을 제공한다. 즉, 상담사 스스로 문제해결 과정에서 갈등이 발생했을 때 윤리 측면에서 가장 바람직한 방향으로 갈등을 해결하면 될 것이다.

둘째, 윤리는 상담을 원하는 소비자의 삶의 질을 증진시키고 소비자의 인격을 존중하는 등, 상담사의 의무를 분명히 하고 이러한 의무를 이행하여 소비자를 보호하는 기능을 한다.

셋째, 윤리는 상담사의 활동이 전문직으로 상담기능 및 목적에 위배되지 않도록 보장해 주는 기능을 한다.

넷째, 윤리는 상담사의 활동이 사회윤리와 지역사회의 도덕적 기준을 존중하고 보장하는 기능을 한다.

다섯째, 윤리는 상담사가 소비자의 과도한 상담요청으로 인해 고통을 받지 않도록 한계를 제공하여 상담사로 하여금 자신의 사생활과 인격을 보호하는 근거를 제공하는 기능을 한다(송동림, 2007).

키치너Kitchener는 상담을 위한 윤리에는 자율성 존중의 원리, 유익상의 원리, 배려의 원리, 정의의 원리, 신뢰의 원리 등 5가지 원리가 있으며, 이러한 원리들은 상담사의 행동이 윤리적인지 비윤리적인지를 분별하는 데 도움을 준다고 하였다.

첫째, 자율성 존중의 원리란 상담사는 소비자의 선택이나 행동에서 자율성을 최대한 존중해 주어야 한다는 것이다.

둘째, 유익성의 원리란 상담사가 소비자에게 최선의 유익성이 있는 결정을 하도록 도와야 한다는 것이다.

셋째, 배려의 원리는 상담사가 소비자의 문제해결뿐만 아니라 심리적 또는 정신적 건강도 배려하여 상담을 해야 한다는 것이다.

넷째, 정의의 원리란 상담사는 소비자를 차별하지 말고 공정하게 평등하게 상담해야 한다는 것이다.

다섯째, 신뢰의 원리란 상담사는 소비자가 신뢰를 가질 수 있도록 자세를 갖추어야 한다는 것이다.

상담사는 상담에서 윤리적인 태도와 행동을 갖추기 위해 상담에 관련된 지침들을 잘 숙지하고 폭넓은 상담의 다양한 사례 연구를 통해 자신의 상담윤리 체계를 수립해야 한다. 그러나 상담 시에 한계를 느낄 때는 다른 관련 전문가에게 도움을 청하는 것이 바람직하다(송동림, 2007, 재인용).

3 소비자상담사의 진로 및 전망

1) 소비자상담사의 진로

소비자상담사는 기업, 민간 소비자단체, 정부기관 등으로 진로를 고려해 볼 수 있으며, 우선 기업의 경우, 소비자의 불만 혹은 피해보상에 대한 상담을 비롯하여 구매 관련 상담을 주로 하게 될 것이며 구체적 부서로는 소비자상담실, 고객만족센터, 콜센터, 고객지원센터, 헬프 데스크 센터 등을 들 수 있다.

민간 소비자단체에서는 소비자상담 업무, 즉 1372를 통한 혹은 인터넷을 통한 소비자불만 혹은 소비자피해를 상담하며, 소비자가 필요로 하는 소비자정보를 제공해주는 업무를 담당할 수 있다. 이 외에도 소비자의 소비생활과 관련된 문제, 즉 소비자물가감시, 소비자의식조사 및 소비생활환경실태조사, 건강한 시장을 형

2014년 한국소비자원 상담분야 채용 공고 예시

1. 모집인원 및 지원자격
   - 1372 소비자상담센터
     - 상담 : 일반 4명, 보험 1명(제한 없음. 소비자상담사 자격증 소지자 우대)

2. 전형방법 및 일정
   - 서류접수 : ~2014년 1월 24일 18 : 00
     - 필수제출서류 : 지원서, 자기소개서, 최종학력증명서, 최종학교 성적증명서
       (100점 만점을 기준으로 환산 점수 기재)
   - 면접전형 : 2014년 2월 4일(예정)
   - 임용예정일 : 2014년 2월 10일(예정)

3. 기타
   - 적격자가 없을 경우 채용하지 않을 수 있음
   - 자세한 사항은 한국소비자원 홈페이지(공지사항) 확인

자료: 한국소비자원(www.kca.go.kr)의 공지사항에서 소비자상담 분야 내용 재구성

성하고 소비자권리증진을 위한 캠페인, 국가소비자 정책연구 및 제안 관련 업무를 수행할 수 있다. 그리고 사회소비자교육을 담당하여 소비자권리 증진과 소비자역량 강화, 소비자의식 제고를 위한 전반적인 업무를 수행할 수 있다.

정부기관, 즉 한국소비자원과 각 지방자치단체의 소비생활센터에서의 업무를 담당할 수 있다. 이들 정부기관은 기본적으로 정부의 소비자정책상 필요한 세부 소비자시책을 수행하게 되며, 특히 한국소비자원의 각 지원과 소비생활센터는 해당 행정구역 소비자복지를 증진시키기 위한 다양한 업무를 수행한다. 이 외에도 소비자불만 및 피해구제, 소비자정보 제공, 소비자교육, 소비자 관련 업무가 필요한 곳이면 업무 수행이 가능하다.

2) 소비자상담사의 전망

(1) 소비자상담기관의 확대

현재 소비자상담이 필요한 기관의 채용 조건을 보면, 대부분 상담사자격증을 필수사항으로 요구하고 있거나 상담사자격증이 있는 경우에는 가산점을 주어 채용

하고 있다. 이는 소비자상담을 아무나 하는 업무가 아닌 전문가가 담당해야 할 분야라고 인식하고 있음을 반증하고 있다. 또한 소비자상담사가 필요한 기관 역시 확대되고 있어 소비자상담사에 대한 사회적 요구도는 지속적으로 높아질 것으로 전망된다.

기업의 경우에는 법적으로 반드시 소비자피해보상기구를 두도록 명시하고 있지는 않지만, 소비자기본법 제19조(사업자의 책무)에 사업자는 소비자에게 물품 등에 대한 정보를 성실하고 정확하게 제공해야 하며, 물품 등의 하자로 인한 소비자의 불만이나 피해를 해결하거나 보상해야 한다고 명시하고 있다. 또한 기업은 기업 스스로 철저한 구매 후 서비스를 통한 소비자만족도를 높이기 위해 소비자상담실(고객상담실, 고객상담센터, 콜센터, 헬프데스크help desk 등)을 운영하고 있다. 그리고 이러한 추세는 대기업을 중심으로 이루어졌으나 점차 중소기업까지 확대되고 있는 실정이며, 그 이유는 소비자의 지식과 소비자의식이 높아지면서 소비자요구, 소비자불만 및 피해구제를 다룰 전문기관과 전문가가 필요해졌기 때문이다. 이러한 변화는 소비자상담사의 활동범위가 그만큼 넓어질 수 있는 기회를 제공하는 셈이다.

민간 소비자단체는 표 12-3에서 보는 바와 같이 약 10여 개가 대표적이며, 각 단체별로 전국 대부분의 시지역에 지부를 갖고 있다. 민간 소비자단체의 모든 지부는 총 200여 개 이상 개설되어 있으며, 소비자상담사 자격증을 따서 자신의 거주지 근처 민간 소비자단체에서 근무하는 것도 바람직할 것이다.

정부기관인 소비생활센터는 전국 지방자치단체에 소속되어 있으며 2014년 현재 17개가 개설되어 있다(표 4-5 참조). 그리고 한국소비자원은 2014년 현재 본원을 비롯하여 7개의 지원, 즉 서울지원, 경기지원, 부산지원, 광주지원, 대전지원, 대구지원, 강원지원이 설립되어 있으며, 점차 지원을 늘려갈 계획이다.

이와 같이 소비자상담을 위한 기관이 점차 확대되는 것은 소비자상담사에 대한 사회적 요구가 크다는 의미이며, 이는 소비자상담사의 미래가 밝다는 뜻이다.

표 12-3 우리나라 민간 소비자단체 현황

단체명	홈페이지와 연락처	
한국소비자단체협의회	www.consumer.or.kr/main	
	T. (02)774-4050	F. (02)774-4090
녹색소비자연대전국협의회	www.gcn.or.kr/	
	T. (02)3273-7117, 3273-4998	F. (02)3273-1544
소비자시민모임	www.consumerskorea.org/	
	T. (02)739-5441, 739-5530	F. (02)736-5514
전국주부교실중앙회	www.nchc.or.kr/	
	T. (02)2266-5870, 2273-6300	F. (02)2279-9341
한국소비생활연구원	www.sobo112.or.kr/	
	T. (02)325-3300	F. (02)325-3389
한국소비자교육원	www.consuedu.com/	
	T. (02)579-0603, 579-7081	F. (02)578-3779
한국소비자연맹	www.cuk.or.kr/	
	T. (02)795-1042, 794-7081	F. (02)798-6564
한국여성소비자연합	www.jubuclub.or.kr/#	
	T. (02)752-4227~9, 779-1573~5	F. (02)752-4225
한국YMCA전국연맹	www.ymcakorea.org/	
	T. (02)754-7891~5	F. (02)774-8889
한국YWCA연합회	www.ywca.or.kr/	
	T. (02)774-9702~7	F. (02)774-9724

(2) 사회경제적 환경변화

현재의 시장 환경은 전통적으로 오프라인만을 통하여 물품을 구매하던 시기와는
전혀 다른 양상을 보이고 있다. 즉, 인터넷, 케이블 TV 등 비대면 상거래가 활성
화되면서 기업과 소비자 간의 의사소통 통로로 소비자상담사의 역할은 점점 그
중요성이 강조되고 있다.

또한 FTA의 확대로 국가 간 시장의 경계가 없어지면서 국내 기업의 경쟁대상

소비자학 전공 졸업생의 취업현장 목소리

• ㈜오리온 CS 직무 담당자

제가 졸업과 동시에 당당하게 공채입사에 성공할 수 있었던 이유는 기업의 CS 관련 부서의 업무와 직접적으로 연관된 소비자학을 전공했기 때문이라고 생각합니다. 소비자상담직무 최종 면접을 볼 때에도 지원자 3명 모두가 소비자학 전공자였습니다. 소비자학 전공자로서 차별성을 가질 방법은 소비자상담사 자격증, 공모전, 대외활동, 현장실습 등이 있습니다. 각 기업의 CS 관련 부서에서 소비자학전공자들에 대한 관심은 날로 높아지고 있습니다.

• 효성ITX 대구 콘텍트센터 근무자

채용 면접시 후배들이 소비자상담사 자격증이 있다고 하면 '취업준비생의 마음가짐이나 업무에 대한 기본적이 마인드가 다른 취업준비생과는 다르구나'라는 생각을 갖게 됩니다.

또한 소비자상담사 자격증을 가진 신입사원들에게는 단순히 상담사의 역할을 넘어 추후 관리자 인력으로 활용할 수 있는 자원이라고 생각하게 됩니다.

• 에스티로더 화장품 회사 고객상담실 근무자

화장품회사 고객상담실에 근무하고 싶다는 생각을 하면서 모든 화장품 회사의 대학생 모니터요원으로 활동을 하였습니다. 에스티로더 그룹의 고객상담실은 단순 콜센터의 업무와는 달리 고객 응대뿐만 아니라, 품질관리, 직원교육 및 대외활동까지 다양한 역할을 수행하고 있습니다.

현재 많은 회사들이 고객상담에 대한 중요성을 인정하고 고객상담실을 단순 콜센터가 아닌 고객응대에서 CRM까지 수행하는 고객만족을 위한 토털 CRM 센터로 키워나가고 있습니다. 따라서 이 분야는 전문성이 매우 중요합니다.

자료: 한국소비자업무협회(2012). 소비자학전공자 진로 길라잡이, pp.27-29 재구성

은 국제적으로 확대되는 등 시장에서의 경쟁이 점차 심화되고 있다. 이러한 시장 환경의 변화는 소비자의 요구를 정확히 파악하고 소비자만족을 높이기 위한 기업의 노력이 절대적으로 필요하다는 현실을 시사하고 있다. 그리고 이러한 일을 할 수 있는 가장 적합한 부서가 바로 소비자와의 의사소통이 가장 많이 이루어지는 소비자상담실이다.

아울러 학교 소비자교육을 비롯한 사회 소비자교육이 다각적으로 이루어지면서 사회적으로 소비자의 권리의식이 매우 높아지고 있다. 특히 공중파 TV방송, 전자소비자신문 등은 대중의 소비자의식을 높이는 데 커다란 역할을 하고 있다.

이러한 사회경제적 변화는 미래 사회가 소비자 중심의 경제를 지향할 것임을 분명하게 해 주고, 이러한 변화는 소비자상담의 중요성과 소비자상담의 필요성을 유발할 것으로 예상된다. 이러한 측면에서 전문적인 소비자상담사가 점차 사회의 각 분야에서 중요한 역할을 할 것으로 사료된다. 그 이유는 소비자상담사의 자격을 받기 위한 시험교과목 혹은 이수교과목에서 이미 살펴보았듯이, 소비자상담사 자격증을 보유한 사람은 소비자의 입장에서 소비자를 둘러싼 시장과 소비자의 특성을 잘 이해하고, 소비자요구 등을 조사할 능력, 소비자 관련 법과 정책 등에 대한 지식을 갖추고 있기 때문이다.

학번 : _____   이름 : _____   제출일 : _____

01   거주하는 지역 내에서 소비자상담을 요청할 수 있는 민간 소비자단체를 조사해
　　 보자.

02   거주하는 지역 내에서 소비자상담을 요청할 수 있는 행정기관(시청, 도청, 구청
　　 의 소비자상담 관련 부서)을 조사해 보자.

03   거주하는 지역 내에 있는 기업 소비자상담 전담부서를 조사해 보자.

강성진·김인숙(1996). 지방소비자행정의 현황과 문제점. 한국소비자원.

게리 드모스·미치 앰소니 저, 김선호·조영삼·이형종 역(2004). 금융전문가를 위한 고객설득전략. 서울미디어.

김시월(2004). 일본 민간 소비자단체의 활동에 관한 연구-한국 민간 소비자단체의 발전방안 제시를 중심으로-. 소비자학연구 1, 39-63.

김애순(1996). 고객상담기법. 보험연수원.

김영신·백경미·서정희·유두련·이희숙(2005). 새로 쓰는 소비자상담의 이해. 시그마프레스.

김완석(2004). 광고심리학. 학지사.

김재영·서혜경·정연자(2012). 이미지 메이킹. 도서출판 예림.

김후자(1994). 커뮤니케이션의 개론. 수문사.

남혜원·전정희·전인순(2012). 서비스시대에 필요한 기본 매너와 이미지 메이킹. 새로미.

노아 골드스타인·스티브 마틴 저, 윤미나 역(2008). Yes를 끌어내는 설득의 50가지 비밀, 설득의 심리학. 21세기북스.

로버트 루카스 저, 이승신·송인숙·이은희·제미경·변명식 역(1998). 고객서비스 어떻게 할 것인가?. 도서출판 석정.

로버트 치알디니 저, 이현우 역(2001). 설득의 심리학. 21세기북스.

마윤진·고애란(2001). 소비자의 성격유형에 따른 판매원 서비스 평가와 구매행동 특성. 한국의류학회지 25(6), 1155-1166.

매튜 맥케이 외 2인 저, 임철일·최정임 역(2008). 효과적인 의사소통을 위한 기술. 커뮤니케이션북스.

메릭 로잰버그·대니얼 실버트 저, 이미정 역(2013). 사람을 읽는 힘 DISC. 베가북스.

박명희·최경숙(2010). 인터넷 소비자상담 사이트의 소비자상담 접수 체계분석. 소비자정책연구 6(2).

박종영(1995). 사회심리학. 대왕사.

박현주·백병성(2008). 소비자의 문제행동 현황 및 사례 연구. 한국소비자원.

박희주·강창경(2011). 소비자단체소송제도의 운영평가 및 개선에 관한 연구. 한국소비자원

백경미·이희숙·김시월·김현(2003). 소비자피해구제 원활화를 위한 제도개선방안. 재정경제부연구용역보고서. 지식정보연구원.

백병성(2004 a). 지방소비생활센터 운영체계화 방안. 한국소비자원.

백병성(2004 b). 지방소비자행정의 정책방안에 관한 연구. 한국소비자원.

복미정(2012). 콜센터 상담사의 감정노동이 직무소진. 조직시민행동 및 직장-가정갈등에 미치는 영향. 한국생활과학회지 21(2), 257-267.

서기원(2003). 설득의 기술. 현대미디어.

송동림(2007). 상담윤리에 대한 고찰. 신학전망 15, 48-73.

송인숙·김경자(1999). 고객불평처리 핸드북. 시그마프레스.

송희자(2010). 교류분석개론. 시그마프레스.

앨런 피스 저, 정현숙 역(1992). 보디랭귀지. 을지서적.

양윤(2014). 소비자심리학. 2판. 학지사.

오성춘(1992). 상담의 실제. 대한예수교장로회 총회출판국.

윤세준·김상표·김은민(2000). 감정노동: 조직의 감정표현규범에 관한 질적 연구. 산업노동연구 6(1), 215-254.

이경순·이미경·김경희(2012). A to Z 인간관계와 의사소통. 현문사.

이기춘·박명희·이승신·송인숙·이은희·제미경(2000). 소비자상담의 이론과 실무. 학현사.

이기춘·박명희·이승신·송인숙·이은희·제미경·박미혜(2011). 소비자상담. 교문사.

이미지 메이킹 & 코디네이션 편찬위원회(2009). 이미지 메이킹 & 코디네이션. 경북대학교 출판부.

이수연(2007). 콜센터 상담원의 감정노동과 감정소진 및 이직의도에 관한 연구. 호서대학교 대학원 박사학위논문.

이승신·송인숙·이은희·제미경(2000). 소비자전문상담사 국가자격 종목 개발. 산업인력관리공단.

이영순·김대식·박제일·천성문(2001). 구매에 관련된 소비자 의사결정 과정과 성격유형 간의 관계에 관한 연구. 사회과학연구논집 27, 200-220.

이은권·박종필·최영은·오용희(2012). 소비자의 비윤리적 행동에 대한 방어전략. 한국전자거래학회지 17(4), 17-36.

이학식·안광호·하영원(2010). 소비자행동-마케팅 전략적 접근. 5판. 법문사.

정보통신산업진흥원(2010). 콜센터 산업 실태조사 및 정책연구.

조병상(2011.7.20). 동료의 성격 알면 갈등도 준다. LG 비즈니스 인사이트, 33-40.

최은미(1999). 유형별 고객상담 요령. 재능가족 81.

최진숙(2008). 서비스 종사자의 감정노동이 직무스트레스에 미치는 영향. 경희대학교 경영대학원 석사학위논문.

한국소비자업무협회(2012). 소비자학전공자 진로 길라잡이. 영신인쇄사.

한국소비자원(2012). 2011년 전자상거래 피해동향 분석 보도자료.

한국소비자원(2012). 2012 소비자피해구제연보 및 사례집.

한국소비자원(2012). 2012년 지방소비자행정현황조사.

한상순(1989). 가정학교육과 취업방안 연구. 대한가정학회지 27(2), 163-185.

한치규(1993). 고객만족 전략과 실천. 신세대.

허경옥(2012). 소비자의 악성불평행동 분석 및 기업의 대처행동 조사연구. 한국가정관리학회지 30(6), 167-181.

Bem, D. J.(1972). Self-perception theory in Berkowitz, L. eds. *Advances in Experimental Social Psychology*, vol.6. NY: Academic Press, 1-62.

Gruner, S. J.(1996). Reward Good Consumers. Inc, 84.

Hochschild, A. R.(1983). *The Managed Heart: Commercialization of Human Feeling*. CA: University of California Press.

Jones, E. E.(1964). *Ingratiation: a Social Psychological Analysis*. NY: Appleton-Century-Crofts.

Krugman, H. E.(1965). The Impact of Television Advertising: Learning Without Involvement. *Public Opinion Quarterly 29*, 349-356.

Lucas, R. w.(1996). *Customer Service*. Irwin Mirror Press.

Lynn, M. & McCall, M.(1998). *Beyond Gratitude and Gratuity*. Unpublished manuscript. NY: Cornell University, School of Hotel Administration. Ithaca.

Ray, M. L., Sawyer, A.G., Rothschild, M.L., Heeler, R.M., Strong, E.C. & Reed, J. B.(1973). *Marketing Communication Research and the Hierarchy of Effects*, in Clarke, P. ed., New Model for Mass Communication Research 2, Beverly Heels, CA: Sage Publication.

Schwartz, N.(1984). When Reactance Effects Persist Despite Restoration of Freedom: Investigation of Time Delay and Vicarious Control. *European Journal of Social Psychology 14*, 405-419.

Sherif, M. & Sherif, C. W.(1967). Attitude as the Individual's own Categories: the Social Judgement-Involvement Approach to Attitude and Attitude Change. *Attitude, Ego-Involvement and Change.* NY: Wiley.

Sutton, R. I.(1991). Maintaining Norms about Expressed Emotions: The case of Bill Collectors. *Administrative Science Quarterly 36*(2), 245-268.

Williams, T.(1996). *Dealing with Customer Complaints.* London: Gower.

Zajonc, R. B. & Markus, H.(1982). Affective and Cognitive Factors in Preferences. *Journal of Consumer Research 9*, 123-131.

스마트컨슈머 http://www.smartconsumer.go.kr

1372 소비자상담센터 http://www.ccn.go.kr

텔레잡 http://www.telejob.co.kr/

T-Price http://tprice.go.kr

한국소비자원 http://www.kca.go.kr

저자소개

김영신
서울대학교 생활과학대학 소비자학과 졸업
서울대학교 대학원 졸업(석사, 박사, 소비자학 전공)
캐나다 브리티시컬럼비아대학교(University of British Columbia) 객원교수
미국 오하이오주립대학교(Ohio State University) 교환교수
한국소비자원 원장 역임
현재 충남대학교 소비자생활정보학과 교수

서정희
서울대학교 생활과학대학 소비자학과 졸업
서울대학교 대학원 졸업(석사, 박사, 소비자학 전공)
영국 요크대학교(University of York) 방문교수
울산대학교 생활과학대학장 역임
현재 울산대학교 아동가정복지학과 교수

유두련
효성여자대학교 가정학과 졸업
효성여자대학교 대학원 졸업(석사, 가정관리학 전공)
독일 기센대학교(Justus-Liebig-Universität Gießen) 대학원 졸업(석사, 박사, 소비자학 전공)
미국 조지아대학교(The University of Georgia) 객원교수
한국소비문화학회 공동회장 역임
현재 대구가톨릭대학교 가족소비자학과 교수

이희숙
충북대학교 사범대학 가정교육과 졸업
서울대학교 대학원 졸업(석사, 소비자학 전공)
미국 오리건주립대학교(Oregon State University) 졸업(박사, 소비자학 전공)
충북대학교 생활과학대학장 역임
현재 충북대학교 소비자학과 교수

옥경영
숙명여자대학교 경상대학 소비자경제학과 졸업
숙명여자대학교 대학원 졸업(석사, 소비자경제정책 전공)
성균관대학교 대학원 졸업(박사, 마케팅·소비자정보 전공)
미국 매사추세츠공과대학교(Massachusetts Institute of Technology) Post. Doc(Consumer Information)
현재 숙명여자대학교 소비자경제학과 조교수

기업과 함께하는

소비자상담 실무

2014년 8월 14일 초판 인쇄 | 2014년 8월 21일 초판 발행

지은이 김영신 · 서정희 · 유두련 · 이희숙 · 옥경영
펴낸이 류제동 | 펴낸곳 ㈜교 문 사

전무이사 양계성 | 편집부장 모은영 | 책임진행 손선일 | 표지디자인 김재은 | 본문디자인 · 편집 디자인이투이
제작 김선형 | 홍보 김미선 | 영업 이진석 · 정용섭 · 송기윤 | 출력 현대미디어 | 인쇄 동화인쇄 | 제본 한진제본

주소 413-756 경기도 파주시 교하읍 문발리 출판문화정보산업단지 536-2 | 전화 031-955-6111(代) | 팩스 031-955-0955
등록 1960. 10. 28. 제406-2006-000035호 | 홈페이지 www.kyomunsa.co.kr | E-mail webmaster@kyomunsa.co.kr

ISBN 978-89-363-1417-0 (93590) | 값 20,000원